企业专利申请实务

杭州杭诚专利事务所有限公司 ◎ 组织编写
尉伟敏 孟建土 等 ◎ 编著

知识产权出版社
全国百佳图书出版单位

图书在版编目（CIP）数据

企业专利申请实务/尉伟敏等编著. —北京：知识产权出版社，2016.3（2018.1 重印）
ISBN 978-7-5130-3571-2

Ⅰ.①企… Ⅱ.①尉… Ⅲ.①企业—专利申请—研究—中国 Ⅳ.①G306②F279.23

中国版本图书馆 CIP 数据核字（2015）第 134853 号

内容提要

本书从专业代理机构的视角出发，结合作者团队专利代理工作中的典型实战案例，对企业重视专利工作的重要性、企业如何挖掘和孕育专利技术、企业申请专利的路径选择、企业申请专利策略、企业如何甄选专利代理机构以及如何与专利代理机构进行深度合作等内容作了系统阐述。本书既可作为企业专利申请实务的操作指导书，也可作为专利工作者和发明人的学习参考资料。

责任编辑：王祝兰 　　　　　　责任校对：董志英
封面设计：麒麟轩文化　　　　　责任出版：刘译文

企业专利申请实务

杭州杭诚专利事务所有限公司　组织编写
尉伟敏　孟建土　等编著

出版发行：	知识产权出版社有限责任公司	网　　址：	http://www.ipph.cn
社　　址：	北京市海淀区气象路 50 号院	邮　　编：	100081
责编电话：	010-82000860 转 8555	责编邮箱：	wzl@cnipr.com
发行电话：	010-82000860 转 8101/8102	发行传真：	010-82000893/82005070/82000270
印　　刷：	北京科信印刷有限公司	经　　销：	各大网上书店、新华书店及相关专业书店
开　　本：	720mm×960mm　1/16	印　　张：	15.75
版　　次：	2016 年 3 月第 1 版	印　　次：	2018 年 1 月第 2 次印刷
字　　数：	338 千字	定　　价：	45.00 元
ISBN 978-7-5130-3571-2			

出版权专有　侵权必究
如有印装质量问题，本社负责调换。

杭州杭诚专利事务所有限公司2015年夏季业务研讨会合影

2014年6月浙江省知识产权局洪积庆局长（右二）一行在杭州杭诚专利事务所有限公司调研

2015年7月浙江省科技厅周国辉厅长（左二）一行在杭州杭诚专利事务所有限公司指导工作

编委会

主　　编　尉伟敏

副 主 编　孟建土

编　　委　戴建民　卢金元　郑汉康　郑汝珍
　　　　　莫金梁　阎忠华　张　华　刘正君
　　　　　陈　勇　赵越剑　黄　娟

序 一

当前,我国经济步入增长中高速、质量中高端的"新常态",以习近平同志为总书记的党中央一再强调,必须加快实施创新驱动发展战略,充分发挥科技创新支撑、引领新常态的核心作用。浙江省委、省政府始终高度重视科技创新工作,省委十三届三次全会作出了全面实施创新驱动发展战略、加快建设创新型省份的决定,把科技创新作为打造经济"升级版"的核心战略支撑。

知识产权制度是激励创新、保护创新和实现有序、有效创新的法律保障。近年来,浙江省先后研究出台了《贯彻国家知识产权战略纲要的实施意见》《进一步发挥专利支撑作用促进经济转型升级的若干意见》等政策文件。2015年5月,省政府制定出台《关于深入实施知识产权战略行动计划(2015—2020年)》,进一步明确工作目标和重点任务,提出到2020年我省每万人发明专利拥有量达到17件的目标。在省委、省政府的正确领导和社会各界的共同努力下,目前我省区域创新能力居全国第五位,企业技术创新能力居第三位,知识产权综合实力居全国第二位,专利综合实力居全国第四位,R&D经费支出及占GDP比重达2.3%,知识产权整体发展态势良好。

我们可以看到,正步入要素驱动向创新驱动的重要转折期的浙江经济,"大众创业、万众创新"的浪潮扑面而来,省委、省政府相继打出了"五水共治""四换三名""创新驱动""特色小镇"等转型升级组合拳,"拳法"威力逐步显现。知识产权工作是提升我省软实力的重要抓手,我们必须围绕"干在实处永无止境 走在前列再谋新篇"的总要求,进一步统一思想、提高认识,切实增强知识产权重要性的认识,改善知识产权人才队伍现状,加大知识产权政策引导和激励力度,大力实施知识产权战略,全面推进知识产权创造、运用、保护和管理工作。

《企业专利申请实务》由杭州杭诚专利事务所有限公司组织编写。本书针对当前企业专利工作的特点和要求,从专利代理机构的角度,重点阐述了企业实施专利战略的重要意义、企业专利申请操作实务以及如何与专利代理机构深度合作等。希望广大企业更好地发挥作为知识产权创造、运用的主体作用,不断提高知识产权工作意识和技能,着力提升企业核心竞争力。希望知识产权代理机构抓住机遇,迎接挑战,坚持需求导向,实行特色化、专业化、差异化、高端化发展,全面提高知识产权服务水平。

我很高兴应邀为本书作序，更准确地说，我很乐意为创新代言。我相信《企业专利申请实务》的出版，对于提高企业知识产权管理水平将会起到有益作用，进而为推进我省知识产权强省建设贡献力量。

浙江省科技厅厅长

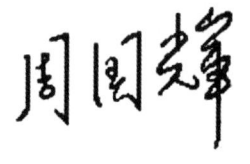

周国辉

2015 年 9 月

序 二

在实施创新驱动发展战略和建设创新型国家的形势下，如何通过知识产权提升企业自主创新能力，进而提高企业的核心竞争力，已经成为企业与知识产权代理机构须共同面对的重要课题，知识产权业也迎来了一个重要的发展机遇。

浙江是民营经济大省，以中小型企业为主的民营经济在浙江经济体系中具有基础性地位，因此，提高中小型企业的自主创新能力对促进浙江经济转型升级具有重大的现实意义。在全省50余家专利代理机构的共同努力下，浙江的专利工作成绩斐然，2014年专利申请和授权总量均位居国内第二位，走在了全国的前列。

中小型企业在知识产权的创造、管理、运用和保护等方面的能力相对薄弱，因此，在实施国家知识产权发展战略目标的过程中，除政策导向外，还需要帮助企业，尤其是中小企业，提高专利的申请、管理、运用和保护等方面的能力，而专利申请的质量是企业所有专利工作的基础和保障。

欣闻杭州杭诚专利事务所有限公司组织编写了《企业专利申请实务》一书，本人有幸先行拜读之后，被其特色与创新之处所吸引。本书的撰写主编尉伟敏同志是全国专利行业的领军人才，撰写团队由浙江省知识产权代理业非常具有影响力的杭州杭诚专利事务所有限公司的资深专利代理人组成。他们长期深入企业，与企业深度合作，在专利挖掘、专利分析、专利评议等方面做了大量的工作以及有益的探索，对企业专利工作的关键点有着深刻的理解。本书首次从代理机构的视角探讨企业的知识产权实务，针对企业知识产权工作中的常见问题，特别是中小企业专利申请实务方面的特点和实际需要，引用知识产权界专家的研究成果，通俗易懂地解答了企业在专利挖掘、专利申请、专利布局及专利保护等方面的问题，辅以典型案例，侧重实用性，所阐述的专利实务内容翔实而完整。

本书凝聚了该所资深专利代理人20余年的经验积累和体会，可作为企业专利申请实务的操作指导书，也可作为专利工作者和发明人的学习参考资料。希望本书能在指导企业如何提升专利申请的质量和专利运营的能力，促进企业与专利代理机构的紧密合作，加快企业的创新速度，进而提升企业的核心竞争力方面起到很好的作用。

中华全国专利代理人协会会长

杨 梧

2015年7月

前　言

  2014年9月，李克强总理在夏季达沃斯论坛上首次提出了"大众创业、万众创新"的远大构想。随着"大众创业、万众创新"理念的深入人心，知识产权保护也逐渐成为企业战略的制高点。在一个创新型的社会中，知识产权作为一种无形资产，将会愈加得到人们的重视和保护。

  知识产权主要包括著作权、专利权、商标权等，其中专利权是整个知识产权体系中的重要组成部分，是企业创新能力的体现，更是企业赢得市场的有力武器和有效途径。专利权能够防止科研成果的流失，促进科技进步和经济发展，企业通过灵活地运用专利制度，可以提高企业的竞争力，从而获得良好的经济效益。

  目前我国专利法采用先申请原则，因此企业在市场竞争中的产品要获得法律保护，前提在于及时申请专利，获得专利权。如"正泰诉施耐德侵权案""华为诉三星侵权案"等，这些案例中胜诉企业成功的前提在于及时将创新成果转化为专利，并按照企业专利战略预先进行了合理的布局。胜诉企业通过法律途径不仅获得了巨大的经济利益，还大幅度提升了企业影响力并树立了企业形象。由此可见，企业对自己的创新成果及时提出专利申请进行布局是企业专利工作的首要任务。

  浙江是一个市场经济竞争活力突出的省份，遍布着各类大大小小的企业。近年来，企业对于专利申请的需求越来越多，要求越来越高，寻求合作之路越来越深远，其业务范围小至企业专利的挖掘，大至企业专利战略与布局。因此，如何满足各类企业，尤其是中小企业对于专利相关业务咨询与合作的需求，成为许多专利代理机构一直在思考的问题。作为一名专利代理人，在日常工作中经常会遇到来自企业的各种咨询和求助，涉及的内容包括知识产权的各个方面。通常专利代理人会给出合理的解答，但是难免会遇到一些尚无定论的问题，进而引发讨论甚至争议。且不论结果如何，这类讨论往往能够使参与人员受益匪浅。

  2014年6月19日，浙江省知识产权局洪积庆局长一行来到杭州杭诚专利事务所有限公司（以下简称"杭诚所"）考察和调研，他希望杭诚所能总结多年来服务于浙江中小企业做好专利工作的经验，更好地满足广大中小企业对于专利申请与保护方面的需求。为此本着服务、引导企业做好专利工作的初衷，我们开始酝酿本书，目的在于帮助企业的专利工程师建立企业专利管理制度，制定适合企业自身发展的专利战略，探索企业和专利代理机构之间高效合作的新途径。2015年初，杭诚所组织了一批骨干员工，汇集了在代理7000余家企业专利申请过程中所产生的各种思考与问题，整合了长期以来从业过程中所积累的经验及案例，并在与一些典型企业进行充分座谈和交流的基础上，编著了本书。2015 年 7 月，浙江省科技厅周国辉厅长一行亲临杭诚所调研和指导工作时，对杭诚所的工作给予了充分的肯定。周厅长看了本书的初稿，欣然作序。

本书旨在帮助企业专利管理人员或技术人员对专利申请的概念、科研项目与专利的关系、发明创新点的挖掘、交底材料的准备、专利文件的审阅和流程管理以及自己撰写中常见的错误、认识上易产生的误区等诸多方面进行深入的了解。同时，本书针对企业专利战略的制定和实施、申请策略的合理规划与布局以及与专利代理机构的深度合作等企业较为关注的课题，也进行了详细阐述。本书还收集并阐述了各种专利策略与企业专利战略的一些实战运用案例。

本书以我国《专利法》《专利法实施细则》《专利审查指南 2010》等法律、法规或规章为依据，还借鉴了相关专家学者的优秀研究成果，选用并分享了杭诚所在参与企业专利申请、管理、保护和运营等环节中所经历的实际案例，内容较翔实，实用性强，既可作为企业专利工程师或专利代理机构从业者的指导用书，也可作为专利相关专业的学生、专利爱好者的参考读物。

感谢编委会的孟建土、戴建民、卢金元、郑汉康、郑汝珍、莫金梁、阎忠华、张华、刘正君、陈勇、赵越剑、黄娟等同事积极工作和努力配合，还要感谢方琦、傅向斌、郑阳政、曾长康、侯兰玉、王国书参与了稿件的编撰整理工作。此外，杭诚所信息组也为本书提供了大量翔实的数据，使本书其理存据、其论有实。杭诚所的多家合作企业为本书提供了典型案例，在此一并表示衷心的感谢。

由于时间仓促，书中难免会有不妥或错误之处，敬请读者及同行批评指正。

2015 年 10 月 8 日

目　　录

第一章　认识专利 ·· 1
 第一节　什么是专利和专利制度 ··· 1
 第二节　专利权的主体 ··· 6
 第三节　专利权的客体 ··· 8
 第四节　授予专利权的实质条件 ··· 11
 第五节　各类型专利的申请流程及各流程阶段的费用组成 ············ 15
 第六节　专利权有效期限及各个时间节点的界定 ······················· 19
 第七节　专利权的终止和无效 ··· 23

第二章　重视专利 ·· 26
 第一节　申请专利的好处 ·· 26
 第二节　企业专利工作的发展现状和历程 ································ 32
 第三节　政府鼓励引导企业申请专利的相关政策 ······················· 37
 第四节　建立企业专利领导机构，组织管理落实的长效机制 ········· 40

第三章　营造工作环境　孕育企业专利 ···································· 42
 第一节　企业专利管理的环境 ··· 42
 第二节　强化专利意识和创新思维 ··· 49
 第三节　自主创新　孕育专利 ··· 50
 第四节　企业申请专利的基本流程 ··· 53
 第五节　专利流 ·· 56
 第六节　企业专利文献的检索和利用 ······································ 57
 第七节　发明创新的方法——萃智（TRIZ） ···························· 68

第四章　企业申请专利的途径及选择 ·· 73
 第一节　申请专利前的准备 ·· 73
 第二节　企业自己撰写专利申请文件并提出申请 ······················· 83
 第三节　寻找合适专利代理机构代理专利申请 ·························· 98

第五章　企业专利工程师的工作职责 ······································ 108
 第一节　企业专利工程师在企业中扮演的角色 ························ 108
 第二节　企业专利工程师的主要职责 ···································· 109
 第三节　企业专利工程师工作的切入点 ································· 109

- 第四节　企业专利工程师工作计划的制订 …………………………………… 110
- 第五节　企业专利工程师工作的开展 ………………………………………… 110
- 第六节　专利申请文件的审定 ………………………………………………… 117
- 第七节　从申请文件中获取进一步信息 ……………………………………… 122
- 第八节　企业专利工程师工作中的常见误区 ………………………………… 122
- 第九节　审查意见的答复 ……………………………………………………… 124
- 第十节　其他专利工作 ………………………………………………………… 126
- 第十一节　企业专利各种期限的监控 ………………………………………… 127

第六章　与专利代理机构深度合作 ……………………………………………… 129
- 第一节　充分发挥专利代理人"第二发明人"的作用 ……………………… 129
- 第二节　邀请专利代理机构参与企业产品决策 ……………………………… 137
- 第三节　专利与其他知识产权类型结合的模式 ……………………………… 141
- 第四节　如何与具有良好口碑的专利代理机构进行合作 …………………… 142
- 第五节　企业涉外专利的保护 ………………………………………………… 147
- 第六节　如何规避在先专利 …………………………………………………… 149
- 第七节　基于萃智（TRIZ）的深度合作 ……………………………………… 151
- 第八节　双方合作共同应对专利纠纷 ………………………………………… 158
- 第九节　与有专利运营能力的专利代理机构合作 …………………………… 162

第七章　企业专利申请策略 ……………………………………………………… 169
- 第一节　企业专利申请前的决策 ……………………………………………… 169
- 第二节　企业申请专利时通常需要考虑的几个方面 ………………………… 172
- 第三节　企业专利申请策略的制定 …………………………………………… 175
- 第四节　中小企业的专利对策 ………………………………………………… 178
- 第五节　中小企业常见的专利问题 …………………………………………… 179
- 第六节　企业专利申请的策略与布局 ………………………………………… 182

第八章　企业的专利战略 ………………………………………………………… 189
- 第一节　企业战略概述 ………………………………………………………… 189
- 第二节　企业专利战略概述 …………………………………………………… 190
- 第三节　企业专利战略的构成要素 …………………………………………… 196
- 第四节　企业专利战略的制定 ………………………………………………… 197
- 第五节　实施企业专利战略的几个主要环节 ………………………………… 200
- 第六节　企业专利战略及其策略运用 ………………………………………… 203
- 第七节　中小型企业专利战略实施案例 ……………………………………… 218
- 第八节　大企业专利战略经典案例 …………………………………………… 223

参考文献 …………………………………………………………………………… 230

附件　与专利有关的期限 ………………………………………………………… 232

第一章 认识专利

第一节 什么是专利和专利制度

一、什么是专利权

(一) 专利权的定义

通俗地说，专利权是公民、法人或其他组织在一定时间内、一定地域内享有的对所申请并已授权且在有效期内的专利技术的专有权。专利权是国家对科技进步、发明创造活动的一种鼓励措施，通过对创新技术的专有权的保护，保障创新者的利益，提高研发动力，促进科技进步。

(二) 专利权和知识产权的关系

知识产权的内容主要包括：(1) 专利权（发明专利、实用新型专利、外观设计专利）；(2) 著作权（对文学作品、书籍、影视歌曲等享有的权利）；(3) 著作邻接权（对广播、演出等享有的权利）；(4) 商标权；(5) 防止不正当竞争的相关权利。由此可见，专利权属于知识产权中重要的一类。

(三) 几种主要知识产权的获得

1. 专利权

在我国，专利权的获得需要由申请人向国家知识产权局（SIPO）主动提出申请，由国家知识产权局按照规定进行审查，审查合格后予以授权。专利申请过程中，专利权的保护范围由申请人提出，国家知识产权局对申请人圈定的保护范围进行审查，分别作出授权、要求修改或补正或者驳回的决定。因此，专利权保护范围的圈定尤为重要，既要考虑到权利要求保护范围的初始圈定，又要考虑到保护范围修改的余地以及修改后的保护范围的稳定性和合理性；进一步而言，圈定权利要求保护范围时甚至要考虑到该专利技术未来可能的发展趋势。这与专利授权后能否获得实质性的有效保护密切相关。

例如 20 世纪 90 年代末"五笔字型"的专利纠纷，站在专利工作者的角度来看，"五笔字型"专利诉讼中权利人败诉的主因是在专利申请文件的撰写上，即在撰写权利要求保护范围时，只针对当时版本的五笔字型圈定保护范围，而没有考虑到后续的技术发展，导致字根的合并减少规避或者脱离了专利圈定的保护范围。

2. 商标权

在我国，申请人要想获得商标权，需要向国家工商行政管理总局商标局提出申请，由商标局审定合格后予以授权。商标申请时要确定商标的涵盖类别（根据商标使用范围直接在商标分类表上选取），经核准后在选取类别的范围内生效。

3. 著作权（版权）及著作邻接权

著作权在作品公开发行之日起自然产生，广播、演出等著作邻接权在第一次播出日起自然产生，不需要进行申请；但是对于软件等不宜公开的作品的著作权，在我国可以直接向中国版权保护中心提交登记申请进行备案，自备案之日起获得对应的著作权。

（四）专利权的基本特征

1. 专有性

专利权的专有性是指专利权具有的垄断性、排他性，即专利技术仅为专利权人以及获得专利权人授权的主体可以实施，而未获授权实施专利技术则为侵权行为。

一项专利技术授权后，以相同的技术方案再次申请则不能再授予专利权，这里的先后顺序以申请日为准。

2. 地域性

专利权具有地域性，即在中国获得的专利权，仅在中国范围内有效；如果要在其他国家或地区获得保护，则必须在该专利首次在本国提出专利申请的12个月（外观设计为6个月）内提出涉外的国际申请，并使该专利在该国或地区获得专利授权。

3. 时间性

每一项专利权根据其申请类型，其可最长维持的有效时间是不同的。在中国申请的专利，从申请日起计算，发明专利最长可维持20年，实用新型及外观设计专利最长可维持10年。

（五）专利权的使用

（1）实施：专利权人可以自己实施专利技术，进行制造、销售、使用。

（2）许可：专利权人可将专利技术许可他人来实施，但专利权仍归专利权人所有，被许可方只获得该专利技术的使用权等权利。

（3）转让：专利权人可以将专利权转让他人。专利权转让后，专利权归被转让方所有。

（4）进口：对于他人未经许可或授权而从事以经营为目的的行为，专利权人在专利权的有效期限内依法享有禁止相关产品进入本国的权利。

（5）标记：专利权人可以在实施专利技术的产品上标记专利信息。

（6）放弃：专利权人可以主动放弃专利权。

二、专利制度的起源

（一）世界专利制度起源

现代专利制度起源于欧洲。1474年3月19日，威尼斯共和国颁布了《发明人法规》，这是世界上第一部专利法。而1624年英国颁布的《垄断法》则是公认的现代专利法的鼻祖，它的基本立法原则与规定后来被很多国家在制定专利法规时效仿。1790年，美国颁布了专利法，它是当时最系统、最全面的专利法。1800~1888年，大多数工业化国家都陆续颁布了本国的专利法，专利制度在世界范围内迅速发展。据统计，在世界范围内，实行专利制度的国家在1873年有22个，1925年有73个，1958年有99个，1973年有120个，1984年有158个，到目前为止全世界已经有超过175个国家和地区建立了专利制度。

（二）中国专利制度起源

1950年8月11日，中国政务院颁布了《保障发明权与专利权暂行条例》，这是新中国历史上颁布的首部有关专利的法规。依据该条例，我国1953~1957年一共发放6件发明证书、4件专利证书。此后，这项工作陷入了停顿。

1984年3月12日，第六届全国人民代表大会常务委员会第四次会议通过了《中华人民共和国专利法》（以下简称《专利法》）。它是在借鉴德国、日本等发达国家专利制度和国际专利条约的基础上，融入中国特色制定而成的。中国《专利法》于1985年4月1日起实施，是世界知识产权界的一件大事。

三、中国专利制度的发展历程

《专利法》在制定后先后进行了三次修订，分别是在1992年9月4日、2000年8月25日、2008年12月27日。2015年4月1日，国家知识产权局公布《中华人民共和国专利法修改草案（征求意见稿）》，这次的专利法修订草案包括加大专利保护力度、维护权利人合法权益、促进专利的实施和运用、完善专利代理法律制度等五大部分。同时，在扩大保护范围方面也作了较大的调整，例如，明确对局部外观设计的保护，取消对养殖动物疾病诊断和治疗方法获得专利保护的限制等。这些点点滴滴的改进，使得中国的专利制度在不断探索过程中逐步与世界接轨。另外，这次征求意见稿对实用新型专利的审查提出了更高的要求，低质量的实用新型专利申请可能难以获得授权。

四、专利申请情况及趋势

（一）世界专利申请概况

1960年之前，专利的活动主要发生在美国、德国、英国和法国四国。1960年之后，专利制度的实施开始加速，越来越多的国家和地区迅速地普及专利制度，尤其是日本和前苏联的专利申请量大幅增长。1960~2005年,世界九大专利局的专利申请量年平均增幅为3.35%。

1977年《欧洲专利条约》(EPC)生效,德国、法国和英国的专利申请量开始下降,虽然不少申请人仍然直接向所在国家的专利局提交申请,但更多的人开始将欧洲专利局(EPO)作为首选,其申请量不断攀升(见图1-1)。

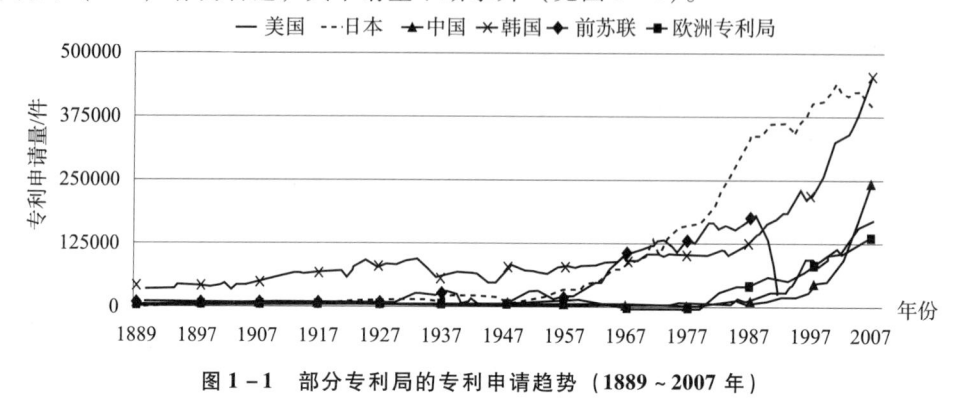

图1-1 部分专利局的专利申请趋势(1889~2007年)

资料来源:世界知识产权组织,《世界知识产权指标报告(2009)》。

(二)中国、韩国申请量显著增长,美国、日本和德国提交的外向专利族最多

1995~2007年,国家知识产权局受理的专利申请平均年增长率达23.4%,远高于欧洲专利局和美国专利商标局(USPTO)的专利申请增长率,也远高于全世界的年平均增幅。

外向专利族是指至少向一个以上的外国提交涉外的专利申请,通常经《专利合作条约》(PCT)或者《保护工业产权巴黎公约》(以下简称《巴黎公约》)的途径提交。美国、日本和德国是外向专利族申请大国。中国近年在国家知识产权强国战略的推动下,作为自主创新能力的一把标尺的PCT专利申请量增幅明显,申请量已超过德国。2014年PCT专利申请量前十位的国家依次是美国、日本、中国、德国、韩国、法国、英国、荷兰、瑞士、瑞典(见表1-1)。而中国大陆地区PCT专利申请的企业主要集中在广东的深圳,其连续11年位居全国各大城市之首。2014年,深圳PCT国际专利申请量为11646件,同比增长15.9%,其申请量占全国申请总量的48.5%(不含国外企业和个人申请)。

表1-1 2014年PCT专利申请量前十位的国家及占比

名 次	国 家	申请量/件	占比/%
1	美 国	61492	28.5
2	日 本	42459	19.7
3	中 国	25539	11.9
4	德 国	18008	8.4

续表

名　次	国　家	申请量/件	占比/%
5	韩国	13151	6.1
6	法国	8319	3.9
7	英国	5282	2.5
8	荷兰	4218	2.0
9	瑞士	4115	1.9
10	瑞典	3925	1.8

资料来源：《深圳特区报》（2015年2月2日）。

五、我国的知识产权发展展望

2005年初，国务院成立了国家知识产权战略制定工作领导小组，启动了国家知识产权战略的制定工作，国家知识产权局、国家工商行政管理总局、国家版权局、国家发展和改革委会员、科学技术部、商务部等33家部门和单位共同推进国家知识产权战略制定工作。2008年6月5日，国务院印发了《国家知识产权战略纲要》。

《国家知识产权战略纲要》的战略目标是：到2020年，把我国建设成为知识产权创造、运用、保护和管理水平较高的国家。知识产权法治环境进一步完善，市场主体创造、运用、保护和管理知识产权的能力显著增强，知识产权意识深入人心，自主知识产权的拥有量能够有效支撑创新型国家建设，知识产权制度对经济发展、文化繁荣和社会建设的促进作用充分显现。

2014年12月10日，国务院转发国家知识产权局等单位《深入实施国家知识产权战略行动计划（2014~2020）》。该文件列明了2014~2020年国家知识产权战略实施工作的主要预期目标（如表1-2所示）。

表1-2　2014~2020年国家知识产权战略实施工作主要预期指标

指　标	2013年	2015年	2020年
每万人口发明专利拥有量/件	4	6	14
通过PCT途径提交的专利申请量/万件	2.2	3.0	7.5
国内发明专利平均维持年限/年	5.8	6.4	9.0
作品著作权登记量/万件	84.5	90	100
计算机软件著作权登记量/万件	16.4	17.2	20
全国技术市场登记的技术合同交易总额/万亿元	0.8	1.0	2.0
知识产权质押融资年度金额/亿元	687.5	750	1800
专有权利使用费和特许费出口收入/亿美元	13.6	20	80
知识产权服务业营业收入年均增长率/%	18	20	20
知识产权保护社会满意度/分	65	70	80
发明专利申请平均实质审查周期/月	22.3	21.7	20.2
商标注册平均审查周期/月	10	9	9

第二节 专利权的主体

一、发明人、设计人

（一）发明人或设计人

专利法中的发明人或设计人具有相同含义，指的是对发明创造中的实质性特点有着创造性贡献的人。而在发明创造过程中，只是负责组织工作、提供物质技术条件或从事辅助工作的人，不应是发明人（设计人）。并且发明人（设计人）只能是个人，不能是单位。

（二）发明人的权利

发明人拥有署名权，即在专利申请和授权过程中署名的权利。署名权是一种人身权，只能根据实际情况进行变更，不能转让。

在专利权实施、许可、转让的过程中，发明人有从专利权人等处获取必要报酬的权利。

二、专利申请人和专利权人

（一）专利申请人和专利权人

专利申请人和专利权人是专利申请主体在专利申请不同阶段的两种叫法，专利申请阶段为专利申请人，专利授权之后自动转变为专利权人。专利申请人和专利权人可以是个人，也可以是单位。

（二）专利权人拥有的权利

专利权人拥有对专利权进行处置的权利，即对专利权进行实施、许可、转让、标记、放弃的权利。

三、职务发明与非职务发明

一般而言，发明人所在单位作为专利申请人及专利权人，这样的发明即职务发明；发明人个人作为发明的专利申请人及专利权人，这样的发明就是非职务发明。在英国、美国、日本等发达国家，职务发明的比例占全部发明的95%左右；在国内，从1985年4月到2006年2月，国内职务发明的比例占全部发明的36.9%，其中包含有以企业家个人名义申请的实质为职务发明的专利，企业的职务发明占比还有提高的空间。[1]

---

[1] 汪琦鹰. 企业知识产权管理实务 [M]. 北京：中国法制出版社，2009：179-180.

（一）区分方法

职务发明：指发明人或设计人执行本单位的任务或者主要是利用本单位的物质技术条件完成的发明创造。

根据《专利法实施细则》的规定，发明人或设计人在下列情况下完成的发明创造都属于职务发明创造：（1）在本职工作中作出的发明创造；（2）履行本单位交付的本职工作之外的任务所作出的发明创造；（3）退休、调离原单位后或者劳动、人事关系终止后1年内作出的，与其在原单位承担的本职工作或者原单位分配的任务有关的发明创造；（4）主要是利用本单位的物质技术条件（包括资金、设备、零部件、原材料或者不对外公开的技术资料等）完成的发明创造。

非职务发明：未利用单位物质条件，不属于本职工作及单位交付的其他任务，发明人独自完成的发明创造为非职务发明。

（二）企业如何避免产生专利申请权归属纠纷

企业要建立正确的知识产权观念，从"防止员工私自申请专利"转变为"鼓励员工为企业申请专利"；企业应积极帮助员工将工作过程中的发明创造及时转化为知识产权，从根源上避免专利申请权纠纷。

企业要建立合理的专利奖励政策，对员工申请专利进行奖励，例如华为、吉利等企业，其内部针对员工申请的各类型专利，以及发明专利申请、授权的各个阶段，都制定了完善的奖励政策，使企业员工得到实惠，提高了申请专利的积极性。对于企业来说，提升了企业形象，固化了知识产权，掌握了核心技术，提高了企业的竞争力，真正实现了双赢。

赋予职务发明人一定的工资外报酬已是发达国家的普遍做法。如在20世纪80年代，美国为了鼓励科技创新而颁布了《杜拜法案》，规定国家支持的研究开发获得的专利，其所有权是国家的，使用权是单位的，收益权由单位和发明人共享，且发明人的收益权要占30%。[1]

四、委托完成的发明创造申请权和专利权的归属

甲方委托乙方开发的技术，如委托合同未约定，则专利申请权和专利权归被委托方（乙方）所有；如合同中有约定的，专利申请权和专利权的归属遵照合同约定。

特别强调，企业在开发技术前应当关注并正确地处理好专利申请权与专利权的归属问题，从而避免专利权属纠纷。因为此类纠纷一旦发生，对于企业来说收集证据、追究责任等事宜处理起来将会很麻烦。

---

[1] 王明，欧阳启明，石瑷. 企业知识产权流程管理［M］. 北京：中国法制出版社，2011：246.

第三节　专利权的客体

一、概　　述

专利权的客体，即专利法保护的对象，是指可以取得专利权、受专利法保护的发明创造。

二、发明专利

《专利法》第 2 条第 2 款规定："发明，是指对产品、方法或者其改进所提出的新的技术方案。"根据发明对象的不同，发明可以分为产品发明和方法发明两大类。对产品或者方法的改进也不会改变其类别。其中，方法类的技术方案只能通过发明专利进行保护。

三、实用新型专利

《专利法》第 2 条第 3 款规定："实用新型，是指对产品的形状、构造或者其结合所提出的适于实用的新的技术方案。"实用新型专利所保护的内容包括对产品的形状、构造或者其结合所提出的实用的技术方案，不包括方法、流程、工艺、配方等。其中，产品的构造不包括物质或材料的微观结构，如物质的原子结构、分子结构，材料的组分、金相结构等。

专利所保护的内容，随着时代的发展不断更新。《专利法》刚开始实施的一段时间内，电路结构由于元件排布位置不具有唯一性，不属于实用新型专利的保护对象。但是随着人们认知的改变，目前电路结构已被确立为实用新型的保护对象。只是电路结构需要公开具体的电路，单纯的框图或模块图很可能被认定为信息公开不充分而不能获得专利权。

对于一些软硬件结合的系统，实用新型专利申请的权利要求中也不能出现软件模块，因为软件模板不是实用新型专利的保护客体，只能通过发明专利来保护。

四、外观设计专利

《专利法》第 2 条第 4 款规定："外观设计，是指对产品的形状、图案或者其结合以及色彩与形状、图案的结合所作出的富有美感并适于工业应用的新设计。"外观设计专利必须以产品作为载体，所保护的是产品的外在视觉体现，而内部的结构特征通常不受外观设计专利的保护。

2014 年 5 月 1 日起，根据修改后的《专利审查指南 2010》，外观设计专利可以保护图形用户界面。按照现行的法规，图形用户界面所保护的对象是必须与人机交互相关或者与实现产品功能有关的产品显示装置所显示的图像。也就是说，显示装置所显示的单纯修饰性的、美观性的图像或图案排布并不在保护对象之列，如电子屏幕壁纸、开关机画面、网站网页的图文排版等都不受专利保护。需要说明的是，游戏界面尽管也可能涉及人机交互或者产品功能的实现，但是不能被外观设计专利所保护。

此外，形状、图案、色彩不固定的产品（如液体、气体和粉末状等没有固定形状的产品）或者纯美术、书法、摄影的作品，或者自然物仿真设计的产品不能申请外观设计专利。

五、发明、实用新型及外观设计专利保护客体的异同

（一）异同点

发明和实用新型专利的保护对象都是技术方案，技术方案是发明人根据科技原理和规律解决技术问题时，所需采用的技术手段的集合。技术手段一般采用产品类或者方法类技术特征来表现。产品类技术特征可以是装置、设备、器具、部件、零件、材料等物品的结构、形状、成分等，方法类技术特征则是生产之类的过程、步骤、工艺等以及在此过程中所采用的工具、原料、设备等。并且，不同技术特征之间的相互关系也属于技术特征，如信号传递、连接、相互作用等。

结构和结构的改进如果可以解决技术问题、带来技术效果，则既可以受到发明专利保护，也可以受到实用新型专利的保护。而方法和工艺的改进只能受到发明专利的保护。

外观设计专利的保护对象是产品外部的形状、色彩以及图案的结合，不要求保护对象能够解决技术问题或带来技术效果。

（二）同日申请的含义、作用及处理方法

依据《专利法》第9条的规定，同样的发明创造只能授予一项专利权。发明专利申请由于要进行实质性审查，因此花费时间较长，在审查期间难以获得有效保护；实用新型专利申请由于不需要实质性审查，因此专利权的稳固性明显弱于发明专利。为了兼顾专利权的稳固性和快速获得一定的保护，同一申请人可以针对一项发明创造同时申请发明专利和实用新型专利。

如需同时申请发明和实用新型两种专利，申请人应分别在发明专利请求书、实用新型专利请求书上勾选"声明本申请人对同样的发明创造在申请本发明专利的同日申请了实用新型专利"和"声明本申请人对同样的发明创造在申请本实用新型专利的同日申请了发明专利"。如果发明专利申请符合授权条件，而先授权的实用新型专利权还未终止，申请人可以声明放弃该实用新型专利权，以获得发明专利权。

另外，为了避免在先获得的实用新型专利权对后续发明专利申请的影响，申请人可以在同日申请发明专利与实用新型专利时，对发明专利或实用新型专利的保护范围进行适当的修改，使其不属于同样的发明创造。

六、不授予专利权的对象

我国对发明专利的保护对象采用排除法进行规定。《专利法》第25条第1款规定:"对下列各项,不授予专利权:(1)科学发现;(2)智力活动的规则和方法;(3)疾病的诊断和治疗方法;(4)动物和植物品种;(5)用原子核变换方法获得的物质;(6)对平面印刷品的图案、色彩或者二者的结合作出的主要起标识作用的设计。"

通常判断一份材料是否属于专利权的保护客体,除了社会原因的规定外,从技术角度出发,还可以从以下三个问题去判断:(1)是否解决技术问题;(2)是否采用了具体的技术手段;(3)是否达到了技术效果。

【案例1-1】获得新物质的方法能申请专利

如果这种新物质在自然界客观存在,那么就属于对现有物质的发现而非发明,属于科学发现。这种科学发现不存在技术问题、技术手段、技术效果,因此不属于专利权保护的客体。

但是,如果是获取这一类新物质的方法:(1)技术问题是如何获得这类新物质;(2)技术手段是分离或者制备这类新物质的方法;(3)技术效果是通过人为的操作获得了这类物质,那么这些方法就具有实质性的内容,满足专利申请的客体要求。

此外,动物和植物新品种的发现也与科学发现类似,动植物品种本身不属于专利权保护的客体,但是,获得这些动植物新品种的方法是满足专利申请客体要求的。

【案例1-2】游戏规则可以申请专利吗?

对于像扑克、麻将的新游戏规则,由于这类素材属于智力活动的范畴,不存在技术问题,也没有具体的技术手段,自然也没有技术效果,属于智力活动的规则和方法,不属于专利权保护的客体,因此是不能申请专利的。

【案例1-3】祖传医术能申请专利吗?

从社会道德伦理和人道主义的角度出发,医生在给病人诊断、治疗的过程中,应具有自由选择较适宜的方法和条件的权利。一般情况下,因为针对于疾病的诊断、治疗的方法的实施对象是直接的人体或动物,而无法应用于产业上,所以医术类的方法不属于专利法规定的发明创造,不能被授予相关的专利权。

但是,这些方法所使用的仪器和设备,属于专利权保护的客体。另外,正在征求意见的新专利法可能放松对养殖动物疾病诊断和治疗方法获得专利保护的限制。❶

【案例1-4】为什么用原子核变换方法获得的物质不能申请专利?

原子核研究领域属于世界范围内的科技前沿,通过原子核聚变、裂变等原子核变化方法获得新的物质,能够对国家经济、政治、文化和国防安全等方面产生重大影响。为了维护社会安定,此类方法产生的物质不能被单位或个人所垄断,因此不能被

---

❶ 庹明生. 医疗方法可专利性研究 [D]. 重庆:西南政法大学,2007.

授予专利权。

【案例 1-5】起标识作用的设计应申请哪类知识产权？

对利用色彩、图案或者二者结合而创作出的具有标识作用的平面印刷品设计，如果其明显起标识作用，可以申请商标专用权。

【案例 1-6】如何让数据建模获得专利权

一份专利申请材料，指出现行的光谱数据预测方法错判率高，其通过复杂的矩阵计算方法，获得了一个新的建模方式。由于这份材料：(1) 模型没有具体的试验对象，因此，不存在实质性的技术问题；(2) 矩阵计算方法没有具体试验对象的数据，采用的技术手段为数学计算的方式，抽象而没有实质可操作内容；(3) 技术效果也无法预计，因此，国家知识产权局审查过程中通常将此类材料划入不属于专利权保护客体的范畴。

但是，如果上述建模方法针对的是鱼油这种具体的试验样品，则可以成为专利权保护客体，这是因为：(1) 技术问题是鱼油样品光谱数据预测中存在的错判率高的问题，技术问题明确；(2) 技术手段是通过矩阵变换来建立新的模型，提高鱼油样品的预测准确性，技术手段有针对性；(3) 技术效果是提高了鱼油样品的预测准确性。因此，专利权保护的客体不能是空洞的、规则性的内容，必须有所依托。

第四节 授予专利权的实质条件

根据《专利法》第 22 条第 1 款的规定，授予专利权的发明和实用新型应当具备新颖性、创造性和实用性。国家知识产权局对于专利申请的审查，除了形式审查的内容外，主要是针对专利申请文件进行新颖性、创造性、实用性三个方面的审查。

我国《专利法》实行的是先申请原则，即两个以上的申请人分别就同样的发明创造申请专利的，专利权授予最先申请的人。

一、专利的新颖性、创造性与实用性

（一）新颖性

根据《专利审查指南 2010》的定义，"新颖性，是指该发明或者实用新型不属于现有技术；也没有任何单位或者个人就同样的发明或者实用新型在申请日以前向专利局提出过申请，并记载在申请日以后（含申请日）公布的专利申请文件或者公告的专利文件中。"简而言之，新颖性指的是该申请之前没有相同的技术方案曾被公开过或申请过。

现有技术的概念仅受时间限制，而不受公开地域、语言形式、公开形式等限制。无论是在哪个国家、以何种语言，只要在该专利申请日之前以专利文件、刊物、杂志等任何形式公开的技术，均属于现有技术。其中现有技术必须是公开的、为公众所能获取的技术，保密技术不属于现有技术。

《专利法》第 24 条规定："申请专利的发明创造在申请日以前 6 个月内，有下列情形之一的，不丧失新颖性：（1）在中国政府主办或者承认的国际展览会上首次展出的；（2）在规定的学术会议或者技术会议上首次发表的；（3）他人未经申请人同意而泄露其内容的。"

这一规定是为了保障享有专利申请权的人不会因为一些必须公开的情形或者意外公开的情形而丧失获得专利权的权利。

对于上述第二种情形，必须是国务院有关部门或全国性学术团体组织召开的学术、技术会议；除了组织者的身份有明确限定以外，另一个必要条件是相关的学术会议或技术会议必须是在国内召开，凡是国外召开的学术或技术会议必然不享有不丧失新颖性的宽限期。

而对于第三种情形，必须符合以下两个条件：（1）他人公开的技术方案是从申请人那里直接或者间接地获得的。若所公开的方案是公开者或者其他人独立作出的，则与申请人无关；而具体的获得方式是合法还是非法都不会对宽限期的判定产生影响。（2）他人公开技术方案的行为违背了申请人的意愿。通常来说，要证明这一点需要申请人事先已经采取防止泄露的必要措施，比如他人是以合法的方式获得技术方案，则在获得技术方案的同时应当能够得知该方案尚应处于保密状态。

法律上的新颖性和通常所理解的新颖性存在一定的差异，专利审查时新颖性需要有相关的证据来支持，比如公开文献、公开使用的设备等，而本领域的一些未有明确记载、难以检索到的公知技术往往不会被采信。事实上，由于取证困难的原因，即使此产品已经在市面上公开销售，实际产品的新颖性也较难认定。

现实情况中，最容易对新颖性、创造性产生影响的是公开性的论文。一些不了解专利的技术人员往往会优先选择论文投稿，一旦发表其技术成果则会完全丧失新颖性，通常难以挽救并且没有任何补救方法。即使对原有方案进行改进后再申请专利，一是论文会对后面的专利申请的创造性产生影响，再者原有的方案已经不具备被保护的可能性。

（二）创造性

《专利审查指南 2010》定义："发明的创造性，是指与现有技术相比，该发明有突出的实质性特点和显著的进步。"

《专利审查指南 2010》同时也规定："发明有突出的实质性特点，是指对所属技术领域的技术人员来说，发明相对于现有技术是非显而易见的。如果发明是所属技术领域的技术人员在现有技术的基础上仅仅通过合乎逻辑的分析、推理或者有限的试验可以得到的，则该发明是显而易见的，也就不具备突出的实质性特点。发明有显著的进步，是指发明与现有技术相比能够产生有益的技术效果。例如，发明克服了现有技术中存在的缺点和不足，或者为解决某一技术问题提供了一种不同构思的技术方案，或者代表某种新的技术发展趋势。所属技术领域的技术人员是指一种假设的'人'，假定他知晓申请日或者优先权日之前发明所属技术领域所有的普通技术知识，能够获知该领域中所有的现有技术，并且具有应用该日期之前常规实验手段的能力，但他不具有创造能力。如果所要解决的技术问题能够促使本领域的技术人员在其他技术领域寻找技术手段，他也应具有从该其他技术领域中获知该申请日或优先权日之前的相关现有技术、普通技术知识和常规实验手段的能力。"

（三）实用性

根据《专利审查指南 2010》的定义，实用性是指发明或者实用新型申请的主题必须能够在产业上制造或者使用，并且能够产生积极效果。即能被授权的专利申请必须是可以被制造和使用的，这种制造和使用只要在理论层面能够实现即可。例如，只需要有似乎可实施的结构示意图，无须提供样机或样品。

不具备实用性的内容通常具有以下特点之一：（1）无再现性；（2）违背自然规律；（3）是利用独一无二的自然条件的产品；（4）是人体或者动物体的非治疗目的的外科手术方法；（5）是测量人体或者动物体在极限情况下的生理参数的方法；（6）无积极效果。

二、发明专利申请的审查要求

发明专利的申请需要审查新颖性、创造性、实用性（通常简称"三性"）。发明专利申请分为形式审查和实质审查。实质审查过程中，通常首先审查实用性；在专利申请具备实用性的前提下，再审查其新颖性；如果具备新颖性，则审查其创造性。发明专利申请"三性"审查的顺序要求如图 1-2 所示。

图 1-2 发明专利申请"三性"审查顺序要求

对发明的创造性的判断和审查是整个专利审查过程中的核心内容之一，也是一项受众多因素影响的基于主观判断的审查。虽然各国专利局间在寻求统一的审查标准等方面一直作着不懈的努力，但不同的国家对同一项技术方案在是否具备创造性的判断上也可能得出不同的结论。

发明创造可分成下述几种类型：已有产品的新用途发明、选择发明、开拓性发明、转用发明、组合发明、要素变更（要素替代、要素省略或者要素关系改变）的发明等。

一项技术方案能否最后获得专利权，不仅取决于发明创造本身所属的类型及创新特点，还与专利申请文件所记载的技术方案，尤其是权利要求书所撰写的技术特征的表述等诸多因素有很大的关系。

三、实用新型专利申请的审查要求

实用新型专利的申请需要审查新颖性、实用性。实用新型专利申请仅作形式审查。形式审查过程中，首先审查实用性；在专利申请具备实用性的前提下，再审查其新颖性。

实用新型专利在审查程序上无须经过专利创造性的审查即获得了实用新型专利权，并不是说实用新型专利没有创造性的要求，只不过是当利害关系人或者任何公众对该实用新型专利有争议而提出无效宣告请求时，才基于请求人所提交的材料进行相应的审查。事实上，由于发生实际争议的专利的比例极小，因此这种形式审查制度具有专利授权快、手续简便、费用较低等特点，同时还大大节约了国家知识产权局的审查资源，提高了效率。

四、发明专利和实用新型专利申请审查对比

发明专利申请与实用新型专利申请相比，在审查实用性、新颖性的基础上，还需要审查其创造性。

实用新型的新颖性审查采用单一对比原则，即审查过程中，仅提供单个现有技术作为对比文件，与该专利申请进行单独对比，评判该专利申请的技术领域、技术问题、技术手段、有益效果是否一致，从而判断该专利申请是否具备新颖性，是否符合授权条件。

发明专利申请的新颖性审查与实用新型相同。在发明专利申请的创造性审查过程中，可以采用多个现有技术进行组合，来判断该专利申请是否是若干现有技术的简单结合，或者在现有技术简单结合的基础上能简单地推理得到，从而确定该专利申请是否具有实质性特点和显著进步，是否具备创造性。

相比于发明专利申请，实用新型专利申请的审查周期较短，申请人能够较快获得专利权，但是由于通常不进行实质审查，专利权的稳定性、可靠性都低于发明专利。另外，实用新型审查要求较低，通常直接授权，权利要求书质量直接影响后续保护范围。发明专利必须经过实质审查阶段，审查员会检索全世界范围内的相关技术，对发明专利申请的技术方案进行新颖性和创造性的评判，尤其是申请人可以根据审查员检索出的最接近的对比文件，对权利要求书等专利申请文件在不超范围的前提下进行针对性的修改，这对于该专利申请的授权概率及其发明专利的稳定性极为有利。发明由于存在实质审查这一阶段，因此会有一定的调整空间，可以根据审查意见调整保护范围，即多了一个后续修正权利要求书的机会。

发明专利的申请费用较高，而实用新型专利的申请费用较低，尤其是申请实用新

型专利的门槛较低，大大提高了中小企业与个体发明人的参与度，这也是实用新型类型专利的优势之一。

发明专利的外界认可度比实用新型专利高很多。发明专利的申请周期通常要 1 年以上，超过 2 年的也属于常态，所以对于一些发展较快的领域来说，极有可能出现发明专利申请尚处于审查阶段，但是相关技术已经过时淘汰的情况，因此申请人选择合适的申请类型就显得尤为重要。

由于发明专利需要审查创造性，因此一些较为简单的技术改进很难获得发明专利授权，此时可以选择申请实用新型专利；而对于较为重要的改进点，选择申请发明专利可以在授权以后获得更为稳定的保护。

从技术竞争的角度来说，请求宣告对手的专利无效是一个较好的破解专利权限制的手段。而宣告实用新型无效的难度会高于发明专利，并且，由于实用新型可以快速大量申请并容易获得授权，同时对对手的限制力度不亚于发明专利，因此，采用实用新型专利在短时间内建立完善的专利网，并通过合理的专利布局，通常可以使竞争对手在采用无效宣告这一手段时所付出的费用、工作量都远远大于只使用发明专利建立专利网的情景。

五、申请外观设计专利的审查要求

外观设计专利申请需要审查以下内容：(1) 对申请文件进行形式审查；(2) 对申请文件明显的实质性缺陷进行审查；(3) 对其他手续或者文件的形式审查；(4) 对费用的审查。

第五节　各类型专利的申请流程及各流程阶段的费用组成

一、专利的申请流程及费用组成

（一）专利申请的各个阶段

发明专利申请通常要依次经历受理、初步审查、公布、实质审查、授权五个阶段。在初步审查和实质审查两个阶段会出现驳回的情况，驳回后则审查流程终止；申请人如果想继续恢复对申请文件的审查，则需启动复审程序。

外观设计专利申请和实用新型专利申请通常要经历受理、初步审查、授权公告三个阶段。在初步审查时可能出现驳回的情况，驳回后则审查流程终止；申请人如果想继续恢复对申请文件进行审查，则需启动复审程序。

审查员在初步审查或实质审查阶段认为申请文件存在问题的，会给申请人发出审查意见通知书或者补正通知书。申请人需要在指定的答复期限内递交答复，对审查员指出的问题进行修改或者说明。如果申请人无正当理由逾期而未作出答复的，专利申请将被视为撤回。若申请人因特殊情况无法按期答复的，可以通过提交请求的方式延长答复期限，延长答复期限需要缴纳延长期限请求费。

（二）专利申请各个阶段的费用组成

递交发明专利申请时需要缴纳申请费，进入实质审查阶段前需要缴纳实质审查费，下发授权通知书以后需要缴纳专利登记、印刷费，印花税和第一年的年费等。

递交实用新型专利和外观设计专利申请时需要缴纳申请费，下发授权通知书以后需要缴纳专利登记、印刷费，印花税和第一年的年费等。

发明和实用新型专利申请的权利要求项数超过10项的，将从第11项开始每项收取权利要求附加费。说明书页数超过30页的，将从第31页开始每页收取说明书附加费；超过300页的，从301页开始每页收取更高的说明书附加费。

国家知识产权局专利收费标准见表1-3。

表1-3 国家知识产权局专利收费标准一览表

国内部分（人民币：元）			
（一）申请费	全额	个人减缓	单位减缓
1. 发明专利	900	135	270
印刷费	50	不予减缓	不予减缓
2. 实用新型专利	500	75	150
3. 外观设计专利	500	75	150
（二）发明专利申请审查费	2500	375	750
（三）复审费			
1. 发明专利	1000	200	400
2. 实用新型专利	300	60	120
3. 外观设计专利	300	60	120
（四）发明专利申请维持费	300	60	120
（五）著录事项变更手续费			
1. 发明人、申请人、专利权人的变更	200	不予减缓	不予减缓
2. 专利代理机构、代理人委托关系的变更	50	不予减缓	不予减缓
（六）优先权要求费每项	80	不予减缓	不予减缓
（七）恢复权利请求费	1000	不予减缓	不予减缓
（八）无效宣告请求费			
1. 发明专利权	3000	不予减缓	不予减缓
2. 实用新型专利权	1500	不予减缓	不予减缓
3. 外观设计专利权	1500	不予减缓	不予减缓
（九）强制许可请求费			
1. 发明专利	300	不予减缓	不予减缓
2. 实用新型专利	200	不予减缓	不予减缓
（十）强制许可使用裁决请求费	300	不予减缓	不予减缓

续表

国内部分（人民币：元）			
（十一）专利登记、印刷费，印花税			
1. 发明专利	255	不予减缓	不予减缓
2. 实用新型专利	205	不予减缓	不予减缓
3. 外观设计专利	205	不予减缓	不予减缓
（十二）附加费			
1. 第一次延长期限请求费每月	300	不予减缓	不予减缓
再次延长期限请求费每月	2000	不予减缓	不予减缓
2. 权利要求附加费从第 11 项起每项增收	150	不予减缓	不予减缓
3. 说明书附加费从第 31 页起每页增收	50	不予减缓	不予减缓
从第 301 页起每页增收	100	不予减缓	不予减缓
（十三）中止费	600	不予减缓	不予减缓
（十四）实用新型专利检索报告费	2400	不予减缓	不予减缓
（十五）年费	全额		
1. 发明专利			
1～3 年	900	135	270
4～6 年	1200	180	360
7～9 年	2000	300	600
10～12 年	4000	600	1200
13～15 年	6000	900	1800
16～20 年	8000	1200	2400
2. 实用新型			
1～3 年	600	90	180
4～5 年	900	135	270
6～8 年	1200	180	360
9～10 年	2000	300	600
3. 外观设计			
1～3 年	600	90	180
4～5 年	900	135	270
6～8 年	1200	180	360
9～10 年	2000	300	600
注：①维持费和复审费按照 80% 及 60% 两种标准进行减缓。②授权后 3 年的年费可以享受减缓。			
PCT 申请国际阶段部分（人民币：元）			
（一）传送费			500
（二）检索费			2100
附加检索费			2100

续表

国内部分（人民币：元）	
（三）优先权文件费	150
（四）初步审查费	1500
初步审查附加费	1500
（五）单一性异议费	200
（六）副本复制费每页	2
（七）后提交费	200
（八）滞纳金	按应缴费用的50%计收，若低于传送费按传送费收取；若高于基本费按基本费收取。
（九）国际申请费	
1. 国际申请用纸不超过30页的	8858（1330瑞郎）
2. 超出30页的部分每页加收	100（15瑞郎）
（十）手续费	1332（200瑞郎）
注：第（九）项和第（十）项为国家知识产权局代世界知识产权组织国际局收取的费用，收费标准按2008年6月1日国家外汇管理局公布的外汇牌价折算。	
PCT申请进入中国国家阶段部分（人民币：元）	
（一）宽限费	1000
（二）改正译文错误手续费（初步审查阶段）	300
（三）改正译文错误手续费（实质审查阶段）	1200
（四）单一性恢复费	900
（五）改正优先权要求请求费	300
注：进入国内阶段其他收费依照国内申请标准执行。	

二、专利费用的减缓

（一）费用减缓的条件

申请人或者专利权人缴纳有关专利费用确有困难的，可以减缓缴纳有关费用。此处的减缓意味着费用的部分减免，而不是缓期缴纳。

企业申请费用减缓需要当地知识产权部门开具费用减缓证明并递交费用减缓请求书；个人不需要开具证明，但需要递交费用减缓请求书。

（二）专利费用减缓的比例及费用减缓的范围

可减缓的费用包括申请费、发明专利实质审查费、自授权当年起3年内的年费、复审费以及发明专利申请维持费。申请费中的公布印刷费和申请附加费等不予减缓。

申请人是一个个人的，申请费、发明专利实质审查费、自授权当年起3年内的年费的减缓比例为85%（实际缴纳15%），复审费和发明专利维持费的减缓比例为80%（实际缴纳20%）。

以下三种情况申请费、发明专利实质审查费、自授权当年起 3 年内的年费的减缓比例为 70%（实际缴纳 30%），复审费和发明专利维持费的减缓比例为 60%（实际缴纳 40%）：(1) 申请人为一个单位；(2) 申请人为一个单位和若干个个人；(3) 申请人为两个或两个以上个人。

当申请人是两个或两个以上单位时，不能进行费用减缓。

第六节　专利权有效期限及各个时间节点的界定

一、我国发明、实用新型、外观设计专利权的有效期限

《专利法》第 42 条规定："发明专利权的期限为 20 年，实用新型专利权和外观设计专利权的期限为 10 年，均自申请日起计算。"专利权的维持需要持续缴纳年费。计算专利的期限时，从申请日算起，不包括优先权日至申请日之间的期限。

值得注意的是，根据最新的《专利法修订草案》的征求意见稿，外观设计专利的保护期限可能从目前的 10 年延长至 15 年。这样的话一些使用寿命较长的外观设计产品可以得到更好的保护，也为我国正式加入《海牙条约》奠定了产品保护的基础。

二、申　请　日

申请日是指申请人提交专利申请文件或者国家知识产权局收到该专利申请文件之日。

不同的申请递交方式有不同的申请日：向国家知识产权局专利局受理处或者代办处递交申请文件的，以受理处或代办处接收日期为申请日；通过邮局将申请文件邮寄给国家知识产权局专利局受理处或代办处的，如果信封上的邮戳清晰可辨则以寄出信封上的邮戳日为申请日，如果邮戳模糊而无法辨认则以国家知识产权局收到申请文件的日期作为申请日；如果申请文件是通过快递的方式送交国家知识产权局，则以国家知识产权局收到文件的日期为申请日。而现在最常用的专利申请递交方式是电子申请，即通过电子客户端从互联网将申请文件上传到受理处；采用这种方式时，正常上传申请文件的日期即为申请日，并且很快就可以收到电子版的受理通知书。

接受专利受理的部门只有国家知识产权局专利受理处及其代办处，如果邮寄或快递到其他部门，然后被转交到受理处或代办处的，申请日则为受理处或代办处实际收到申请文件的日期。

在递交申请文件时，如果说明书中只写有对附图的说明但没有相应的附图，则有两种处理方式：第一种是在指定期限内补交附图，这种处理方式会使此申请的申请日变成提交附图的日期；第二种是取消对附图的说明，这种处理方式不会改变申请日，但需要考虑专利申请文件的完整性。

分案申请以原申请的申请日为申请日。

申请日是判断申请先后的唯一法律依据，也是判断新颖性等专利性条件的时间标准。

三、公 开 日

公开日是指国家知识产权局公开专利申请文件的时间。

对于实用新型和外观专利申请来说，公开日和授权日通常是同一天。对于发明申请，必须是公开以后才能进入实质审查阶段。发明专利申请公开的目的之一是为了便于公众向国家知识产权局递交证明被公开的申请不能被授权的证据，利用社会公众的力量来监督发明专利的公正性和有效性，同时也可避免无意侵权行为、促进专利申请。

申请人可以提交提前公开请求，使发明专利申请在初步审查合格以后就进行公布。提交提前公开请求以后，申请人可以要求撤回请求，但是如果该申请已进入公布准备程序后才请求撤回的，申请文件仍然会在专利公报上公布。发明专利申请的初步审查通过后，如果距离申请日已满18个月，即使申请人未提出公布请求，相应申请文件也会被公布。

若专利申请文件涉及国家安全等保密内容的，经设于国家知识产权局内的相应机构审查，符合条件的专利将列入保密专利。保密专利仅在授权以后公布专利号、申请日和授权公告日，而不公布其他信息。

发明专利申请公开以后会具有一定的保护力度，如果有人在公开日以后以营利的目的开始实施发明专利申请所公开的方案，在发明专利申请授权以后，可以对实施日到授权公告日期间的行为进行追溯。《专利法》第13条规定："发明专利申请公布后，申请人可以要求实施其发明的单位或者个人支付适当的费用。"但是这属于非强制性条款，实施其发明的单位或个人可以拒绝，但拒绝则会面临发明专利申请授权以后被追溯的风险，那时所要支付的赔偿金很有可能会远高于前述的"适当的费用"。

四、优 先 权

（一）优先权的定义及期限

优先权是指专利申请人就其发明创造第一次在某国提出专利申请后，在法定期限内，又就相同主题的发明创造提出专利申请的，根据专利法及其相关法规的规定，其在后申请以第一次专利申请的日期作为其申请日，专利申请人依法享有的这种权利，称为优先权。

《专利法》第29条规定："申请人自发明或者实用新型在外国第一次提出专利申请之日起12个月内，或者自外观设计在外国第一次提出专利申请之日起6个月内，又在中国就相同主题提出专利申请的，依照该外国同中国签订的协议或者共同参加的国际条约，或者依照相互承认优先权的原则，可以享有优先权。申请人自发明或者实用新型在中国第一次提出专利申请之日起12个月内，又向国务院专利行政部门就相同主题提出专利申请的，可以享有优先权。"

（二）优先权的体系与应用

优先权是专利制度中的一个较为庞大的体系，专利大户，尤其是需要将专利申请策略融入企业发展战略中的企业更需要进行关注和运用。

优先权可分为外国优先权和本国优先权。

本国优先权广泛地应用于国内申请阶段。例如，当出现对申请日要求比较紧迫的情况时，可以将不够成熟的方案进行递交，获得申请日，然后在优先权期限内将方案完善，以要求优先权的方式再次递交。这样可以使在后申请获得前一个申请的申请日为优先权日。这种手段对于抢占专利申请先机或者解决一些临近截止日等棘手问题有较大帮助。本国优先权更多地被申请人用于各种专利布局的场合。通常，企业为了在技术上抢夺先机，分别将研发过程中的一系列技术方案或者成果及时提交发明或实用新型专利申请，然后将跨度在 12 个月内的专利申请采用提优先权的方式，将相关的技术方案依照我国《专利法》的相应规则和企业专利策略的考量重新进行拆分、布局和整合等。

外国优先权是指申请人自发明或者实用新型在外国第一次提出专利申请之日起 12 个月内，或者自外观设计在外国第一次提出专利申请之日起 6 个月内，又在中国就相同主题提出专利申请的，依照双边签订的协议或者共同参加的国际条约（《巴黎公约》等），或者依照相互承认优先权的原则，可以享有优先权，即以其在外国第一次提出申请之日为申请日。其原则同样适用于我国企业等申请人向外国提出专利申请的情景。值得注意的是，国内的专利申请人若欲使该专利申请能在国外获得专利保护，就必须在 12 个月内（外观设计为 6 个月内）按照《巴黎公约》逐国向有关国家提出申请，一旦过了 12 个月，就不可能再将该专利延伸到其他国家；而若依据《专利合作条约》提出专利申请，则相当于同时向其所有成员国（截至 2015 年已有 148 个成员国）提交了专利申请，而将进入具体国家的时间延长至申请日后 30 个月，给予申请人的领域布局极大的优势。

申请人如果要求优先权，需要在申请日起 3 个月内提交在先申请的文件副本。如果国家知识产权局和在先申请的受理机构签订协议，且协议中有说明可以通过电子交换等途径直接获得在先申请文件副本的，申请人则不需要提交副本。

此外，优先权可以进行转让，优先权的转让一般是和申请权一起转让的。在转让优先权的情况下，递交在后申请时需要提交有全部在先申请的申请人签章的优先权转让证明。

如果在先申请是向国家知识产权局递交的（即要求的是本国优先权），则从后一申请递交之日起，在先申请视为撤回。如果要求的是外国优先权，则在先申请不受影响。

（三）优先权的条件与基本规则

在先申请有以下几种情况之一的，则不能要求本国优先权：（1）已经享有外国或者本国优先权的。换句话说，作为优先权基础的申请应当是第一次申请。（2）已经被授予专利权的（例如实用新型专利）。这是为了防止违反《专利法》第9条第1款的规定，出现同一技术方案重复授权的情况。（3）属于按规定提出的分案申请的。这也是限定在先申请必须为第一次申请，因为分案申请是从原申请分出来的申请，原申请为第一次申请，而分案申请就不是第一次申请。

分案申请的原申请如果不违反上述三种情形，则可以作为在先申请被要求优先权。

在先申请为发明或实用新型的，在后申请可以在发明和实用新型两类中随意地进行替换；在先申请为外观设计的，在后申请只能是外观设计。

一个在后申请可以要求多个在先申请的优先权，此时在后申请的各项方案的现有技术期限按照各自的优先权日来确定。

在后申请中可以包含在先申请中未出现的内容，但是这些内容不享有优先权。在进行新颖性、创造性审查时，以在后申请的实际申请日作为现有技术的判定日期。

利用要求优先权，可以将若干个单一性的在先申请合并为一件在后申请，以减低需要缴纳的专利年费额度。

通过要求优先权还可以实现发明和实用新型专利申请的互换，这为申请人提供了再次选择其认为合适的专利申请类型的机会；但是发明和实用新型不能与外观设计申请进行互换。

五、授权公告日

专利申请经审查未发现驳回理由的，则由国家知识产权局授予相应专利权，颁发相应专利证书，并予以登记、公告，专利权自授权公告之日起开始生效。其中实用新型和外观设计专利的公开日就是授权公告日，而发明专利的公开日要比授权公告日早。

六、年费缴纳日期的划分

专利授权以后，授予专利权当年的年费应当在办理登记手续的同时缴纳。只有按时缴纳年费才能领取证书，并维持专利权在法律规定的期限内有效。以后的年费应当在上一年度期满前缴纳。缴费期限的届满日是申请日在该年的相应日。

专利缴费按照年度进行计算，例如申请日是2014年12月15日，则第一年度为2014年12月15日至2015年12月15日，最后缴费日为2015年12月15日；第二年度为2015年12月16日至2016年12月15日，最后缴费日为2016年12月15日，以此类推。授予专利权当年的年费根据授权日确定，例如申请日是2014年12月15日，授权日是2015年9月10日，则需要在办理登记手续的同时缴纳第一年度的年费，并且需要在2015年12月15日之前缴纳第二年的年费；如果授权日是在2016年11月5日，则需要在办理登记手续的同时缴纳第二年度的年费，并且需要在2016年12月15

日之前缴纳第三年度的年费，此时不需要缴纳第一年度的年费。

专利权人缴费逾期或不足的，可在期满之日算起的6个月内完成补缴，补缴的时间超过规定的期限而不足1个月时，则无须缴纳滞纳金；补缴时间超过规定的时间且超过1个月或以上的，则要缴纳滞纳金。

第七节 专利权的终止和无效

一、年限到期终止

在持续按时缴纳年费的情况下，发明专利权的期限为20年，实用新型和外观设计专利权的期限为10年。到期后将无法延续，专利所公开的方案成为公共技术，任何人都可以自由使用。

专利权的起算时间为申请日，这使得发明专利实际获得法律保护的期限一定少于20年，实用新型和外观设计专利实际获得的法律保护期限一定少于10年。保护期限届满以后没有任何办法可以恢复专利权。这也是为了防止专利权人无限期拥有专利权对公众的正常生产经营行为产生过大的限制和妨碍，同时也可以缓解司法压力。

二、主动放弃终止

专利授权后，专利权人可随时主动放弃专利权。主动放弃主要是发明和实用新型同日申请的情况，实用新型先授权，发明经过实质审查（修改或不修改）后不满足《专利法》第9条的，需要放弃实用新型才能给发明专利授权，此时的一个应对方式就是提交放弃实用新型专利权声明。

多个专利权人共有同一项专利权的，放弃专利权声明必须由所有共有专利权人提出，而不能由部分专利权人提出。

提交放弃专利权声明以后，专利权人无正当理由不得要求撤销放弃专利权的声明。但是如果是为了发明授权而提交的放弃实用新型专利权声明，在提交放弃声明以后审查员认为发明因为其他原因仍然无法授权的，放弃实用新型专利权声明将不会生效。

一种特殊情况是，专利权处于非真正专利权人手里的时候，如果非真正专利权人恶意放弃专利权，则真正的专利权人在一定的期限内可以提交请求来恢复专利权。

三、停缴年费终止

专利权的实际终止日为缴纳年费期满之日，但是随着年费的额度逐年上涨，在专利数量较多、授权年度较长的情况下，年费会成为专利权人的一笔较大的开支，因此对于大多数已经过时、老旧、不具有维持价值的专利技术来说，在适当的时候通过停止缴纳年费来放弃专利是一个不错的选择。

专利年费滞纳期满但仍没有缴纳或缴足专利年费、滞纳金的，自滞纳期满起 2 个月后，审查员将会发出相应专利的专利权终止通知书。申请人在收到专利权终止通知书后 2 个月内，可向国家知识产权局提出恢复专利权的请求。如果申请人未提出恢复权利的请求或请求被驳回，在发出终止通知书 4 个月后，国家知识产权局将对相应专利作失效处理，此后除不可抗力因素外再无其他恢复专利权的方式。

四、无效宣告

在专利审查的过程中含有较大的主观判断因素，尤其受检索技能等因素影响，因此授权的专利并不能保证完全符合《专利法》和《专利法实施细则》中诸如创造性等的规定。这使得专利权的无效宣告程序成为保障利害关系人利益的一个必要手段。

专利授权以后，任何人都可以对专利权提出无效宣告请求。无效宣告的客体应当是已经公告授权的专利。国家知识产权局专利复审委员会经过审查后将会作出审查决定，审查决定可能是宣告专利权全部无效、宣告专利权部分无效或者维持专利权有效。

无效宣告的适用对象包括已经终止或者放弃（自申请日起放弃的除外）的专利，此类情况一般出现在侵权诉讼中。由于被宣告无效的专利权视为自始即不存在，所以侵权诉讼在判决前涉案专利被成功宣告无效的，通常会认定不产生侵权行为。但是，专利权无效宣告公布前的下列行为不受追溯：专利失效前就已经签订的专利许可或转让合同，人民法院作出并要求执行的相关专利侵权的判决书、调解书，已经履行或者强制执行的专利侵权纠纷处理决定等。当然若案件涉及赔偿金额及专利相关费用明显不符合公平原则的，或者是主观故意的行为，则可以适当返还全部或者部分金额。

无效宣告的理由是指被授予专利的发明创造不符合《专利法》第 2 条（客体）、第 20 条第 1 款（保密审查）、第 22 条（发明和实用新型的新颖性、创造性和实用性）、第 23 条（外观设计应当不属于现有设计并不与已有权利冲突）、第 26 条第 3 款（说明书应当清楚完整）和第 4 款（权利要求书清楚、有依据）、第 27 条第 2 款（外观设计图片清楚）、第 33 条（修改不超范围），或者不符合《专利法实施细则》第 20 条第 2 款（独立权利要求有必要技术特征）、第 43 条第 1 款（分案不超范围），或者属于《专利法》第 5 条（违反法律、公德或妨害公共利益）、第 25 条（不授予专利权的客体）的规定，或者依照《专利法》第 9 条（同样发明创造只授予一项专利权）规定不能取得专利权。

专利权人也可以对自己的专利提出部分无效宣告请求，这样可以适当削减专利权的保护范围，从侧面来说也可以检验专利权的可靠性并通过修改提高可靠性。实际上对自己的专利进行无效宣告也属主动修改专利权的方式，但是在操作上有较大难度，需要对技术方案以及相关法规有深入的了解和掌握，否则无法达到修改的目的。

对自己的专利权提出的无效宣告请求必须满足以下三点要求：（1）提出无效宣告请求的必须是共有专利权的所有专利权人；如果是部分专利权人所提出，则无效宣告请求将不予受理。这是为了防止部分专利权人恶意无效影响其他专利权人的权益。（2）专利权人不能请求宣告自己的专利权全部无效，只能是请求部分专利权无效，否则请求也无法受理。（3）专利权人请求宣告自己的专利权部分无效时，所使用的证据必须为公开出版物，相比于常规的无效宣告请求，适用的证据范围会小很多，实物、票据等都不可以作为证据使用。

当事人可以在国家知识产权局专利复审委员会作出宣告专利权全部或部分无效的决定以后3个月内，向人民法院提起行政诉讼。

第二章 重视专利

第一节 申请专利的好处

企业申请专利的好处如图 2-1 所示。

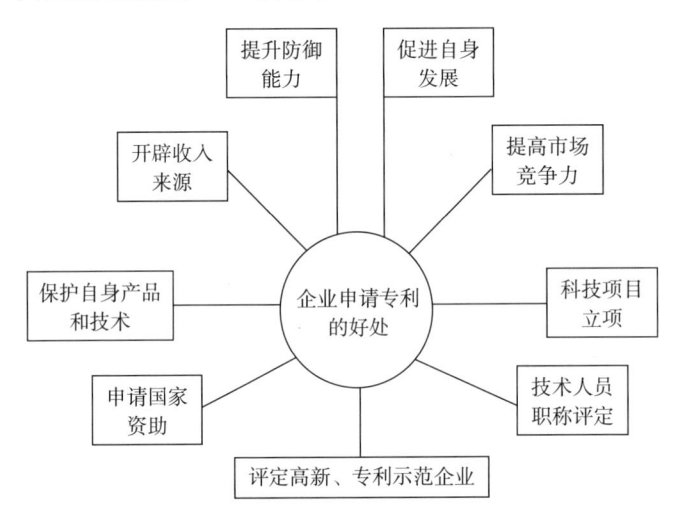

图 2-1 企业申请专利的好处

一、专利能保护企业自身产品和技术

企业的发展和壮大需要不断地进行创新，推出新的产品和技术。只有这样，才能在竞争日益激烈的市场中占据一席之地。但同时存在一个问题，推出的新产品或新技术容易招致他人的模仿或擅自使用，从而在市场上出现相似甚至仿冒的产品，使得企业失去市场机会，严重损害企业的利益。这就需要企业通过申请专利对产品或技术进行保护。专利权受到国家法律的保护，可以有效阻止他人在未经专利人许可的情况下对企业产品的模仿，从而帮助企业取得市场竞争的优势地位。

二、专利能提高企业防御能力

企业在保护自身产品和技术的同时也要避免侵犯他人的权利。在相同技术领域内，很多企业之间的产品和技术存在交叉，有时企业推出一款新产品，在某些方面与市场上一些产品相同或相似，存在侵权的可能。若没有申请专利，则在其他拥有专利的企业提起诉讼时很容易被告侵权。专利就好比一面盾，在没有盾的防御下，企业很容易受到伤害；若是能对自己的新产品和技术及时申请专利，则相当于给自己竖立了一面盾，对手即使要状告企业侵权，也需先打破这面盾，需先对企业的相关专利进行无效宣告，这给对手大大增加了诉讼的难度。且在拥有专利的情况下，对手发起侵权诉讼前需要考虑风险，有时在不确定的情况下可能放弃诉讼。这样就有效降低了企业成为被告的风险，避免陷入知识产权诉累。

【案例2-1】广交会上免遭被诉得益于企业拥有专利

A企业是金华一家生产工业级锯铝机、合金锯片和木工机械的企业。在一次参加产品广交会的时候，A企业发现有4家企业展出的产品中有与自己一款产品在外观上存在相似。A企业马上进行了调查，发现其中B企业的产品申请了专利，而其他几家企业都没有申请专利，于是A企业经过考虑后决定起诉3家没有申请专利的企业侵权，而没有起诉拥有专利的B企业侵权。这是因为考虑B企业也存在专利，若起诉其侵权，其也可能会反诉A企业侵权，双方容易产生诉讼对峙，对双方都不见得有什么好处。

另外，当企业研发出新的产品或技术时，若不及时申请专利，可能存在自己的产品或技术被其他人"捷足先登"申请专利的情形。明明自己花费许多人力物力研发出来的产品，到头来还需经过他人同意并付费才能生产、销售，否则就是侵权行为，这对企业来说更是难以容忍的损失。

【案例2-2】中国DVD产业的沉痛教训

中国是最早发明DVD的国家，发明人却没有申请专利保护，结果被国外的知名企业抢先申请专利权。中国在2001年开始加入世界贸易组织（WTO），国外DVD专利权人的"专利收费"风暴也随之而至，这使得中国DVD企业在进入全球市场的时候就先要经历一场专利战。

随着科技的发展，DVD技术日渐成熟，已经代替VCD成为市场上主要影视播放产品，中国各VCD企业也纷纷改变策略，逐渐转移生产线，开始生产自己的DVD产品。而中国相比其他国家具有成本优势，中国国产的DVD产品的价格相比同类他国产品要低15%，价格优势使得中国生产的DVD畅销欧美市场。据2002年调查数据显示，中国DVD产量已经占据当时世界DVD产量的90%。

在2000年，为了应对中国DVD企业的竞争，日本6家企业（松下、三菱电气、东芝、JVC、时代华纳和日立，以下简称"6C联盟"）出台了DVD专利许可激励计划，开始和中国DVD企业就专利许可使用费缴纳问题进行正式谈判。经过谈判，6C联盟与中国电子音响工业协会在2002年达成了专利许可协议。协议规定中国企业每出口1台DVD，需要向6C联盟支付4美元的专利许可使用费。这对中国DVD企业带来了很大影响。例如在2003年10月第94届广交会期间，国外DVD专利权人要求5

家中国 DVD 企业缴纳专利许可使用费，而 5 家 DVD 企业因为拒绝缴纳专利许可使用费，产品被要求下架，从此停止出口业务。

不仅仅 6C 联盟，同期还有其他的专利权人也接踵而来。索尼、菲利普、先锋 3 家企业组成了 3C 联盟，中国企业在出口欧盟国家时，DVD 产品经常因侵权问题而被海关扣留，无法出口，对企业造成了巨大的损失。经过谈判，3C 联盟与中国电子音响工业协会在 2002 年 10 月达成专利许可协议。该协议规定中国企业每出口 1 台 DVD，需要向 3C 联盟支付 5 美元的专利许可使用费。还有汤姆逊公司，也与中国音响工业协会达成协议，中国企业每出口 1 台 DVD 需要缴纳 1~1.5 美元的专利许可使用费。另外 DTS 公司也声称，要求中国 DVD 企业缴纳每台 10 美元的专利许可使用费。

在接踵而至的 DVD 专利收费打击下，中国企业进退维谷，曾经繁荣的 DVD 市场一片萧条。激烈的市场竞争使得当时中国 DVD 企业产品价格一跌再跌，跌幅高达 70%，利润率也降低到只有几个百分点。大批中国 DVD 企业破产，到 2004 年中期，国内 DVD 企业已经从鼎盛时期的 140 多家减少到只有 30 多家。❶

三、专利能促进企业自身发展

（一）了解行业最新发展情况，避免重复研发和科技资源浪费

专利文献是记录发明、实用新型和工业品外观设计的研究、设计、开发和试验成功的技术文献。它包含丰富的技术信息，且全世界 90% 以上的新技术最早都是在专利文献上进行公布的。因此企业通过检索和研究专利文献，能够了解目前最新技术的情况、发展趋势，以及行业动态、市场前景，并且能通过申请人、申请量等信息来获知存在的竞争对手，并能分析竞争对手目前掌握的技术水平、新产品开发趋势、产品技术保护策略。这样可以帮助企业在自身创新的路上找准方向，明确研究开发的起点、哪些是产品或技术是重点，避免重复研发，节省研发经费和研发时间。目前许多企业在技术创新的过程中都是充分地利用了专利文献，做到知己知彼，在最新、最高的起点上确定研发方向，避免重复研究开发和浪费有限的科技资源。

例如，在药物研发上重复率非常高，据统计，我国药物研究项目重复率超过 40%，尤其关于中药的研发项目的重复率更是高达 90%。

国家知识产权局的数据显示，国家知识产权局专利复审委员会每年受理的 4000 多件专利无效案件中，大约有 2000 多件会最终被宣告无效。这说明，在中国授权的数百万件专利中，会有一半专利因与在先授权的国内外专利、各国在先发行的期刊论文等资料"撞车"，以致最后要被宣告无效。

20 世纪 90 年代以后，跨国公司在中国的专利申请量高速增长。跨国公司为了赢得中国市场以及国际市场，在中国知识产权和专利还在起步阶段时，进行了一轮

---

❶ 李启章，吴辉，等. 中国企业的专利化生存之痛 [N]. 中国知识产权报，2005 – 12 – 07.

"圈地运动"，编制专利网，这已是众多企业的扩张手段。面对众多跨国公司越来越密集的专利网，对于处于相对落后位置的中国企业来说也并非没有办法，中国企业可以通过自主研发新技术、购买或获得许可等方法来获得突破，还可以利用未申请专利技术、过期专利技术。但目前情况并不乐观，调查显示，还是有很多中国的企业只是盲目地开发或引进，而造成了大量资源的浪费。

由于忽视事前的专利分析，或者因为专利分析手段落后而无法获得全面可靠的专利信息，我国每年都存在大量的重复科研项目。国内有很多企业和科研机构，在研发之前不重视专利分析，只是简单地在互联网上查一查，甚至有些企业没有进行任何调查，只是按照主观的设计考虑进行立项研究，结果就造成了大量的公共科研资源浪费。例如，目前有很多个人或企业只是埋头搞研发，而没有去了解当前技术的发展，在投入了大量人力、物力和时间研发出产品和技术准备申请专利时，却发现自己的产品和技术早几年就被他人研发出来并申请了专利，自己投入的大量资源白白浪费，所有努力变成了白辛苦。

【案例2-3】专利检索为企业研发精准导航

在我国某市，全市40多万企业中，60%多的企业都是没有进行专利分析或检索就直接进行项目研发，这就意味着技术重复研发和侵权。甚至在我国一些国家级科研计划中，也存在重复研发的问题。❶

（二）提高企业自主创新能力

企业对新产品或技术进行专利申请，通过专利的保护使得企业在市场竞争中占据主动，进而使得企业获得更多的经济利益；而对于发明创造作出贡献的员工，企业可以用收益进行奖励，激励员工的工作积极性，作出更多的发明创造，使得企业能开发出更多的新产品、新技术，并继续申请更多的专利，从而形成一个良性循环，这样就可以大大增强企业的自主创新能力。华为就是一个典型的例子。

【案例2-4】华为——由专利而崛起

在国家知识产权局公布的2014年度企业发明专利授权量排名中，华为再次位居第一。2014年底，汤森路透发布的2014年"全球百强创新机构"榜单中，华为首次荣登此榜单，也是中国唯一荣登此榜单的企业。华为的专利优势给公司带来了众多的客户，即使在世界经济增速放缓、国际金融危机影响仍未消除的今天，华为仍保持着逆市上扬的态势。

华为公布的业绩数据显示，2014年全球销售收入达到2882亿元，同比增长20.6%，净利润279亿元。

专利为企业带来了经济效益，反过来利用效益继续投入发明创造，申请专利，形成良性循环。例如华为，由于其在关键和前沿领域的大力投入和持续不断的创新，华为在专利领域上领先于其他企业。在过去的几年中，华为在研发投入中的资金就高达

---

❶ 勾晓峰，高维. 专利检索欠缺导致中药新药研发90%重复 [N]. 中国医药报，2006-04-10.

1800多亿元，而正是依靠这样巨额的资金投入，华为在技术和产品上取得了显著的创新。目前在全球范围4G技术专利中，华为拥有的专利数量占据了25%以上，其建设的4G网络数量更是位居世界第一。❶

四、专利能提高企业市场竞争能力

（一）增强产品竞争力

对产品进行专利申请，可以使产品受到法律的保护。一方面，具有专利权的产品可以防止他人对产品进行仿制和假冒，并且能通过法律手段对一些业已存在的仿制和假冒产品进行打击，提高产品的市场占有率。另一方面，专利产品本身也具有一定的影响力，在人们对于精神追求日益提高的情况下，人们在购买产品的过程中不仅仅考虑产品本身质量，同时还会考虑产品的一些附带价值；而专利产品也是这种附带价值之一，相比一般产品就更具有竞争力。产品专利是企业在市场搏击制胜的重要武器，这在广交会参展企业中尤为明显。

【案例2-5】专利有助于拓宽海内外市场

天津A公司是一家极具创新能力的制造型高科技企业，公司通过欧盟的ISO13485管理体系认证，产品通过欧盟Ⅱ类CE认证，取得美国FDA产品注册。公司拥有热敷发热贴全系列产品的制造经验，尤其对于配合医疗用途的热敷产品的制造有独特的优势，公司生产的专利产品排毒足贴（竹醋贴），应用于人体亚健康领域，远销欧美，赢得来自世界各地消费者的好评。最新推出的蒸汽热敷眼罩系列产品，也已经取得发明专利，产品上市以来，受到市场的广泛欢迎，供不应求。

天津B公司是集工业家具、钢质办公家具、实验室设备于一体的综合性制造企业，多年来致力于产品开发、技术改造、提高产品质量，自主创新，研发新品，公司拥有知识产权24项，其中发明专利8项、实用新型11项、外观设计5项。产品除供应国内市场外，已远销美国、日本、欧洲、澳大利亚、新加坡等十多个国家或地区，年综合生产能力20万套，销售收入达到了1亿元，年出口创汇800万美元。❷

（二）增加申请政府、企业项目的技术砝码

专利产品不仅仅只是增加产品的竞争力，同时在项目申请方面也具有很大的竞争力。现在许多地方政府或企业的项目通过招标方式进行实施，而企业具有专利权的产品本身就代表着高新创造，更具有技术含量，同时也体现了企业自身的实力。另外，专利产品能够防御和避免出现侵权等法律纠纷问题，使得招标方可以更加放心地使用产品，减少不必要的麻烦；而对于没有专利的其他投标对手，可以通过专利压制，促

---

❶ 高亢. 华为4G网络建设市场份额居世界第一［N］. 深圳特区报. 2015-01-15.
❷ 天津市红桥区商务委. 广交会专利产品提升市场竞争力［EB/OL］. （2015-05-04）［2015-05-25］. http://jmw.tjhqqzf.gov.cn/system/2015/05/04/010123360.shtml.

使投标方放弃投标。因此，专利可以在项目申请的过程中大大增加企业竞争的砝码，使得企业能获得更多的项目。

【案例 2-6】小专利帮助企业夺得大订单

某市的移动公司需要建设一批通信铁塔，项目交由企业进行操作。其中 A 企业获得了移动公司的青睐，因为 A 企业的产品相比其他一些企业具有优势，同时 A 企业的产品正在进行专利申请，相比其他企业使得移动公司更加放心。然而另外还有一家 B 企业，也想获得移动公司通信铁塔项目，而其产品已经获得专利授权，于是 B 企业也向移动公司提出了申请，并陈述 A 企业的产品侵犯了其专利权，如果使用 A 企业的产品将出现法律问题；移动公司在了解了双方的专利申请情况后决定放弃 A 企业，从而使 B 企业获得了移动公司的项目。

五、对评定高新企业、专利示范企业的作用

2008 年 4 月，科学技术部、财政部、国家税务总局联合颁布了《高新技术企业认定管理办法》。该通知中取消了全国各地之前所评选出的高新技术企业称号，同时对高新技术企业的认定制定了详细的标准。而其中一项要求就是企业对其产品（服务）的核心技术拥有自主知识产权，对核心自主知识产权评分标准就包括必须拥有 4 个软件著作权登记证书或 1 项发明专利或 6 项实用新型专利。而专利示范企业就更无需多言，专利是其重要的评定标准，需要企业近 3 年拥有有效的各类专利 20 项以上或发明专利 5 项以上或国外发明专利 3 项以上。这就使得企业要重视专利申请，在开发过程中要尽早对产品或技术申请专利，使其能够更容易地获得高新企业、专利示范企业的称号并得到相关优惠。

六、专利申请有利于科技项目的立项

科技项目立项是政府支持企业进行技术创新、产业发展、提高企业核心竞争力的手段，是企业获得资金支持的有效途径。专利是科技项目立项的一个重要评定条件。

七、专利申请与技术人员职称评定相关联

随着我国专利制度的进一步发展，专利已经成为衡量企事业单位、高校、科研机构研发创新能力和技术发明转换率的重要标尺。为了进一步激发企事业单位、高校、科研机构的自主创新能力，目前我国很多省份都将专利申请纳入职称评定的体系内，将获取发明或实用新型专利作为职称评定、职级晋升的重要条件。比如，近年来浙江大学重视以专利为重点的知识产权保护工作，利用高校自身创新和人才的优势，打造了一个有利于自主创新的体制和环境。学校将授权的发明、实用新型专利列入创新成果，作为教师职称评定的重要考核依据之一，同时这样也大大调动了广大教师进行发明创造、申请专利的积极性。截至 2014 年底，浙江大学专利申请量达到了 2 万多件，并且在 2014 年以 1576 件发明专利授权量位居全国高校第一，占前十名高校发明授权

总量 18%，同时浙江大学还以 760 件实用新型专利授权量位居高校实用新型榜单的第二位。❶

八、专利申请能获得国家资助

目前我国正处于国家鼓励发明创新的阶段，国家、省、市、区以及下级区域都在财政上给予了大力的支持。主要表现在专利申请时的专利补助和专利授权后的专利奖励。

1. 专利补助

国家对个人和单位专利申请的费用进行减免，进行减免的费用包括：申请费、实质审查费、复审费、年费，个人减免 85%，单位减免 70%（具体参见表 1-2）。

2. 专利奖励

国家对授权后的专利进行奖励，申请人可以凭专利授权证书去相应的地区知识产权局申请专利授权奖励，每个省、市、地区的奖励根据当地情况各不相同。

九、专利申请能开辟收入来源

随着知识经济快速发展，专利作为无形资产被广泛应用于商业竞争，是实现企业价值和创造盈利的重要增长点。

1. 合资时可以作价入股

《公司法》第 27 条第 1 款中规定："股东可以用货币出资，也可以用实物、知识产权、土地使用权等可以用货币估价并可以依法转让的非货币财产作价出资。"

2. 质押贷款

根据《担保法》第 79 条规定，商标专用权、专利权、著作权等知识产权可以出质。通过无形资产评估机构对专利的评估，企业可以通过专利进行质押贷款。

3. 专利交易

企业可以对专利进行转让、许可，专利许可使其他人在生产专利产品或使用专利技术时需支付一笔专利许可费，且企业在专利许可过程中，对专利进行改进并申请专利，还可以与原专利权人进行交叉许可，不再支付或减少费用，有效为企业带来经济效益。

第二节 企业专利工作的发展现状和历程

一、企业专利工作现状

（一）知识产权观念

自主知识产权是企业核心技术与自主创新的集中体现，但知识产权观念薄弱是目

---

❶ 国家知识产权战略.2014 中国专利排行榜发布［EB/OL］.（2015-02-11）［2015-05-25］. http：//www.nipso.cn/onews.asp? id=24494.

前国内企业普遍存在的问题。近年来，随着一些企业自主创新意识的不断增强，企业专利量有明显提升；但其中大部分专利集中于一些具有较强竞争力的大型企业，而中小型企业拥有的专利量普遍偏少，甚至为"零"专利。

目前国内中小型企业知识产权观念薄弱，一方面表现为不注重、不保护自身的产品，造成发明创造成果得不到保护，甚至被他人抢先申请专利，受制于人；另一方面表现为对他人知识产权的抄袭、仿造等，不尊重他人知识产权。

【案例2-7】你敢侵权，我就要你赔钱

原告鹤山银雨灯饰有限公司是"一种新型彩色美耐灯"实用新型专利独占实施许可的被许可人。自2001年以来，原告发现被告东莞市某公司在没有得到专利权人及原告的许可的情况下，擅自以生产、销售、出口等方式实施原告合法拥有的上述专利技术，严重冲击原告上述专利产品的国外市场，给原告造成较大的经济损失，故原告依法向广州市中级人民法院提起诉讼。

法院经审理认为，原告的合法权益受法律保护，被告未能就其主张的本案专利技术是公知技术及缺乏专利性提交足够证据，被告的行为构成侵权，判决被告立即停止侵权并销毁侵权产品，赔偿原告损失人民币20万元。

此外，原告鹤山银雨灯饰有限公司就"一种新型装饰灯灯头"实用新型专利及"一种五角星形装饰灯灯头""一种心形装饰灯灯头""装饰灯灯头（钻石形）"外观设计专利诉被告深圳某灯饰有限公司侵权案，经深圳市中级人民法院一审，判决被告立即停止侵权，销毁生产侵权产品模具，四案共赔偿原告损失人民币602480元。被告不服一审判决向广东省高级人民法院上诉，广东省高级人民法院经审理作出维持原判的终审判决。❶

本例中的被告东莞市某公司就是目前国内中小型知识产权专利观念薄弱的典型，表现为对他人知识产权的抄袭、仿造等。

（二）知识产权管理

近年来，受知识产权诉讼纠纷的影响，越来越多的企业认识到知识产权的重要性，但企业知识产权管理的能力和水平仍旧相对落后，知识产权管理成本投入仍旧比较低。一方面，目前国内虽然有一些企业设立了知识产权管理部门，但更多的企业不仅没有设置相应的部门，而且没有相应的人才，甚至有不少高新技术企业也没有设置相应的知识产权管理部门；另一方面，有的企业虽然设立了知识产权管理部门，但知识产权管理部门的职能主要集中于知识产权文件方面的管理，对企业知识产权战略的规划、管理仍显不足。

（三）知识产权保护

国内企业的专利流失严重，主要流失形式有：（1）因论文发表，发明创造的内

---

❶ 法律快车. 鹤山银雨灯饰有限公司与江门明扬行灯饰材料有限公司专利侵权纠纷案［EB/OL］. （2011-10-10）［2015-05-24］. http：//anli.lawtime.cn/ipzhuanli/20111010182607.html.

容被公开,因此无法获得专利权;(2)因发明创造成果只申请了本国专利,在其他国家得不到保护而形成的流失;(3)因管理不当,专利申请被视为撤回、被视为放弃等而形成的流失;(4)获得的专利权因评估不当中途放弃而形成的流失;(5)因专利权被侵犯,未进行有效的法律维权而造成损失;(6)在职员工以个人或好友名义对职务发明创造成果申请了非职务专利;(7)职工离职带走了职务发明创造成果,并申请了非职务专利;(8)共同开发、研究的发明创造成果,因专利权归属无约定或约定不当而造成流失。

二、企业专利事业发展的几个阶段

一般而言,企业专利事业发展可分为图2-2所示的几个阶段。

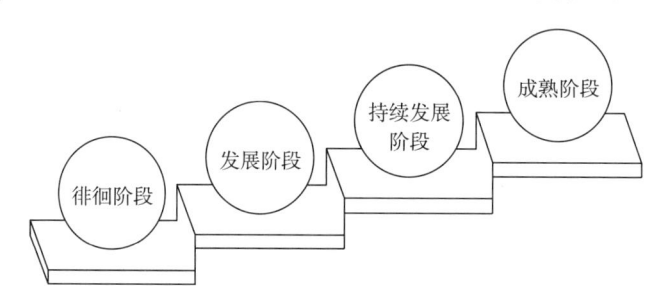

图 2-2　企业专利事业发展的几个阶段

(一) 徘徊阶段

该阶段企业的专利意识淡薄,不注重申请专利,对专利的认识不到位,甚至不知专利为何物;企业的经营策略还停留在传统的生产制造、销售上,对于专利要不要、有没有都无所谓。

(二) 发展阶段

该阶段企业注重专利保护,其主要以产品为中心申请专利,以保护产品为目的;并且专利主要集中在外观设计专利及实用新型专利上,发明专利数量较少。

(三) 持续发展阶段

该阶段的企业注重自主创新,重视专利事业发展,切实提高企业核心竞争力及市场竞争优势,形成自主核心技术,避免简单复制模仿。同时,涌现大量的专利,拥有国内发明专利、实用新型专利、外观设计专利以及一定量的国际专利,专利在数量和质量上持续提高。

(四) 成熟阶段

企业积累了大量的核心专利,具有专业的专利管理部门及人员,建立了相对完善的适应市场竞争需求的自主专利体系,并将专利管理贯穿于市场开拓、产品研发、生产制造、销售经营及专利运营等各个方面。

三、企业三类专利的合理占比

企业的专利发展过程是一个从无到有、从数量到质量的逐步发展过程。企业专利策略中专利数量是基础，质量是关键；而在发明、实用新型和外观设计三类专利中，最能体现创造力的是发明专利。企业专利事业发展初期，受创新意识、创新能力、企业重视度及成本投入等因素的影响，专利主要集中在外观设计及实用新型专利上。随着企业专利事业的发展，自主创新能力、企业重视度及资本投入等的提高，专利申请、授权量不断增长，并且其中发明专利的占比逐渐增加，构成企业的核心竞争力。

产品所在的行业及产品本身的特点也影响着三类专利的占比。例如，灯具、装饰品、家用电器、日常生活用品等产品外观设计的好坏直接影响到产品是否滞销，外观设计专利的占比会高些；而一个生产化工或者药物中间体的厂商通常仅涉及产品的配方或者工艺的改进，除了将生产装备上的改良申请实用新型专利外，其产品本身只能申请发明专利。

四、企业专利申请量的排名和分布

2013 年我国（不含港澳台地区）企业专利申请量的排名和分布情况参见表 2-1 至表 2-3。

表 2-1　2013 年我国国内专利申请量排名前十位的国内企业

排名	专利权人	有效数量/件
1	国家电网公司	7182
2	华为技术有限公司	5012
3	中国石油化工股份有限公司	3701
4	腾讯科技（深圳）有限公司	2002
5	海洋王照明科技股份有限公司	1983
6	中兴通讯股份有限公司	1948
7	联想（北京）有限公司	1870
8	中国石油天然气股份有限公司	1261
9	京东方科技集团股份有限公司	1173
10	中芯国际集成电路制造（上海）有限公司	1134

表 2-2　2013 年我国发明专利授权量排名前十位的国内企业

排名	专利权人	有效数量/件
1	华为技术有限公司	2251
2	中国石油化工股份有限公司	1627

续表

排名	专利权人	有效数量/件
3	中兴通讯股份有限公司	1448
4	中国石油天然气股份有限公司	527
5	海洋王照明科技股份有限公司	460
6	中芯国际集成电路制造（上海）有限公司	374
7	比亚迪股份有限公司	340
8	华为终端有限公司	288
9	奇瑞汽车股份有限公司	276
10	中国海洋石油总公司	275

表 2-3　2013 年我国 PCT 申请量排名前十位的国内企业

排名	专利权人	有效数量/件
1	华为技术有限公司	3625
2	中兴通讯股份有限公司	2156
3	腾讯科技（深圳）有限公司	1057
4	京东方科技集团股份有限公司	656
5	华为终端有限公司	432
6	深圳市华星光电技术有限公司	438
7	北京京东方光电科技有限公司	222
8	国家电网公司	130
9	合肥京东方光电科技有限公司	123
10	深圳市比亚迪汽车研发有限公司	94

从表 2-1 至表 2-3 中可以看出，三张表中的多数企业有很大有关联性，例如，深圳的华为技术有限公司、中兴通讯股份有限公司、腾讯科技深圳有限公司、海洋王照明科技股份有限公司等企业无论在专利申请的数量和质量方面，还是在专利的保护、运用和谋略以及在国内外专利布局等方面均走在全国的前列。

五、企业专利工作的紧迫性

当今世界正处于一个知识经济的时代，发展瞬息万变，我国加入 WTO 后，在技术、经贸等领域的国际交往日益频繁。企业作为市场经济的主体，是参与市场经济竞争的主要力量，也是自主创新和知识产权创造的主体，拥有自主知识产权已经成为企业在市场竞争中的重要武器。当今企业要在激烈的市场竞争中占有一席之地，必须拥有自主知识产权。企业专利工作是目前我国企业增强市场核心竞争力的当务之急。

【案例 2-8】小专利获赔过亿元

2009 年 4 月 15 日，正泰集团股份有限公司（以下简称"正泰集团"）与施耐德电器集团就施耐德电气低压（天津）有限公司（以下简称"天津施耐德"）专利侵权纠纷案达成庭外和解，天津施耐德向正泰集团支付补偿金 15750 万元。此外，正泰集团与天津施耐德还达成一系列全球和解协议。

这起案件引起了包括法国驻华大使馆代表在内的多国政府机构、民间组织代表和国内外数十家媒体的关注。该案由一家中国企业起诉法国企业侵犯专利，且要求判赔标的额之高，均为近年来所罕见。

2006 年 7 月，正泰集团以天津施耐德生产的断路器产品侵犯其 97248479.5 号实用新型专利权为由，将其诉至温州市中级人民法院，要求天津施耐德立即停止侵权，赔偿损失 50 万元。2007 年 2 月，正泰集团以被告经审计确定的历年销售额推算天津施耐德获得的利润为依据，变更诉讼请求，将索赔数额增加至 3.35 亿元。2007 年 9 月，温州市中级人民法院一审判施耐德败诉，须向原告正泰集团支付高达 3.3 亿余元的赔偿，并勒令其停产侵权产品。一审宣判后，施耐德就该案专利侵权的认定、赔偿金额的判定等争议向浙江省高级人民法院提出上诉。

正泰集团向法院起诉后，天津施耐德随即向国家知识产权局专利复审委员会就该产品的实用新型专利权提出"正泰专利无效"的宣告请求。国家知识产权局专利复审委员会判定正泰集团的"高分断小型断路器"专利有效，驳回了天津施耐德提出的宣告专利无效请求。

据介绍，浙江省高级人民法院于 2007 年 11 月 12 日立案，2009 年 3 月 26 日，北京市高级人民法院作出了维持正泰集团涉案专利有效的判决，浙江省高级人民法院先后三次开庭进行了庭前证据交换和质证并主持调解。基于天津施耐德及其母公司施耐德电气公司与正泰集团达成全球和解协议，天津施耐德与正泰集团亦达成相关协议：天津施耐德在调解书生效 15 天内向正泰集团支付补偿金人民币 15750 万元，如天津施耐德未能按期和足额付款，正泰集团有权申请执行浙江省温州市中级人民法院的一审判决。

本案中双方当事人均系低压电器行业的龙头企业，其中正泰集团是名列"中国民企十强"的温州企业，而施耐德公司也是法国著名的电力与控制跨国公司。❶

第三节 政府鼓励引导企业申请专利的相关政策

我国申请专利的资助政策主要包括费用减免、授权奖励、申请国外专利的资助政策等（参见图 2-3）。

---

❶ 黄深钢. 正泰和施耐德专利侵权案达成全球和解 [EB/OL]. （2009-04-15）[2015-05-21]. http://news.xinhuanet.com/fortune/2009-04/15/content_11191718.htm.

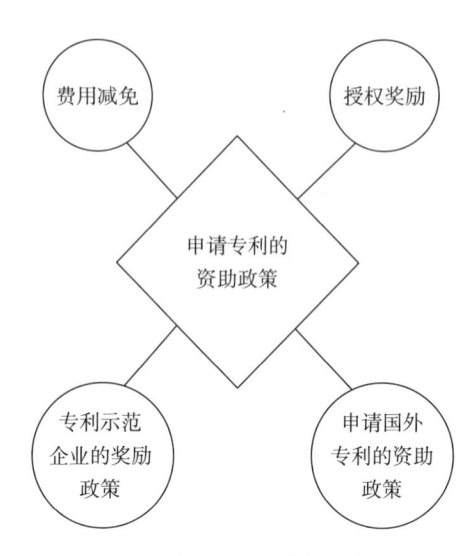

图 2-3 我国申请专利的资助政策

一、费用减免

经国家知识产权局批准,下列专利费用可以减缓:(1) 申请费(其中公布印刷费、申请附加费不予减缓);(2) 发明专利申请审查费;(3) 年费(自授予专利权当年起 3 年内的年费);(4) 发明专利申请维持费;(5) 复审费。

申请人或者专利权人为个人的,可以请求减缓缴纳 85% 的申请费、发明专利申请审查费和年费及 80% 的发明专利申请维持费和复审费。

申请人或者专利权人为单位的、两个或者两个以上的个人或者个人与单位共同申请专利的,可以请求减缓缴纳 70% 的申请费、发明专利申请审查费和年费及 60% 的发明专利申请维持费和复审费。

两个或者两个以上的单位共同申请专利的,不予减缓专利费用。

二、授权奖励

企事业单位和个人获得授权的发明、实用新型或外观设计专利,可以依照申请人所在地的专利资助资金管理办法申请资助。目前,各省市对国内的发明专利、PCT 及国际专利等的资助力度大;而外观设计专利及实用新型专利的资助力度较小,并且一些地区已经取消了对外观设计专利及实用新型专利的资助。

【案例 2-9】政府鼓励企业创新,资助专利申请

2013 年杭州市专利授权奖励政策为:(1) 国内发明专利:5000 元/件;(2) 国内实用新型专利:1000 元/件;(3) 国内外观设计专利:500 元/件。2015 浙江省专利奖项奖励政策为:(1) 新评上国家专利、外观设计专利奖的,金奖奖励 50 万元,优秀奖奖励 10 万元；（2）新评上省专利、外观设计专利奖的，金奖奖励 10 万元，优秀奖奖励 5 万元。

三、专利示范企业的奖励政策

对被认定为省/市专利示范企业的，由省/市知识产权局、省/市经济贸易委员会授予"省/市专利示范企业"称号，并给予适当的奖励。对省/市专利示范企业提供人才培训、专利数据库建立、专利战略研究、国内外科技合作等多种形式的服务。对省/市专利示范企业拥有的专利权，优先提供法律咨询服务。省专利示范企业可优先推荐申报国家知识产权试点示范企业和中国专利奖。

例如，2015 浙江省知识产权工作试点示范体系建设奖励政策为：（1）新评上国家专利导航工程试点（含重大经济科技活动知识产权评议工作试点）的，补助 80 万元；新评上国家知识产权示范单位的，补助 50 万元；新评上国家知识产权试点单位的，补助 30 万元；新评上国家级知识产权保护规范化培育市场的，补助 30 万元；新评上国家企业知识产权管理标准实施优秀企业的，补助 10 万元；新评上国家知识产权示范企业的，补助 30 万元；新评上国家知识产权优势企业的，补助 10 万元。（2）新评上省专利导航工程试点（含重大经济科技活动知识产权评议工作试点）的，补助 30 万元；新评上省专利战略推进工程的，补助 20 万元；新评上省知识产权示范创建县（市、区）的，补助 15 万元；新评上省知识产权保护试点县（市、区）的，补助 15 万元；新评上省级流通领域知识产权保护试点单位的，补助 10 万元；新评上省级专利示范企业的，补助 5 万元。

四、申请国外专利（包括 PCT 专利）的资助政策

资助资金主要用于资助国内申请人向国外申请专利时向有关专利审查机构缴纳的在申请阶段和授予专利权当年起 3 年内的官方规定费用、向专利检索机构支付的检索费用，以及向代理机构支付的服务费等。

资助资金重点支持符合国家知识产权战略需求导向、有助于提升自主创新能力、支撑我国高技术产业与新兴产业发展的技术领域。

资助资金重点资助保护类型与我国发明专利相同的向国外申请专利项目。向国外申请专利项目应是委托国内代理机构办理的向国外专利申请，并有助于国内申请人构建专利池、获取核心专利技术、参与国际技术标准制定等。

资助资金实行事后资助。向国外申请专利项目在外国国家（地区）完成国家公布阶段和正式获得授权后分两次给予资助。每件专利项目最多支持向 5 个国家（地区）申请，两个阶段的资助总额为每个国家（地区）不超过 10 万元。[1]

---

[1] 中华人民共和国中央人民政府. 资助向国外申请专利专项资金管理办法 [EB/OL]. (2012 – 05 – 31) [2015 – 05 – 25]. http://www.gov.cn/zwgk/2012 – 05/31/content_ 2149501.htm.

第四节　建立企业专利领导机构，组织管理落实的长效机制

企业专利机构的建立包括图 2-4 所示的几个方面。

图 2-4　企业专利机构的建立

一、建立企业内部专利管理机构

企业专利管理是围绕企业专利的申请、保护和利用等方面进行的工作，应根据职能设定相应的部门并配备相应的管理和技术人员。对于大型企业采取集中管理和分散管理结合的方式，在企业中设立一个专门的专利管理部门，配备部门主管，根据企业发展方向、自身实力及特点制定企业知识产权战略，建立企业内部知识产权各项规章制度以及奖惩制度；部门下配备管理人员，负责知识产权的日常管理，如进行专利申请、维护以及专利情报收集；有能力的企业还可以配备既懂专利又具有法律诉讼能力的专职人员，负责企业知识产权纠纷（如专利侵权、专利权属争议等方面的处理）。另外在企业下属单位或企业内其他部门建立专利组，负责本部门内开展专利工作，各专利组由专利管理部门统一管理。中小企业可以采用集中管理方式。在企业内设立专门专利管理部门，配备若干既懂专利又懂法律的人员，负责企业知识产权各项日常管理。

二、制定企业专利战略

企业应根据所处行业和自身发展阶段来制定专利战略。详细内容参见本书第七章。

初期发展阶段：开始建立专利管理制度，对企业员工进行专利知识培训和普及，并着手进行专利申请。

中期发展阶段：初步建立专利管理制度，保持一定专利申请数量；申请以授权为主要目的，申请专利以实用新型为主、发明为辅，初步建立专利布局。

后期发展阶段：专利管理制度比较完善，各项专利申请数量达到相当规模；将发明专利作为重点申请，发明专利占有专利申请较大比例；企业能将知识产权转化为商业盈利，提高企业利润增长。

三、制定企业专利管理制度

企业根据需要建立专门的知识产权管理制度，使得各项管理工作、操作能在流程

上协调有序。企业在专利管理方面需建立以下制度,但并不仅限于以下制度:(1)研发过程中的专利管理;(2)企业科研人员在研发过程中应遵守的规章制度;(3)专利申请和审批程序;(4)专利使用交易制度;(5)专利考核奖励和激励机制;(6)专利培训制度。

四、建立知识产权保护机制

企业建立知识产权保护机制是非常重要的。随着知识产权诉讼日趋增多,纠纷呈扩大化趋势,知识产权战争将成为未来商战的主题,需要企业建立专利预警机制,以应对风险。通过关注与企业科研相关的技术领域,收集和分析该领域的技术信息、专利信息,了解其他竞争企业的动向,及早发现来自他人的专利威胁以及他人侵犯企业专利权的情况。企业通过决策制订相应的应对方案,以尽早发现可能出现的纠纷前兆,并尽可能将可以预见的纠纷消灭在初始阶段,有效防止企业在运营过程中受到突发的知识产权纠纷事件影响,能够更有准备地应对纠纷事件,减少甚至避免对企业造成的损失。

第三章 营造工作环境 孕育企业专利

第一节 企业专利管理的环境

一、企业专利管理现状分析

专利拥有量已成为衡量一个企业是否重视创新及是否拥有创新能力的重要指标，国际上拥有专利最多的企业头衔几经易主。例如，IBM 公司在一个相当长的时期内都是专利拥有量世界第一的企业，而现在这个地位已经被我国的民营企业华为所取代。这一事实充分体现了我国企业在自主技术创新方面的巨大进步，也是我国企业专利意识增强的标志。

但现实的情况是，我国还有大量的企业依靠模仿和跟随战略生存，或者成为贴牌的代加工厂。改变这一状况的根本办法就是增强企业的自主创新能力和专利意识。

据报道，国内专利申请只有 15% 左右来自企业，绝大多数企业还没有申请过专利。各地的各级科技部门与专利代理机构合作，开展专利"清零"行动，虽然有些效果，但还是有许多企业尚未意识到企业知识产权意识的迫切性。

未来中国经济将从高增长转向中高增长，经济再平衡与包容性增长，从要素驱动与投资驱动增长转向创新驱动增长，中国企业的产品招牌正在从"中国制造"逐步转向"中国创造"。

（一）我国企业最初进入专利领域的几种情况

（1）当企业遭遇专利侵权诉讼，成为被告，企业负责人会被迫寻找代理机构应诉，从中认识专利，了解专利，并意识到没有专利意识很可能要吃大亏；值得一提的是，广交会、义交会等各类展销会上甚至是淘宝、天猫等网上销售平台频繁的知识产权阻销行动，快速地推进相关当事人重视专利。

（2）当企业需要对研发成果进行保护时，会开始经多方了解，从中学会如何申请专利和利用专利。

（3）当市场遇到激烈的竞争对手，一些比较明智的企业家感觉到需要利用专利作为竞争武器，开始真正主动积极地接触或者重视专利。

（4）当企业资质升级遇到知识产权门槛，例如企业希望享受国家税收优惠政策、企业申请高新技术企业或者企业申报重大专项项目时相关资格条款都会有企业申请专利的类型与数量方面的要求。

(5) 当企业负责人通过参加相关的会议等机会，偶尔开始接触到专利或者知识产权的相关事宜，并开始意识到专利知识运用对企业的重要性。

(6) 当企业产品出口时，被国外经销商要求出具是否有自主知识产权证书保护时或者主动规避知识产权风险时开始接触和认识专利，并进而学会利用专利作为竞争性的武器。

（二）我国中小企业专利管理的几种初始模式

根据企业的规模大小，尤其是申请专利的多少和申请经历的长短，初期的管理模式主要如下：(1) 一些小企业往往由总经理自己直接管理专利工作，当忙不过来时，交给助理去跟踪办理；(2) 一些中大型企业，专利工作由总工程师管理，具体事务交由总工程师办理；(3) 个别企业甚至把专利工作交由财务人员管理，企业领导认为由财务人员按期缴费即可；(4) 也有企业将专利管理交给研发人员，由发明人自己负责管理。

我国中小微企业初始的专利管理模式五花八门，原由也不可思议、不可深究，但这是真实的状况。企业在这种状态下，知识产权极易流失或者失效，无法有效保护自己的知识产权或者合理地规避侵权和被侵权的风险，发展受到严重制约。

（三）我国企业专利管理现状

(1) 有相当数量的企业，虽然设置了专利管理部门，但是并不被领导层重视，专利管理部门形同虚设。因此，企业经营管理者的专利意识有待加强。

(2) 内资企业与合资、外资企业相比，存在明显的差距。合资及外资企业的专利意识和管理水平要远远高于内资企业。我国企业目前还处在专利积累的初始阶段，授权的专利数量不多，质量不高。

(3) 我国多数企业尚未制定完整的专利战略并加以实施，能够运用专利战略作为竞争武器来打击竞争对手的企业为数不多。

对于大多数中小微企业来说，都没有建立企业的知识产权管理岗位和部门。笔者曾考察美国的专利代理机构，当问及他们的工作为何如此顺手时，他们道出其中一个主要的原委是：在美国，一个百人以上的企业大多配有专业的专利管理人员，督促和全程配合专利代理机构的专利代理工作。

二、企业专利管理机构设置

在知识经济日益发展和经济全球化的大环境下，企业专利管理的任务和作用发生了很大的改变。

20世纪70年代以前，企业的专利管理由总务部、法务部代行，最初只负责专利申请、商标注册等手续办理。

20世纪八九十年代，许多大型企业，尤其是不少专利示范企业设立了专利管理部门，除了办理申请、注册手续外，还负责收集整理信息、培训和教育、知识产权纠纷处理以及与内外各相关部门的联系和沟通。随着专利工作的发展，一些大型企业的专利管理部门还与生产经营部门、技术研发部门协同配合，成为推动和实施企业发展战略的主要部门。

企业在专利管理的组织架构上可以分为纵向型、横向型和交叉型三种类型。随着企业向大型化、规模化发展，层级逐步增多而分散，经营上更多样性，交叉型的组织架构被越来越多的企业运用。

（一）纵向型组织架构

纵向型组织架构是大多数初创的中小型企业所采取的专利管理组织模式。随着企业的发展以及创新能力的不断提高，技术发展影响企业专利的比重扩大，纵向型组织架构逐渐淡出。

这种自上而下的管理模式具有权责分明、决策迅速、命令统一、工作效率高的优点。如图 3-1 所示，专利管理部门位于组织架构的最底层，属于执行层。

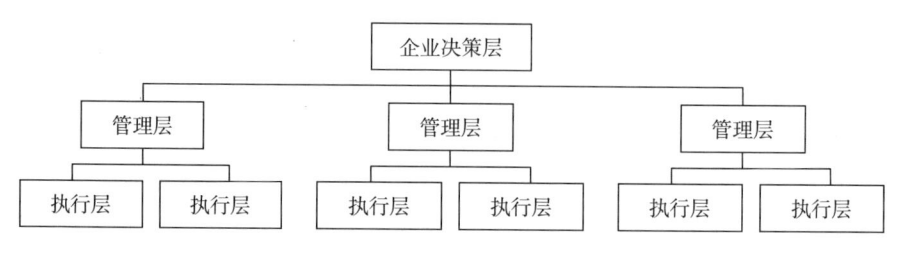

图 3-1 纵向型组织架构

在实际操作中有可能隶属于企业的总经办、财务部、法务部或技术部，其主要职能是管理专利档案、申报政府专利项目等。纵向型专利管理组织架构的主要特点为集中管理模式，企业的专利管理部门按照统一的专利管理政策进行运作，最大限度地保护企业的整体利益。由于其属于典型的金字塔式组织架构，结构比较简单，所以具有明显的效率优势。但缺点是其作为最底层的部门，在专利管理工作中扮演的更多是一个执行者的角色，对企业的整体专利战略无法起到应有的作用。

（二）横向型组织架构

横向型组织架构明显不同于纵向型组织架构，如图 3-2 所示，其专利管理部门层级与其他职能部门层级相同，专利管理部门与企业内部的行政、技术、研发、市场、战略部门等平行设置。其最大的特点是，专利管理部门可以直接向其他职能层级

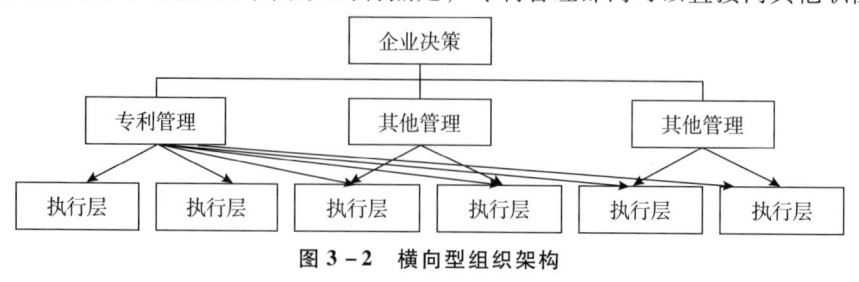

图 3-2 横向型组织架构

的下级执行层下达任务并听取汇报,这样可以使专利管理工作根据不同专利类别的不同特点,做到合理管理,克服了纵向型专利管理组织架构中因某一产品的专业性太强而带来的种种弊端。

但是,这种横向型组织架构同样存在一定的弊端。首先,由于分工部门化和专业化,容易使部门之间摩擦增加,出现多头领导,难以协调各部门之间的关系,常常让执行层失去方向。其次,企业专利管理工作是因专利的产生、授权、产业化、交易等一系列关系而展开的,横向型组织架构过分重视企业按专项分工的横向管理,却忽视了对专利的纵向管理,这往往会使一项专利的管理显得很零碎。最后,随着企业规模的扩大,分工越来越细,各种类型的专利之间交叉性日趋增强,企业专利管理工作的责任关系将日趋模糊,容易造成推诿;甚至会出现部门之间沟通渠道不畅、协调不力的情况,从而导致企业专利管理处于被动状态。

(三)交叉型组织架构

交叉型专利管理组织架构吸收了纵向型和横向型组织架构的优点,并相应提高了专利管理部门的层级,使其成为企业决策层级的协调机构,给企业发展作出决策参考,甚至参与企业发展战略的讨论和决策。它把一个以项目或产品为中心任务的纵向型组织与以职能为中心的横向型组织实行交汇,加强了专利相关各部门的配合和信息交流,避免了重复劳动,提高了效率。

如图3-3所示,企业设立一个统一的、综合性的专利管理协调机构,负责本企业专利规章制度的制定,信息的储存、登记、查询,专利战略的制定,协调本企业内与专利有关的事宜,处理有关专利的诉讼以及专利咨询等。它主要负责企业的专利管理工作,同时由各个职能部门的人员,如研究开发人员、市场分析人员、生产人员和销售人员以及专利专业人员,组成单独的创新项目小组,以技术创新为根本任务,负责具体的专利管理,既可以促进技术创新,又可以对专利从产生到应用的全过程进行有效的管理。这种架构对专利的管理更具有弹性,还可以带来更高的创新效率。这样一来,一项产品从开发到形成最终产品以及赋予品牌销售

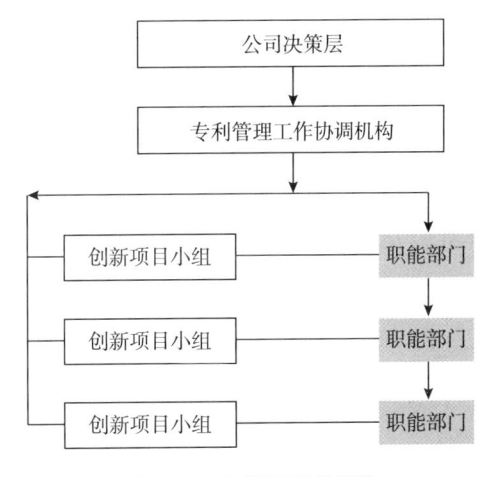

图3-3 交叉型组织架构

都会由该小组进行及时的全方位管理,形成最短的信息流,减少了管理层次,有利于协调管理,对技术的变化和市场的不确定性的适应能力也会增强。专利管理协调机构可以从专利管理的日常事务中解脱出来,并协调技术研发、法务、市场和售后服务等各职能部门和各创新项目小组的专利管理工作。其缺点是增加了企业专利管理的成本,对专利管理人员的组织协调能力要求较高。

无论应用以上哪种专利管理组织架构，企业都应充分认识到专利管理部门处于公司管理层核心位置的重要性，它是公司的智囊部门，其与技术部门、经营部门应保持密切联系。在具体企业专利管理体系建设中采用什么组织架构，应该根据企业自身专利管理的方针和实际需要选择最适于发挥出企业所需求的专利管理作用的组织形式，并根据业务的规模和变化及时进行调整并完善。

无论采用哪种组织架构，企业在设立专利管理部门时，都应本着职权明确、高效、分工协作的原则，必须与企业的实际情况和发展战略相吻合。

【案例 3-1】IBM 公司的集中管理模式

IBM 公司是一家庞大的跨国集团公司，子公司与分支机构数量众多，其公司的层级结构复杂，资源相对比较分散，因此，IBM 公司在知识产权管理方面实行中央集权制，将管理的权利集中到总公司，并通过层层细分，职权明确到子公司与分支机构，建立起集中统一、分类管理、简洁高效的企业知识产权管理体系。这就有利于统一布局、共享资源，使得资源配置更为有效。事实证明，IBM 公司通过这种高度集权的知识产权管理，取得了巨大的成功，如 IBM 公司仅在 2002 年通过知识产权授权、转让或许可而形成利润 17 亿美元，占当年收入总额 81 亿美元的两成以上。[1] 对我国的企业而言，大中型企业特别是国有大中型企业设置知识产权管理机构，一般都借鉴 IBM 公司这种中央集权方式。

三、企业专利管理部门的职能

企业专利管理部门的职能主要包括以下三个方面：（1）专利事务管理。其中包括组织企业专利战略的制定和实施，制定专利工作的制度、规划、计划，负责对员工的专利知识教育和培训，参与技术开发和产品开发，组织专利的申请、运用、维护，企业专利产权的管理，按照国家政策组织落实奖励制度。（2）专利信息管理。其中包括企业专利数据库的建立，专利信息的收集、分析整理、运用，负责专利信息档案的保存。（3）专利保护。其中包括明确各部门、员工的保护职责，组织制定针对本企业专利的保护措施和手段，负责建立预警机制和应急预案，负责处理专利侵权纠纷。

四、企业专利管理部门人员配置

企业专利工作人员应该是既掌握专业技术知识，又了解专利事务的人才，应具备以下能力：（1）能及时准确地将发明人提供的技术资料转换成专利申请文件，及时申请专利并配合专利局的审查，在专利申请中能够对申请文件的质量和申请程序进行监控管理。（2）具备检索和分析专利文献的能力，为企业的研发活动提供有用的专利情报。（3）能够为本企业制订完整的专利申请战略提供初步的方案，供企业决策层决策，并有能力参与对专利技术和发明创造进行的评估。（4）具备处理专利纠纷

---

[1] 唐珺. 企业知识产权战略管理 [M]. 北京：知识产权出版社，2012：61.

的能力，具备制定和实施专利的保护措施和手段、专利的预警机制和应急预案以及处理专利侵权纠纷的能力。(5) 具备职业道德和团队精神，严守企业技术秘密。企业专利工作人员不得同时在其他企业担任专利顾问。

五、企业专利管理借助中介机构的力量

专利、商标及律师事务所等中介代理机构具有专业知识和实务操作的经验，并拥有专业的管理系统与检索工具等，可以为企业提供专利咨询、实务操作和代理等服务。企业可以借助中介机构的力量来完善企业专利管理工作。

六、企业专利管理的人力资源工作

企业专利管理部门必须明确配备专职的管理人员，才能做到专利管理有人来抓，具体工作有人来做。企业专利管理部门的人员包括专利管理人员、专利工程师等。建立教育和培训机制，在人事合同、入职、离职等重要环节嵌入专利权保障条款。

（一）明确企业专利管理人员的任职条件

企业专利管理部门的工作人员的能力应与岗位职责要求相适应，应从其受教育程度、培训效果、技能水平、个人职务和岗位等进行综合判断，对其任职条件作出明确规定。

（二）企业专利管理人员的职责

主要包括：(1) 对企业负责人和管理者进行培训和教育，增强专利意识；(2) 对研发人员进行培训和教育，强化专利意识和创新思维，使研发人员意识到研发工作是专利产生的源头，将研发成果转换成专利是保护研发成果的有效且必要的方式；(3) 对全体员工按业务领域和岗位进行专利知识培训和教育，增强专利意识等知识产权意识和工作能力。

（三）建立企业专利考核激励机制

《专利法实施细则》第六章规定了对职务发明的发明人或者设计人的奖励和报酬。企业对员工的专利考核激励机制可以包括四方面：(1) 一旦员工有了一个新的设计，就应该对他的工作给予认可。例如，海尔等企业赋予发明人、设计人署名的权利起到了很好的激励作用。(2) 按申请和授权阶段，对发明、实用新型和外观设计专利分别给予一定金额的奖励。(3) 明确规定给予发明人、设计人在专利收益中的最低利润提成比例，允许发明人与企业以协议形式约定职务发明和实用新型专利的利益分配。(4) 将专利申请的成绩、业绩作为研发人员的绩效考核指标之一，并且逐步提高这些指标在研发人员考核体系中的权重。

（四）企业专利团队建设案例

【案例3-2】企业知识产权团队建设的典范——华为的知识产权团队建设

建设目标是打造IT领域国际化知识产权专业队伍。随着知识产权业务的多样化和复杂化，高绩效和富有战斗力的知识产权团队建设显得尤为重要。华为在这方面锐

意进取、不断创新。从以前的个人独立工作模式，转变为团队协作模式，并制定相应制度予以保障。华为知识产权工作提出了"积累知识能力、创造产权价值"的广阔愿景，让每位团队成员清晰明确这一愿景。"打造IT领域国际化知识产权专业队伍、强化专利质量、达到国际化公司的能力基线、保障公司经营的知识产权安全"是华为知识产权团队成员的共同使命。

华为对知识产权团队工作人员的素质要求是非常高的，相关人员既要了解相关的技术背景，又要熟练掌握法律知识，还要有经济头脑和敏锐的观察力。华为非常重视人才的挑选和培养。对从事专利的人员还要求理工科背景，从事无形资产的需要精通经济和计算机网络，从事诉讼和非诉讼法律事务的要求精通通信技术，而对全部专职信息人员在检索手段、通信和计算机技术方面也都有较高的要求。华为的员工培训形式多样，有部门内部的工作技能培训、知识产权系统培训、邀请外部专家律师的高级专题培训等。在团队协作过程中，还有各种丰富经验分享和交流。在华为，所有的知识产权任职岗位都有资格认证，并有一系列的任职级别。

七、企业专利管理工作的信息资源

专利预警机制是企业有效运用专利保护措施，维护产业安全的基础性、前瞻性、预防性工作，企业专利信息资源管理是做好这项工作的前提。

（一）建立信息收集渠道，及时获取所属领域、竞争对手的专利信息

专利信息收集的范围包括：国外和相关国际组织的法律法规及发展战略；当今世界科技的发展趋势，对辐射和带动全球经济发展和重组全球利益格局的高新技术跟踪和预测；竞争对手在相关领域的专利申请和授权情况；相关领域各国专利拥有情况和专利申请情况；中外企业在相关领域的专利申请和授权情况；企业在相关领域的申请态势的不足。

（二）对信息进行筛选和分析并加以有效利用

对已获得的信息进行分析和筛选，利用数理统计等工具进行统计汇总，建立分析与识别模型，定性分析和定量分析相结合，由此得出技术发展的趋势和潜在的市场、产品技术的竞争对手、国外企业的技术开发情况和市场占领情况、技术的生命周期及产业的生命周期等信息。

（三）建立企业专利数据库并加以有效管理

企业建立专利数据库，并进行动态管理。由专人进行监控、维护，根据情况和信息的变化及时加以更新。

八、企业专利管理工作的财务资源

企业专利工作需要较多的经费支撑，而其效益在短期内难以显现，因此，需要企业的最高领导人的直接支持和推动，专利工作经费应纳入企业经营预算管理费用。若专利代理机构开发过相应的数据库，企业可以寻求与其合作并充分利用专利代理机构

的专业力量进行企业专利管理，这样比企业自己直接处理要好。

（一）资金用途

企业专利工作经费的用途包括：（1）用于专利申请、注册、登记、维持、检索、分析、评估、诉讼和培训等；（2）用于专利管理机构的运行；（3）用于发明人、设计人的奖励。

（二）资金预算

一般情况下应将专利管理所需的费用纳入企业年度经营预算的管理费用。也有的企业将专利管理费用纳入研发项目费用预算。其中专利诉讼等费用具有较大的不确定性。

【案例3-3】企业专利管理工作的财务资源

华为将销售额约10%的资金投入科研项目，并将销售额1%左右的资金直接作为企业专利管理工作的财务资源。

第二节 强化专利意识和创新思维

所谓专利意识是指企业和个人对专利的重视程度。专利意识是法律意识的一种，包括对自己专利权的维护和对别人专利权的尊重。

具有专利意识的企业和个人，一个显著的特点是具有较强烈的创新思维能力或者对新科技及其应用有着强烈的热爱，而创新思维能力正是专利制度所要推动的一种社会进步的思维模式。企业应通过培训和教育强化全体员工的专利意识和创新思维。

一、全体员工的培训和教育

由本企业专利管理部门负责面向全体员工进行专利及相关法律知识的普及教育。可以由本企业专利工程师、从专利代理机构聘请专业的讲师或专利代理人授课，目的在于提高全体员工的专利意识和相关的基本技能。

二、不同层次员工的培训和教育

（1）面向经营管理层的培训，目的在于让他们了解本企业的研发状况和专利状况，提高研发管理能力和战略性应用专利的能力。尤其要让企业负责人认识到，只有重视自主创新，使本企业具备掌握核心技术的能力，才能应对经济全球化的发展趋势，在市场竞争中立于不败之地。

（2）面向研发人员的培训，提高其学习检索分析的能力、挖掘专利的创新点和撰写专利申请文件交底材料的能力。

（3）面向企业专利管理人员的培训，培训内容更加专业化，使相关人员通过学习掌握与企业研发、经营相关的理论知识，具备专利操作实务知识和能力。企业应鼓励员工考取专利代理人、律师等专业资格。

（4）面向采购、销售人员的培训，使相关人员提高从市场上获取新产品信息和技术改善信息的能力，学习侵权判断和专利保护知识，收集专利信息。

第三节 自主创新 孕育专利

经济全球化，特别是生产要素的全球配置促进了科学和技术在全球范围的流动，为发展中国家加快技术进步提供了机会和可能。同时也存在着挑战，真正的核心技术是买不到的。因此，建设创新队伍和自主创新平台，进行创新实践，掌握核心技术是企业增强核心竞争力、应对国际化挑战的唯一出路。

自主创新孕育了专利，专利制度推动了自主创新的发展。林肯就曾评价专利制度是"天才之火加上利益之油"。

一、企业要在实践中建立自主创新的信心

面对自主创新要求，许多企业针对具体的产品和技术领域无从下手，缺乏信心。国内许多优秀企业在刚开始自主技术创新时也都面临同样的问题。那么企业如何增强自主创新的信心呢？关键是制定出切合企业实际并且符合技术发展趋势的自主创新战略，找到行之有效的方法和途径。

二、我国优秀企业的自主创新特点

我国优秀企业的自主创新一般都具有以下特点：（1）舍得在研发活动投入较多的资金。例如，中兴、大唐和华为是我国企业中舍得花大钱开发自主核心技术的企业，它们的研发资金投入一般要占销售额的10%以上，其中的10%左右直接投入到知识产权的工作中。（2）研发人员占员工的比例高，素质高。例如在华为，本科以上学历的员工占员工总数的85%，其中有许多在国外受过良好教育的高学历人才。拥有这样的员工队伍，自主创新就会容易得多。（3）产学研结合的比较多。换句话说，就是企业有效地利用企业外部的人才和科技资源，来加快自主创新速度。

三、在实践中探索自主创新之路

（一）自主创新的分类

自主创新，是以形成拥有自主知识产权的技术和产品为目的的科研活动。自主创新可以分为三类：原始创新、集成创新、引进消化吸收再创新。

加强原始创新，是为了获得更多的科学发现和技术发明；加强集成创新，是为了使各种相关技术有机融合，形成具有市场竞争力的产品和产业；对于国外技术，只是引进是远远不够的，还应该积极消化和再创新。❶

---

❶ 陈至立. 自主创新中国必然的战略抉择 [N/OL]. (2005-08-30) [2015-05-25]. http://politics.people.com.cn/GB/1026/3652404.html.

（二）自主创新的基本方法

企业自主创新的基本方法是针对产品和技术领域进行扎扎实实的研发，或者在原有技术的基础上开发新技术，或者开发全新的技术。主要的方法有"头脑风暴"等。

四、企业如何孕育专利

企业在自主创新中孕育专利，具体可以从两条主线着手：一是从研发项目出发，细分项目任务涉及的不同研发内容，分析具体研发内容涉及的技术要素，比对技术要素与现有技术的差异；二是从某一创新点（例如在日常工作中遇到问题后找到的解决办法、为弥补现有产品和方法的缺陷采取的优化方法）出发。企业孕育专利的方法见图3-4。

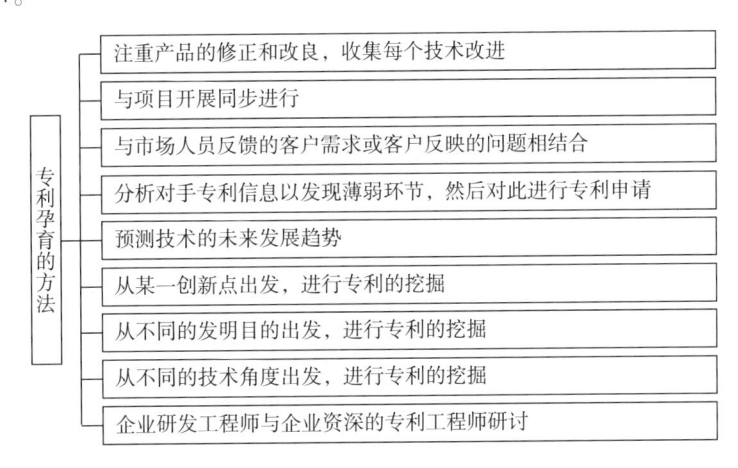

专利孕育的方法：
- 注重产品的修正和改良，收集每个技术改进
- 与项目开展同步进行
- 与市场人员反馈的客户需求或客户反映的问题相结合
- 分析对手专利信息以发现薄弱环节，然后对此进行专利申请
- 预测技术的未来发展趋势
- 从某一创新点出发，进行专利的挖掘
- 从不同的发明目的出发，进行专利的挖掘
- 从不同的技术角度出发，进行专利的挖掘
- 企业研发工程师与企业资深的专利工程师研讨

图3-4 专利孕育的方法

【案例3-4】专利与创新无处不在，贵在寻找与挖掘

某企业在对粉体混合搅拌设备的飞刀密封结构的改进设计中，在原密封元件前端增加了气环结构，利用压缩空气在气环中形成的内外压差与原密封元件组合实现密封的效果；同时，在原密封元件的后端增加空腔及旁路，一旦密封结构失效，瞬间泄漏的物料不至于导致传动系统的损坏。经过如此改进，设备的使用可靠性显著改善。研发人员经过检索和分析，确认这项结构改进设计具备了申请专利的实质性条件，经申请被授予了实用新型专利权。

通过这个案例可以看到，企业在其原有技术的基础上进行了创新，并在创新上产生了有益的技术效果，就可以在此基础上申请实用新型或者发明专利权。

【案例3-5】太阳能电板上花纹也能申请专利

一种太阳能光伏瓦，包括基片和设置在基片的太阳能电池，其特征在于，所述基片的上表面设有斑马纹。

对于上述结构的解读为：在太阳光的照射下，构成斑马纹的白颜色的纹反射大部分的光照，吸收较少的热量，表面温度较低；构成斑马纹的深颜色的纹吸收较多的热量，表面温度较高。这使得白颜色的纹上的空气要比深颜色的纹上的空气温度低，两种纹上方的空气形成压力差，从而促进空气流动而形成在光伏瓦表面上流动的风，起到对光伏瓦进行散热的作用，热量被及时散失到空气中，基片的温度上升慢且少，使得光伏瓦的隔热效果得到提高。通过对比试验测出，在同一个房顶上依次用基片表面设有斑马纹的光伏瓦 $100m^2$、基片表面为黑色的光伏瓦 $100m^2$、基片表面为白色的光伏瓦 $100m^2$，太阳照射 5 小时后测量房顶对应于三种光伏瓦的三个区域的中间部位的温度，结果为斑马纹光伏瓦区域的温度比白光伏瓦区域的温度低 2~5℃，白光伏瓦区域的温度比黑光伏瓦区域的温度低 1~2℃。

从上述案例可以看出，一些不经意的改进有可能产生意想不到的效果，而具有意想不到的效果，是发明具有创造性的特征。

（一）根据研发项目任务提出技术方案

如图 3-5 所示，根据研发项目任务提出技术方案包括以下几个步骤：（1）找出完成任务的组成部分；（2）分析各组成部分的技术要素；（3）找出各技术要素的创新点；（4）根据创新点直接提出技术方案。

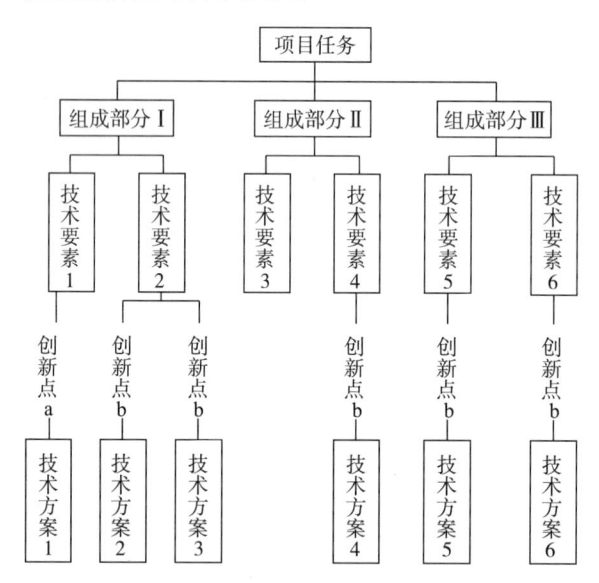

图 3-5　根据研发项目任务提出技术方案

（二）从某一创新点出发提出技术方案

如图 3-6 所示，从某一创新点出发提出技术方案包括以下几个步骤：（1）找出该创新点的各关联因素；（2）找出各关联因素的其他创新点；（3）根据其他创新点直接提出技术方案。

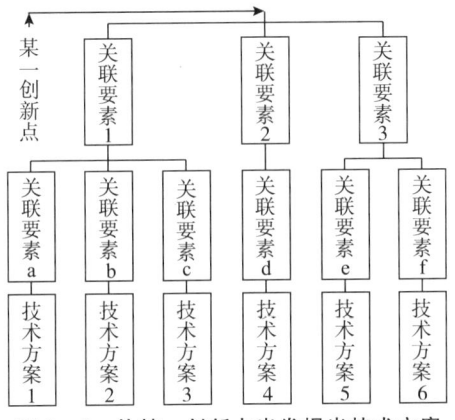

图 3-6 从某一创新点出发提出技术方案

（三）采集技术方案的专利信息

由企业专门人员负责对技术方案的相应专利进行查询。根据查询目的的不同，分为以下三类。（1）查新。目的在于确定该技术方案是否具备新颖性，并预估拟申请专利的技术方案可能获得的保护范围。（2）侵权。目的在于判断拟申请专利的技术方案是否会侵犯他人的专利权，如发现相似专利，应进行专利侵权分析并提出分析报告。（3）研发参考。如发现有用技术，可利用专利的地域性予以采用，或在技术上进行专利避让。

（四）技术方案的比较

技术方案的比较，主要从以下几个方面考虑：（1）新颖性的比较：进行"与众不同之处"的比较。（2）实用性比较：进行产业利用性比较，即能够制造或者使用，能够收到积极效果。（3）创造性比较：与现有技术相比，具有突出的实质性特点和显著的进步。（4）经济效益比较：实施和运用能够产生显著的经济效益。

五、自主创新案例

我国信息产业自主技术创新取得了一系列重大突破，培育了以华为、中兴、大唐为代表的一批竞争力较强的企业。例如，在通信领域，从1991年的HJD04交换机开始，大唐、中兴和华为在大容量程控交换机的开发方面取得了突破，并以此为基础在与跨国公司的竞争中站稳了脚跟，也为这些企业进一步的技术创新打下了基础。华为在路由器领域的卓越成绩甚至遭到了路由器行业的领先企业思科的指控，思科认为华为侵犯了它的部分专利技术，但其最终撤回了诉状，并承认华为没有侵权行为。

第四节　企业申请专利的基本流程

一、填写技术交底书和专利提案申请表

当研发工程师和员工有专利申请提案后，可填写技术交底书和专利提案申请表，

将背景技术、技术方案、具体实现方式等形成清晰的文字表述。

二、检　索

根据技术交底书和专利提案申请表的信息进行检索，并根据检索结果完善技术交底书。专利检索的目的，除确认提案人提交的提案是否具备专利授权所要求的"三性"之外，也是了解提案相关技术的发展状况，进一步完善提案并对提案的价值进行评估的重要手段。企业应判断提案是否具备新颖性和创造性以及其创新的程度，完成对技术方案的价值评估，从而决定是申请发明专利还是实用新型专利。

三、选择专利代理机构

选择合适的专利代理机构和专利代理人十分重要。专利申请文件是一个技术性的法律文件，撰写完成并提出申请后，对于该申请文件，除有少量主动修改机会外，事后不能作任何超范围的修改。对于曾作过"超出原说明书和权利要求书记载的范围"修改的授权专利，任何人可以据此提出无效宣告请求。因此，选择合适的专利代理机构和专利代理人来完成专利申请文件的撰写显得十分重要。

选好代理机构后，通常需要与其签订委托代理协议。

四、向专利代理机构提交交底材料

发明、实用新型提交技术交底书，外观设计提交图片、照片或者样品、模型。提案人填写的技术交底书经完善后如果符合专利授权要求的"三性"，并且经过审核评估后决定作为专利申请提交。在提交专利代理机构之前需要明确以下几点：（1）明确的发明点。发明点也就是这份提案的创新点所在，是专利所保护的要点。如果技术交底书中的发明点不明确，专利代理机构将无法确定所要求保护的要点所在，从而导致保护范围偏离，严重的可能导致专利申请得不到授权。（2）背景技术。专利代理人通常将背景技术和发明方案进行对比以确定独立权利要求如何划界。（3）具体实施例。通过具体实施例说明专利申请所要保护的技术方案的实施方法。（4）初步确定企业申请专利的策略（进攻和防御、国内或国外等）。

五、专利代理机构指定专利代理人撰写专利申请文件、提交专利申请

（1）对专利代理机构反馈的专利申请文件进行审阅、修改、确认、定稿。对专利申请文件的审阅包括两个方面：对技术方案的审核由提案人（发明人）主导；对申请文件的法律审核应由企业专利管理部门的专业人员来完成。当审核中发现问题时，应当与专利代理机构的专利代理人进行沟通，要求其对申请文件进行修改。

（2）向国家知识产权局递交专利申请文件，缴纳申请费，发明专利在递交申请文件日的3年内应提交实质审查申请并缴纳审查费。

（3）提案人（发明人）配合专利代理人答复各种审查意见。

（4）接到授权通知书后，办理登记手续，缴纳登记费和年费。

企业内部申请专利基本流程如图 3-7❶ 所示。

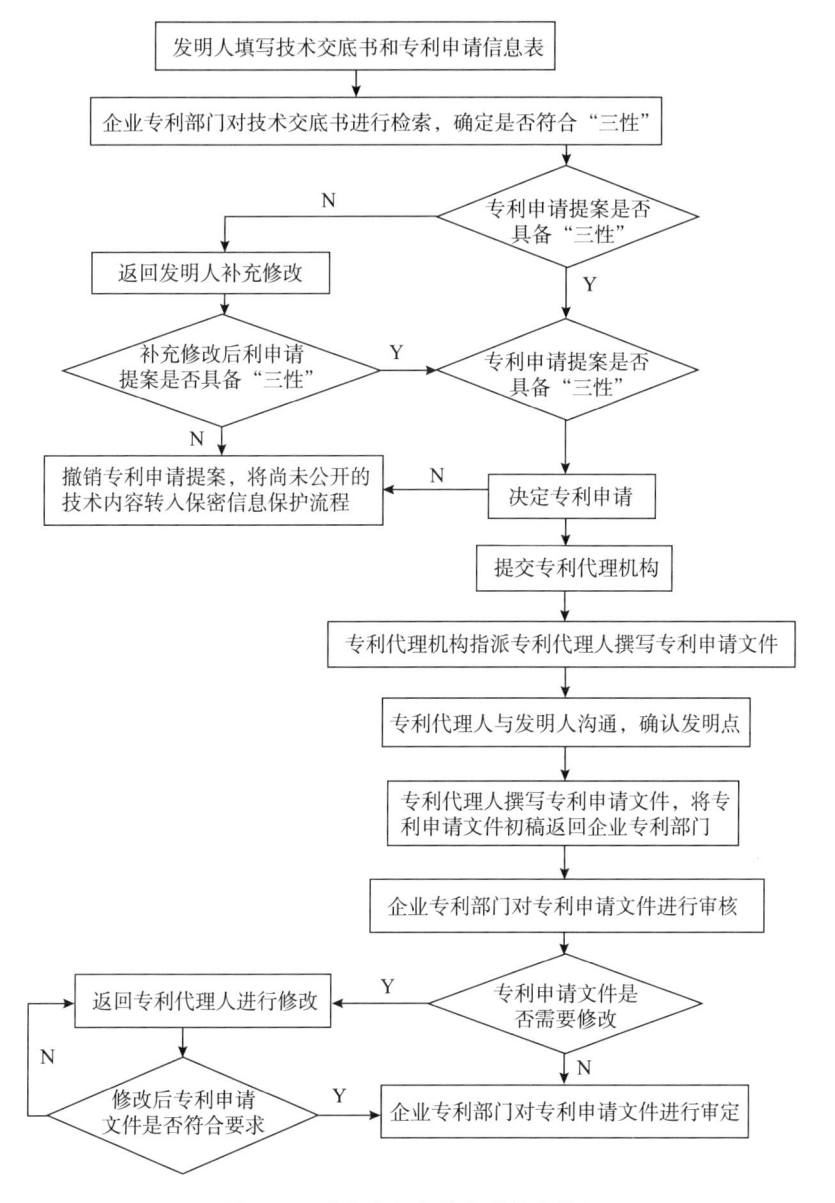

图 3-7　企业内部申请专利基本流程

---

❶　王明，欧阳启明，石瑷．企业知识产权流程管理［M］．北京：中国法制出版社，2011．

第五节 专 利 流

一、专利流的概念

采购原材料和机器设备、加工成半成品和产品,经过运输流通环节,销售到各地,这成了企业的物质流,如图3-8所示。由于产品和原材料中凝聚了产品技术和专利,因此,企业的物质流动过程也是专利的流动过程。这就是企业的专利流(Patent Flow,PF)。

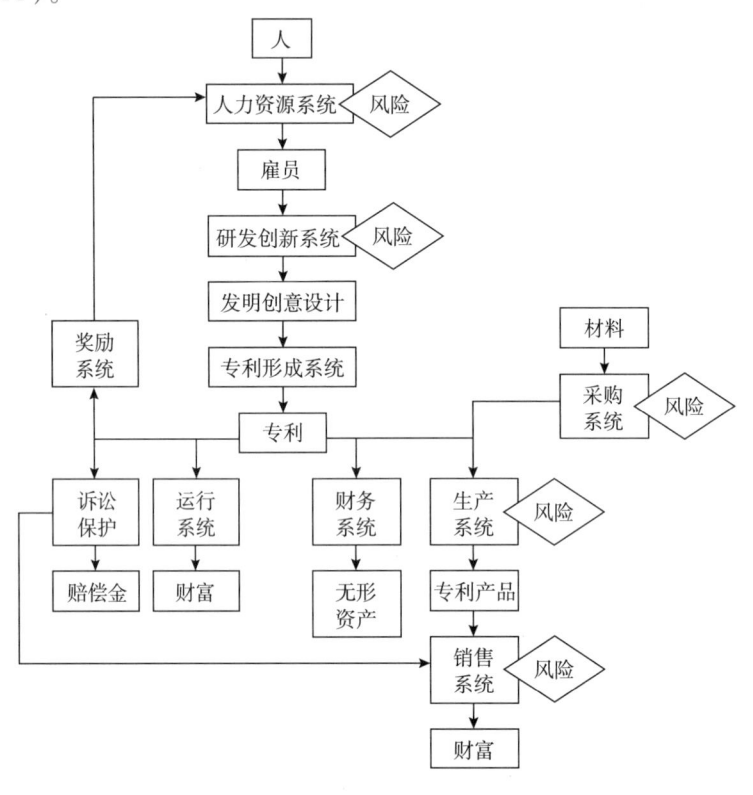

图3-8 专利流的概念

二、企业专利流管理的必要性

企业的专利流伴随着物质流的运转而运转。因此,在物质流动的过程中,企业的专利也随之流动。物质流越复杂,专利流也就越复杂。例如,随着原材料采购,原材料中凝聚的专利也将输入企业,而随着产品的销售,企业产品中的专利也将输出到各地。在这个输入输出的过程中,企业的专利以及相应的专利侵权也随着产品输入输出。随着知识经济时代的到来，社会分工越来越细化，上述问题暴露得越来越明显，这也导致企业的专利管理越来越复杂。因此，借助专利流的管理，将企业的各个业务环节纳入专利管理的范畴，建立一个完整的专利管理系统是非常必要的。

第六节　企业专利文献的检索和利用

一、专利文献信息利用

（一）什么是专利信息

专利信息是伴随着专利制度而产生的。专利信息是专利现象的表述。在专利的发生、发展中产生了专利信息。专利信息是人们认识专利的媒介。专利信息分为文献型专利信息和非文献型专利信息，绝大部分专利信息是以文献型信息的形式存在的。因此，专利文献信息是企业制定专利申请策略的重要资源。

（二）专利文献的内容

由于专利可区分为发明专利、实用新型专利、外观设计专利等，专利文献也可相应地按内容作如上类型划分。广义的专利文献有专利申请书、专利说明书、专利公报、专利法律文件、专利检索工具等类型。

专利说明书是专利文献的主体，它是个人或企业为了获得某项发明创造的专利权，在申请专利时必须向各专利局呈交的有关该发明的详细技术说明，一般由三部分组成：（1）著录项目。包括专利号、专利申请号、申请日期、公布日期、专利分类号、发明题目、专利摘要或专利权范围、法律上有关联的文件、专利申请人、专利发明人、专利权所有者等。专利说明书的著录项目较多并且整齐划一，每个著录事项前还须标有国际通用的数据识别代号（INID）。（2）发明说明书。是申请人对发明技术背景、发明内容以及发明实施方式的说明，通常还附有插图，旨在让同一技术领域的技术人员能依据说明重现该发明。（3）专利权利要求书。是专利申请人要求专利主管机关对其发明给予法律保护的项目，当专利申请批准授权后，权利要求书具有直接的法律作用。

专利公报是各专利主管机关定期（每周、每月或每季）公布新收到或批准的专利申请的刊物，一般有发明内容摘要。专利法律文件包括专利法、专利主管机关公布的公告及有关文件。专利检索工具包括专利公报、专利索引和文摘、专利分类法等。

（三）专利文献资源

至 20 世纪 80 年代初，全世界有 130 多个国家建立了专利制度（包括发明证书制度），每年公布的专利说明书约 100 万件（反映约 30 万~35 万项新发明），并以每年 9 万件的速度递增。20 世纪 80 年代中期全世界已通报的专利说明书累计总量已达 3000 万件。

大多数国家已采用《国际专利分类法》(IPC)对专利文献进行分类并标注 IPC 分类号。英国德温特公司出版的《世界专利文摘》《世界专利索引》每年用英文报道世界范围的专利 60 多万件，是专利文献的重要检索工具。中国自 1985 年 4 月 1 日实施《专利法》以来，也形成了自己的专利文献体系，它主要由《发明专利公报》《实用新型专利公报》《外观设计专利公报》以及与前二者相对应的专利说明书组成。

（四）专利信息的公共资源

常用中国免费专利检索资源有：(1) SIPO（国家知识产权局）；(2) CHINAIP（重点产业专利信息服务平台）；(3) PSS（专利检索与服务系统）；(4) CPRS（专利之星）；(5) SOOPAT（专利检索引擎）。

常用国外免费专利检索资源有：(1) ESPACENET（欧洲专利局）；(2) USPTO（美国专利商标局）；(3) JPO（日本特许厅）。

（五）国内主要专利数据库简介

1. CNIPR 专利平台

CNIPR 专利平台是由知识产权出版社有限责任公司开发的可提供中外专利信息在线检索、在线分析、定期预警和机器翻译等功能的综合性半公益平台。据其官方介绍称，平台有 98 个国家和地区的专利数据信息。该公司，除与一般出版社一样有图书出版业务以外，还承担国家知识产权局专利公报印刷、中国专利数据初加工、专利分析预警报告撰写等专利信息咨询服务等工作内容。其官方网址为 www.ipph.cn，其旗下还拥有提供中国专利复审、诉讼文书等检索分析的中国知识产权案件网（http://reexam.souips.com/）。

该平台具有如下功能特点：(1) 纯中文界面，在服务器稳定的情况下，检索速度令人满意；除此之外，CNIPR 还有英文平台和日文平台。(2) 中国专利数据权威，更新及时（每周三更新，国家法定节假日除外）。提供中国专利权利要求书和说明书全文检索功能。(3) 有中国组织机构代码查询功能。(4) 中国专利信息概览和细览简洁直观，查阅和使用方便；专门的中国外观设计专利概览浏览全面直观，方便查阅和比对。(5) 高级会员提供最高 2000 条的专利著录项目下载、最高 30 条中国专利全文下载。(6) 高级会员的专业逻辑检索表达式长度支持 3000 以上字节。(7) 提供单独的中国专利失效数据库检索功能。(8) 提供中国专利运营信息（转让、质押、许可）单独检索功能。(9) 提供自建行业导航检索功能。(10) 提供智能语义检索功能。(11) 提供在线定期预警功能。(12) 提供在线英译中的机器翻译功能。(13) 在线分析的上限为 5 万条，分析项目和图形较简洁直观。

2. SooPAT 专利搜索平台

SooPAT 创建于 2007 年，其目标是让专利搜索平民化，目前为广大用户提供免费使用。SooPAT 能进行国内和世界范围的专利搜索。世界专利搜索包含 98 个国家和地区、超过 7200 万篇专利文献，时间跨度超过 350 年。如需查找世界专利，应尽量使用英文，但也支持中文输入。

该平台具有如下功能特点：（1）检索反应速度令人满意，功能较人性化，非专业用户能够快速上手进行检索；（2）对专利数据各类著录项目信息的互联互通做得较好；（3）中国专利法律状态的展示，分类统计直观明了；（4）美国和欧洲专利局专利分析的同族合并、引证分析简洁直观；（5）专利数据更新速度能满足基本需求，但数据来源不好判断；（6）可以下载专利全文的 PDF 格式，方便阅读；（7）有中国台湾地区专利全文数据库，提供简体和繁体说明书 PDF 格式的浏览和下载；（8）免费开放的权限已经够多，即使收费的账户价格，也是非常优惠的。

3. IncoPat 专利数据库

IncoPat 完整收录全球 102 个国家、组织或地区 1 亿多件基础专利数据，对 22 个主要国家的专利数据进行特殊收录和加工处理，数据字段完善。主要国家的题录摘要进行了机器翻译，提供了可供检索的多语种标题摘要信息。对重点企业和机构的不同别名、译名、母公司和子公司名称，建立标准化的申请人名称代码表。对国内外专利的法律状态、同族信息、引证信息进行了深度加工，字段信息丰富。中美专利诉讼、转让、许可、质押、复审、无效等法律信息与专利文献相关联。每周专利更新入库。

该数据库具有如下功能特点：（1）可供检索的字段达到 206 余个，检索界面包括简单检索、高级检索、批量检索、引证检索和法律检索五种形式，可满足普通用户和专业用户的不同检索需求。（2）IncoPat 提供了数千万件国外专利的中文标题和摘要，以及中国专利的英文标题和摘要，支持中英文双语检索和浏览全球专利，同时支持用小语种检索和浏览小语种专利原文。（3）建有各行业龙头企业或机构的名称代码表，收录了数万家公司的母公司和子公司名称，以及中英文别名和译名等信息。（4）可按专利号和申请人检索前后引证信息，也可对检索结果的前后引证信息进行批量检索，检索结果可以按照被引证频次进行排序和限定，可以查看专利引证树，对重点专利进行多级引证分析。（5）对中国和美国的专利转让、许可、质押、诉讼、复审、无效等信息进行特别收录。（6）收录了专利的简单同族和扩展同族信息。（7）IncoPat 整合了 50 余种常用分析模板，用户也可自定义二维统计分析内容；除了常规的统计分析图表，还提供了世界地图、中国地图、气泡图、面积堆积图等可视化表现形式；系统支持对统计分析结果进行合并、修改和去重，支持分析项目的保存。（8）用户可以将重点关注的专利收藏到个人多级文件夹中，以便进行专利管理和分析，可对文件夹中的专利添加评论和标引信息，标引字段可供统计分析。（9）企业用户可在平台上建立重点技术或竞争对手的基础库分类导航，可以对导航检索式的检索结果进行专家分类筛选，添加到专业库中，管理员及授权用户可对库中重点专利进行分析、标引和评论。（10）IncoPat 可以监视重点技术、竞争对手最新公开的专利，以及重点专利的权利归属、同族引证、法律状态的变化。

（六）国外主要专利数据库简介

1. 德温特（Derwent）专利数据库

德温特公司是全球权威的专利情报和科技情报机构之一，1948 年由化学家 Monty

Hyams 在英国创建。德温特公司隶属于全球最大的专业信息集团——Thomson 集团，并与姐妹公司 ISI、Delphion、Techstreet、Current Drugs、Wila 等著名情报机构共同组成 Thomson 科技信息集团（Thomson Scientific）。德温特专利数据库收录来自世界 40 多个专利机构的 1000 多万件基本发明专利、3000 多万件专利，数据可回溯至 1963 年。该数据库每周更新，每周增加来自 40 多个专利机构的 2.5 万多件专利。

该数据库分为 Chemical Section、Electrical & Electronic Section、Engineering Section 三部分，为研究人员提供世界范围内的化学、电子电气以及工程技术领域内综合全面的发明信息。

该数据库由 World Patent Index（世界专利索引）及 Patent Citation Index（专利引文索引）两部分构成。

该数据库具有如下功能特点：（1）Descriptive Titles（描述性的标题）；（2）Descriptive Abstract（描述性的摘要）；（3）Patent Family Records（专利家族全记录）；（4）Patent Assignee Codes（专利权属机构代码）；（5）Derwent Classification（德温特分类号）；（6）Manual Codes（德温特手工代码）；（7）Patent Citation（专利引文）。

2. Orbit 专利平台

Orbit 专利平台是法国 Questel 公司开发的可提供多国别语言专利在线检索、在线分析、预警和翻译等功能的综合性专利平台。该平台包括 99 个国家、地区及授权机构的专利数据、51 个国家的法律状态数据、21 个国家的引用与被引用数据，同时还提供 14 个国家及组织的外观设计专利数据库和美国专利诉讼信息库。

该平台具有如下功能特点：（1）多语言界面，有中文界面，较人性化；（2）主要国家和组织的专利数据内容、语言种类全面，欧洲专利局、美国和世界知识产权组织等的数据更新及时；（3）有公司树查询功能；（4）同族合并、引证分析简洁直观；（5）分析功能较全面，分析类别和图形种类较多；（6）专利的文本聚类功能有特色；（7）可以下载专利全文的 PDF 格式，方便阅读；（8）提供美国专利诉讼信息数据库；（9）提供主要国家和地区专利定期预警和法律状态预警功能；（10）自动识别和提取语句中的专利号；（11）法律状态时间轴显示较直观、易懂。

3. TotalPatent 专利平台

TotalPatent 专利平台是由美国的律商联讯（lexisnexis）集团在收购荷兰某科技公司的专利平台基础上，全新推出的面向世界范围内用户提供世界范围内国家和组织的专利信息在线检索、在线分析、预警和翻译等功能的综合性的商业收费平台。该平台可检索 100 个国家及组织所公布的专利文献，其中包括 31 个国家、地区及组织的全文数据。

该平台具有如下功能特点：（1）界面设计较友好，检索速度在大光纤宽带情况下良好；（2）检索字段丰富，支持复杂逻辑检索功能，有检索历史保存功能；（3）主要国家和组织的专利数据内容丰富、语言种类较多，有 30 多个国家和组织的说明书全文，特别是有中国专利的中文和机翻英文全文；（4）美国、欧洲专利局和世界知识产权组织等数据更新及时；（5）提供多种浏览形式，有两篇专利对比浏览功能；（6）有申请人信息查询功能（类似公司树概念）；（7）同族合并功能、引证分析简洁直观；（8）有简单统计分析功能；（9）提供两个文件夹的分析对比功能；（10）有语义检索功能；（11）提供美国专利诉讼信息数据库；（12）提供主要国家和地区专利定期预警和法律状态预警功能；（13）批量下载数量最大为 2 万条，有 PDF、Word、XML、Excel 等格式；（14）预警功能强大，有定期预警、法律状态预警功能，并可以推送至用户指定邮箱；（15）收藏夹收藏专利信息量较大。

（七）企业专利信息利用

企业专利信息利用非常关键，这关系到企业产品的开发方向是否有利，是否在做重复劳动，要开发的产品是否存在侵权风险。因此，企业要在恰当的时机进行正确的专利信息检索，接着对检索结果进行合理有效的分析，最后根据正确的分析结论作出正确的决策。

（八）企业专利信息利用中的问题

企业专利信息利用中一般存在如下问题：（1）立项前随便选择一个检索网站，利用简单主题词泛泛查询一下；（2）项目审核中，只审核是否进行了检索，以及是否检索到了相关专利文献，忽略了检索质量；（3）专利信息分析以定量分析为主，以图表形式展示分析结果，分析报告多为长篇巨著，忽略了定性分析。

二、企业专利检索

（一）专利检索步骤

专利检索主要包括初步检索、修正检索式和提取专利数据三个步骤。

1. 初步检索

根据编制写成的检索式和待定的数据库特点（如数据库的逻辑运算符、截词符、各种检索项输入格式要求等），选择小范围时间跨度提取数据，完成初步检索步骤。

2. 修正检索式

浏览上述初步检索结果，并进行分析研究，初步判断检全率和检准率，并对误检、漏检数据进行分析，找出误检、漏检原因，完成检索式修订，形成修正检索式。值得注意的是，修正检索式过程往往要经过多次反复，不断调整检索式并判断检索结果，直到对检索结果满意，形成最终检索式。

3. 提取专利数据

运行最终的修正检索式，下载检索结果，形成专利分析原始样本数据库，供进一步使用。

（二）专利检索的类型

1. 专利技术主题检索

专利技术主题检索即针对某一技术主题进行专利文献检索。

A. 检索要求：检索所有与该技术主题相关的专利文献，要求检全。

B. 检索要素：通过主题词和/或 IPC 分类号进行检索。

C. 检索结果：检索并下载所有与该技术主题相关且具有参考意义的专利文献、期刊论文。

D. 检索的作用：能够提供与该技术主题相关的完整准确的基础数据；可以有效了解技术现状；通过检索获得的文件可以对技术人员进行创新思路的启迪；通过检索获得的文件还能帮助解决本企业一些无法解决的问题。

E. 检索的应用：可以帮助制定企业战略，避免研发方向产生偏差；可以指导技术创新的发展方向；可以帮助技术人员了解还未能解决的技术问题，从而进行技术创新。

2. 专利技术方案检索

专利技术方案检索指的是在全世界范围内，检索针对有关发明创造的技术方案的所有公开出版物。

A. 检索要求：要求检索准确性，技术方案相关性高。

B. 检索要素：通过关键词、主题词和/或 IPC 号进行检索。

C. 检索结果：检索下载可供参考的与该技术方案高度相关的专利文献或期刊论文。

D. 检索的作用：能够客观评价申请内容；确定专利保护范围；提供无效依据；判断专利权稳定性。

E. 检索的应用：申请专利；无效诉讼；专利权评价。

3. 同族专利检索

同族专利检索指的是将某一专利或专利申请作为线索，查找与同一专利族中的其他专利。

A. 检索要求：要求检全。

B. 检索要素：专利编号（包括优先申请号/申请号/文献号）。

C. 检索结果：检索下载专利族成员专利编号的专利文献。

D. 检索的作用：获得专利审批信息、专利地域信息、专利保护范围及变化信息。

E. 检索的应用：申请专利；无效诉讼；专利权评价等。

4. 专利法律状态检索

专利法律状态检索指的是为了了解专利是否有效，检索授权或申请的专利当前处于何种状态的行为。

A. 检索要求：要求检准。

B. 检索要素：专利编号（包括申请号/优先申请号/文献号）。

C. 检索结果：特定专利或专利申请当前所处的状态。

D. 检索的作用：提供专利法律状态及变化信息。

5. 专利引文检索

专利引文检索指的是查询专利引用、被引用情况的信息。

A. 检索要求：要求检全。

B. 检索要素：专利编号（包括申请号/优先申请号/文献号）。

C. 检索结果：申请人在发明创造过程中，曾经引用过并被记录在专利文献中的参考文献；审查员在审查过程中引用过并被记录在专利文献中的对比文件；被其他专利作为参考文献、对比文件所引用的相关信息。

D. 检索的作用：提供相关专利关系信息。

E. 检索的应用：扩展技术主题范围；分析核心专利；计算特定专利技术生命周期；分析专利技术发展轨迹。

6. 专利相关人检索

专利相关人检索指的是查找某申请人、专利权人、发明人的专利。

A. 检索要求：要求检全。

B. 检索要素：申请人或专利权人或发明人的名称/名字。

C. 检索结果：申请人、专利权人、发明人拥有的专利申请或专利。

D. 检索的作用：提供专利相关人的专利信息。

E. 检索的应用：监视竞争对手；挖掘专业技术人才；选择合作伙伴。

（三）数据加工

专利检索完成后，应当依据技术分解后的技术内容对采集的数据进行加工整理，形成分析样本数据库。数据加工主要包括数据转换、数据清洗和数据标引三个步骤。

数据转换是使检索到的原始专利数据转化为统一的、可操作的、便于统计分析的数据格式（如 Excel、Access 软件的存储格式）。

数据清洗实质上是对数据的进一步加工处理，目的是保证本质上属于同一类型的数据最终能够被归集到一起，作为一组数据进行分析。因为各国在著录项目录入时，存在标引的不一致、输入错误、语言表达习惯的不同、专利法律状态的改变以及重复专利或同族专利等原因造成的原始数据不一致性。如果对数据不加以整理或合并，在统计分析时会产生一定的误差，进而影响到整个分析结果的准确性。

数据标引是指根据不同的分析目标，对原始数据中的记录加入相应的标识，从而增加额外的数据项来进行特定分析的过程。数据标引是数据加工的最后一步，一般情况下根据不同的分析目标和技术分解内容，所标引的内容会有所区别。按标引方式的不同，数据标引一般分为著录项目标引和技术内容标引。著录项目标引主要是对数据库记录中的著录项目进行标识或分类，以便于后续的统计与分析。技术内容标引主要是依据技术分解内容对检索到的相关专利进行标引。在技术内容标引过程中，根据分析目标和技术内容要求还需要进一步对同一标引内容进行二级或多级标引。进行技术内容标引的人员需对主题的技术内容有深入了解，并熟知每件专利的技术特征和权利要求范围。对专利进行技术内容标引是专利分析流程中的一个重要环节，需投入较大的人力和物力。

（四）专利信息检索应用

（1）专利技术主题检索应用范围：技术创新、战略制定、专利预警、技术引进。

（2）专利技术方案检索应用范围：技术创新、产品出口、侵权诉讼、价值评估。

（3）同族专利检索应用范围：战略制定、专利预警、产品出口、监视对手、技术引进、侵权诉讼、价值评估。

（4）专利法律状态检索应用范围：战略制定、专利预警、产品出口、监视对手、技术引进、侵权诉讼、价值评估。

（5）专利引文检索应用范围：技术创新、战略制定。

（6）专利相关人检索应用范围：战略制定、专利预警、技术引进、产品出口、侵权诉讼、监视对手。

（五）两种专利技术角度检索比较

1. 专利技术主题检索

A. 释义：就某一技术主题检索相关专利文献。

B. 结果：在所属技术领域内有参考价值的相关专利文献（专利参考文献）。

C. 要求：检全与该技术主题相关的专利文献。

D. 参考文献属性：同一技术领域、相同技术问题、不同技术手段、不同技术效果。

E. 适用范围：通常技术研发阶段在研发前及研发中进行；创新决策阶段在决策前进行；战略制定阶段在制定前进行；科研攻关阶段在攻关中进行；技术预测阶段在预测前进行。

2. 专利技术方案检索

A. 释义：全世界范围内针对某一技术方案检索各种公开出版物。

B. 结果：特定技术方案具备新颖性或创造性的对比文件（专利对比文件）。

C. 要求：检准。

D. 对比文件属性：相同技术领域、相同技术问题、相同技术手段、相同技术效果。

E. 适用范围：通常技术创新阶段在完成后进行；专利申请阶段在申请前进行；产品上市阶段在上市前进行；产品出口阶段在出口前进行；专利无效阶段在请求前进行。

（六）专利技术角度检索分析

1. 专利技术主题检索

A. 分析依据：技术主题、技术问题及背景知识。

B. 分析内容：技术范围（类型、材料、手段、形态、对象、应用）、技术领域。

2. 专利技术方案检索

A. 分析依据：专利单行本、技术交底书、产品说明书。

B. 分析内容：技术领域、技术问题、技术手段、技术效果。

（七）专利技术角度检索要素及表达

1. 专利技术主题检索

A. 释义：指的是在检索技术主题所属技术领域、技术范围内必须要检索的成分。

B. 要素数量：技术领域：1 项；技术范围：依技术主题分析结果确定。
2. 专利技术方案检索
A. 释义：体现被检索技术方案基本构思的可检索成分。
B. 要素数量：技术领域：至少 1 项；技术手段：至少 1 项；技术效果：依具体情况确定。
3. 表达
A. 检索要素名称：通用概念。
B. 检索要素表达形式

分类号：IPC 分类号（要素名称初步检索，找出切题专利文献的 IPC 分类号，查 IPC 分类表以确定分类位置）；主题词：关键词（选范围最大的概念）、同义词、缩略语。

（八）专利技术角度检索要素表及运算规则
1. 检索要素表（见表 3-1）

表 3-1　检索要素表（1）

（技术主题/方案名称）			
检索要素	检索要素 1	检索要素 2	检索要素 n
检索要素名称			
中文主题词			
英文主题词			
缩略语			
IPC 分类号			

2. 运算规则
A. 相同检索要素不同表达——逻辑或；
B. 不同检索要素——逻辑与。
3. 检索要素表填写示例（见表 3-2）

表 3-2　检索要素表（2）

检索主题	竹木集装箱底板			
检索要素	集装箱	底板	木料	竹子
要素名称	集箱	板	木	竹
中文主题词	—	—	—	—
英文主题词	—	—	—	—
缩略语	—	—	—	—
ICP 号	B65D90	B27D1/，B32B21/		—

（九）专利技术角度检索数据库选择

（1）选择原则：设置了能够满足复杂逻辑关系检索式表达检索界面的数据库系统。

（2）数据库：中国专利：CPRS、PSS、CHINAIP；世界专利：ESPACENET、CPRS、PSS、CHINAIP。

（十）企业自身在进行专利检索时需要关注的问题

1. 专利文献中的法律数据

通过分析相关企业专利的授权状况，授权专利是否存在终止、视为撤回、宣告无效等情况，专利剩余有效保护期的长短，专利保护的地域范围等，了解企业将要进行的科研项目是否已有人申请了专利，有无本企业可利用的失效专利，以及转让的专利中是否有失效专利等信息。

2. 已经公开但尚未授权的专利申请

企业为了避免有人在自己的技术发展路径上设置障碍，应密切注意本行业那些已经公开但尚未授权、一旦授权将会对企业的发展产生严重的阻碍作用的专利申请，如是否有人企图在自己的基础专利外围设置专利包围圈、该专利申请是否涉及本企业即将上市或已经上市的产品等。企业可以通过分析那些已经公开而尚未授权的专利申请的说明书和权利要求书，从中发现该申请不具备专利性或不符合专利法要求的地方，及时向专利主管机关提出证据，给该专利申请的最终授权设置障碍。如果异议人能够提出否定该专利申请专利性的对比文献或者事实证据，此项专利申请被授予专利权的可能性很小。采用这种方法有一定的风险，因此，之前必须请资深的专利代理人进行深入的评估等工作，否则万一授权，对于己方就很不利。

另外，在专利分析中还可以发现，大量外国企业在中国申请的专利，很多不符合专利性的要求。如果发现有人企图对本企业的基础专利实施外围专利包围，或者可能进行专利诉讼，应及时调整本企业的专利布局战略，增加基础专利的外围技术应用的研发力量，避免他人对本企业的核心专利形成围墙式的外围专利包围。

3. 某一技术领域已经授权的专利

对这部分专利进行分析，主要是了解整个行业的技术专利状态以及有无可利用的专利。主要包括四个方面。首先，研究这部分专利中有无不符合专利性的地方，如有，可提出宣告该专利无效的申请，打破垄断。专利无效的理由一般包括以下三项：取得专利的发明创造不具备实质条件、专利申请文件撰写明显不当、违反了单一性原则或先申请原则。其次，分析这部分专利的权利要求范围，如果其权利要求范围过宽，可绕过这些范围过宽的权利要求，设计出比专利产品更具有先进性的产品，使自己的发明具有较高的创造性。再次，分析这部分专利中有无自己可利用的专利，以及这部分专利的内容中有无属于我方专利，以便在本企业需要时实行专利的交叉许可。最后，研究本企业侵犯专利权的可能性，并预先做好相应的准备。

4. 竞争对手已授权的全部专利

之所以对这些企业已授权的全部专利进行分析，是因为这些企业已经或即将成为本企业强有力的竞争对手。通过分析其发明专利在整个专利数量中的比重，可了解其技术水平；分析其申请与授权的比例，可了解其技术成熟度；分析其国内外专利数量比，可了解其市场重点及发展趋势；分析其专利产品化的情况，可了解其专利发展战略。通过一系列的分析，基本可了解其技术研发重点、市场重点及转移趋势，以便及早采取应对措施。

5. 竞争对手拟申请的专利

之所以对这些企业进行专利调查，原因同上。由于大多数国家采取先申请制度，因此对于同样的发明，谁先申请，谁就有可能获得专利权；谁首先获得专利权，谁就能在市场竞争中获得主动权。对自己正在研发的技术，应密切注意竞争对手的技术研究动态，通过合法手段收集对方的专利申请信息，避免在专利申请上造成被动。

（十一）检索案例

1. 背景

某电缆企业准备研发一种新产品——供水上作业装置用可在水中漂浮的电缆。该产品有时被称作可以漂水的电缆、有浮力的电缆。其英文表达为 flotative cable 或 float cable。在《国际专利分类表》中，有"浮动电缆"的专门位置，其分类号为：H01B 7/12。

2. 确定检索要素

检索要素2个：技术领域：电缆；技术范围（功能）：漂浮。

技术主题名称：漂浮电缆（浮力电缆/漂水电缆/浮动电缆）。

3. 找出检索要素表达

- 技术领域：电缆 – 缆线 – cable。
- 技术范围（功能）：浮动 – 浮水 – 漂浮 – 浮力 – 漂 – 浮 – flotative – float。
- 技术领域和技术范围：（浮动电缆）H01B 7/12。

4. 填写检索要素表（参见表3-3）

表3-3 检索要素表（3）

检索主题	漂浮电缆		
检索种类	专利技术主题检索		
检索系统	CPRS		
检索要素	检索要素1	检索要素2	检索要素n
要素名称	电缆	漂浮	—
中文主题词	电缆/缆线	漂/浮	—
英文主题词	cable	flotative/float	—
IPC号	H01B 7/12		—

5. 进行中国专利检索

在界面右上方点击"中国专利"进行中国专利检索，检索界面参见图3-9。

图 3-9　中国专利检索

6. 进行世界专利检索

在界面右上方点击"世界专利"进行世界专利检索，检索界面见参图 3-10。

图 3-10　检索界面

第七节　发明创新的方法——萃智（TRIZ）[1]

一、萃智理论概述

萃智理论[2]是由前苏联发明家根里奇·阿奇舒勒（G. S. Altshuller）在 1946 年创立的。在他的领导下，前苏联的数十家研究机构、大学、企业组成的萃智研究团体，先后分析了全球近 250 万份高水平的发明专利。在此基础上，他们总结出了各种技术

---

[1] 本章节部分引用刘训涛, 曹贺, 陈国晶. TRIZ 理论及应用 [M]. 北京: 北京大学出版社, 2011: 1-247.

[2] 本章节部分引用豆丁网. TRIZ 的九大经典理论体系 [EB/OL]. (2012-01-14) [2015-05-25]. http://www.docin.com/p-382525352.html.

发展进化遵循的规律模式，制定了解决各种技术矛盾和物理矛盾的创新原理和法则，创建了一个由各种方法、算法组成的萃智理论体系。因此，萃智被认为是可以帮助人们挖掘自己的创造潜能，最全面系统地论述发明创造和实现技术创新的实用性理论。

萃智理论成功地揭示了发明创造的内在规律和原理，着力于澄清和强调系统中存在的矛盾，其目标是为了获得解决矛盾的方法或思路。它具有非妥协性和非随机性，是目前产品开发、技术改进等创新性行为的重要理论依据和实用的创新方法。实践证明，运用萃智理论，可大大加快人们创造发明的进程而且能得到高质量的创新产品。据统计，应用萃智的理论与方法可以增加80%～100%的专利数量，并可提高专利质量，提高60%～70%的新产品开发效率，缩短50%的新产品上市时间。（萃智理论在专利申请中的应用，参见本书第六章第七节）

俄罗斯、美国、德国、日本等许多国家的企业及科研机构都在应用萃智理论，实现了重大技术改进，例如波音、施乐、三星电子等公司。在这些国家中，美国的运用程度最广，受益最多。自1993年以来，美国数以百计的公司如通用汽车、克莱斯勒、洛克威尔、摩托罗拉等已经开始研究和应用，其中福特公司由萃智创新的产品每年可产生10亿美元的销售利润。1985年，萃智初次进入中国，最早与萃智相关的书籍是《发明程序大纲》，该书简要地介绍了萃智基本框架。其后1987年出版了阿奇舒勒的译著《Creativity as an exact science》，中文名称为《创造是精确的科学》。我国科学技术部高度重视萃智理论，专门立项加强对其科学方法、创新方法等方面的研究，并决心要在萃智理论的基础上，研究适合国人学习掌握的、具有中国特色的萃智理论体系。在资助企业学习萃智理论方面，浙江省已经走在全国首列，目前浙江省科技厅已经设立了面向企业培训的萃智理论专项资金。

二、技术系统八大进化法则

萃智理论由系统、思维方法和分析方法三大部分组成。经过半个多世纪的发展，萃智理论孕育出了九大经典理论体系。技术系统进化理论是其中重要的理论之一，该理论主要有八大进化法则。通过合理运用这些法则，人们可以解决难题，预测技术系统，创造或改良解决问题。

（一）技术系统八大进化法则

技术系统八大进化法则包括：（1）技术系统的S曲线进化法则；（2）提高理想度法则；（3）子系统的不均衡进化法则；（4）动态性和可控性进化法则；（5）增加集成度再进行简化法则；（6）子系统协调性进化法则；（7）向微观级和场的应用进化法则；（8）减少人工进入的进化法则。

技术系统的这八大进化法则可以应用于产生市场需求、定性技术预测、产生新技术、专利布局和选择制定企业战略的时机等。它是可以用来解决难题，预测技术系统，产生并加强创造性问题的解决工具。

（二）最终理想解（IFR）

萃智理论在解决问题之初，首先抛开各种客观限制条件，通过理想化来定义问题的最终理想解（ideal final result，IFR），以明确理想解所在的方向和位置，保证在问题解决过程中沿着此目标前进并获得最终理想解，从而避免了传统创新涉及方法中缺乏目标的弊端，提升了创新设计的效率。如果将创造性解决问题的方法比作通向胜利的桥梁，那么最终理想解就是这座桥梁的桥墩。

最终理想解有四个特点：（1）保持了原系统的优点；（2）消除了原系统的不足；（3）没有使系统变得更复杂；（4）没有引入新的缺陷等。

（三）40个发明原理

阿奇舒勒对大量的专利进行了研究、分析和总结，提炼出了萃智中最重要的、具有普遍用途的40个发明原理：（1）分割；（2）抽取；（3）局部质量；（4）非对称；（5）合并；（6）普遍性；（7）嵌套；（8）配重；（9）预先反作用；（10）预先作用；（11）预先应急措施；（12）等势原则；（13）逆向思维；（14）曲面化；（15）动态化；（16）不足或超额行动；（17）一维变多维；（18）机械振动；（19）周期性动作；（20）有效作用的连续性；（21）紧急行动；（22）变害为利；（23）反馈；（24）中介物；（25）自服务；（26）复制；（27）一次性用品；（28）机械系统的替代；（29）气体与液压结构；（30）柔性外壳和薄膜；（31）多孔材料；（32）改变颜色；（33）同质性；（34）抛弃与再生；（35）物理/化学状态变化；（36）相变；（37）热膨胀；（38）加速氧化；（39）惰性环境；（40）复合材料。

（四）39个工程参数及阿奇舒勒矛盾矩阵

阿奇舒勒发现，在其研究的所有工程参数中，仅有39个工程参数在彼此相对改善或恶化，而不同领域内的所有专利都是为了解决这些工程参数的冲突与矛盾。这些矛盾不断出现，又不断被解决。由此他总结出了解决冲突和矛盾的40个发明原理。之后，他将这些冲突与冲突解决原理组成一个由39个改善参数与39个恶化参数构成的技术矛盾矩阵。其中矩阵的横轴表示希望得到改善的参数，纵轴表示某技术特性改善引起恶化的参数，横轴和纵轴各参数交叉处的数字表示用来解决系统矛盾时所使用发明原理的编号。阿奇舒勒矛盾矩阵为问题解决者提供了一个可以根据系统中产生矛盾的两个工程参数查找化解该矛盾的发明原理的有效工具，直接为解决者指明了解决矛盾的有效途径。

（五）物理矛盾和四大分离原理

当一个技术系统的工程参数具有相反的需求，物理矛盾就产生了。比如说，要求系统的某个参数既要出现又不存在，或既要高又要低，或既要大又要小等。相对于技术矛盾，物理矛盾是一种更尖锐的矛盾，其所存在的子系统就是系统的关键子系统，系统或关键子系统应该具有为满足某个特定需求的参数特性，但其相反需求要求系统或关键子系统不能具有这样的参数特性。

分离原理是阿奇舒勒针对物理矛盾的解决而提出的，分离方法共有11种，归纳概括为四大分离原理，分别是空间分离、时间分离、居于条件的分离和系统级别分离。

（六）物–场模型分析

阿奇舒勒认为，每一个技术系统都可由许多功能不同的子系统所组成，而每个子系统都可以再进一步地细分，直到分子、原子、质子与电子等微观层次。无论大系统、子系统、还是微观层次，都具有功能，所有的功能都可分解为2种物质和1种场（即二元素组成）。

物–场分析是萃智理论中的一种分析工具，用于建立与已存在的系统或新技术系统问题相联系的功能模型。根据物–场模型中的相关定义，物质是指某种物体或过程，可以是整个系统，也可以是系统内的子系统或单个的物体，甚至可以是环境；场是指完成某种功能所需的手法或手段，通常是一些能量形式，如磁场、重力场、电能、热能、化学能、机械能、声能、光能等。

（七）发明问题的标准解法

阿奇舒勒于1985年创立标准解法。标准解法共有76个，分成5级，各级中解法的先后顺序也反映了技术系统必然的进化过程和进化方向。它是萃智理论研究的最重要的课题，也是萃智高级理论的精华。它可以将标准问题在一两步中快速进行解决，同时标准解法也可解决非标准问题。非标准问题主要应用发明问题解决算法（ARIZ）来进行解决，而ARIZ的主要思路是将非标准问题通过各种方法进行变化，转化为标准问题，然后应用标准解法来获得解决方案。

（八）ARIZ

ARIZ是基于技术系统进化法则的一套完整问题解决的程序，尤其是针对非标准问题而提出的一套解决算法。

ARIZ的理论基础由以下三条原则构成：（1）ARIZ是确定和解决引起问题的技术矛盾；（2）问题解决者一旦采用了ARIZ来解决问题，其惯性思维因素必须被加以控制；（3）ARIZ也不断地获得广泛的、最新的知识基础的支持。

ARIZ最初由阿奇舒勒于1977年提出，随后经过多次完善才形成比较完善的理论体系。ARIZ–85包括九大步骤：（1）分析问题；（2）分析问题模型；（3）陈述最终理想解和物理矛盾；（4）动用物–场资源；（5）应用知识库；（6）转化或替代问题；（7）分析解决物理矛盾的方法；（8）利用解法概念；（9）分析问题解决的过程等。

三、萃智与企业创新

目前，我国的企业尤其是中小微企业，自主创新能力不足、国际竞争力不强等问题依然突出。造成这种局面的关键原因之一在于企业缺乏新产品开发及制造技术创新的能力。迫切需要获得具体技术支持，使技术人员能够在产品的概念设计、方案设计阶段高效率、高质量地提出创新设计方案，从而提高新产品开发能力和企业的经济效益。

萃智的发明问题解决理论是解决上述问题的一种有效方法，来源于专利又服务于专利。企业应借鉴其他企业或个人对于萃智的成功应用经验，通过掌握和应用萃智有效提高企业自身的创新能力。

第四章　企业申请专利的途径及选择

第一节　申请专利前的准备

一、专利申请的基本流程

中国的专利是基于申请人的请求，国家知识产权局启动审查程序，通过审查并办理了相关手续后才授予专利权。一件专利从申请到授权需要经过的基本程序是：准备申请文件，向国家知识产权局递交申请文件，国家知识产权局受理后下发受理通知书，申请人缴纳专利申请费（费用明细参见表1-3），国家知识产权局对申请文件进行审查（实用新型只进行初步审查，发明专利申请还要进一步进行实质审查，通常还要由专利代理机构对国家知识产权局下发的审查意见通知书进行答复），如果审查通过则给予授权并下发授权通知书，申请人办理登记手续并缴纳相关费用，国家知识产权局颁发专利证书。至此，专利申请的程序才完成，申请人转变为专利权人，专利申请权转变为专利权，申请文件记载的技术方案才成为受法律保护的专利技术。

在我国，专利申请采用的是先申请原则，即两个以上的申请人先后向国家知识产权局提出相同的专利申请，国家知识产权局将专利权授予最先申请专利的个人或单位。因此如果个人或单位想要保护其发明创造，应及时申请专利，以免被他人抢先申请而丧失了自己本应获得的专利权。发明专利的申请流程可以参考图4-1，实用新型专利及外观设计专利的申请流程可以参考图4-2。

二、申请文件递交方式

（一）向国家知识产权局专利局递交

申请人将申请文件递交到国家知识产权局专利局受理处，有两种途径可以实现：第一种途径是申请人到北京，将申请文件直接面交到国家知识产权局专利局受理窗口，国家知识产权局以收到申请文件的当天作为专利的申请日；第二种途径是申请人在当地通过邮寄的方式将申请文件递交给国家知识产权局专利局受理处，国家知识产权局以邮寄的邮戳日作为专利的申请日。

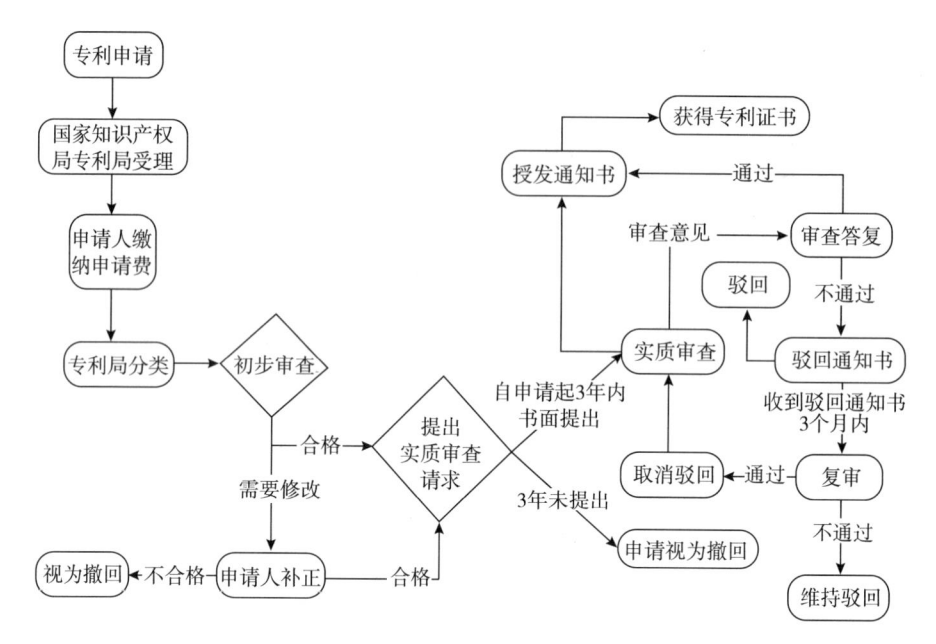

图 4-1 发明专利的申请流程

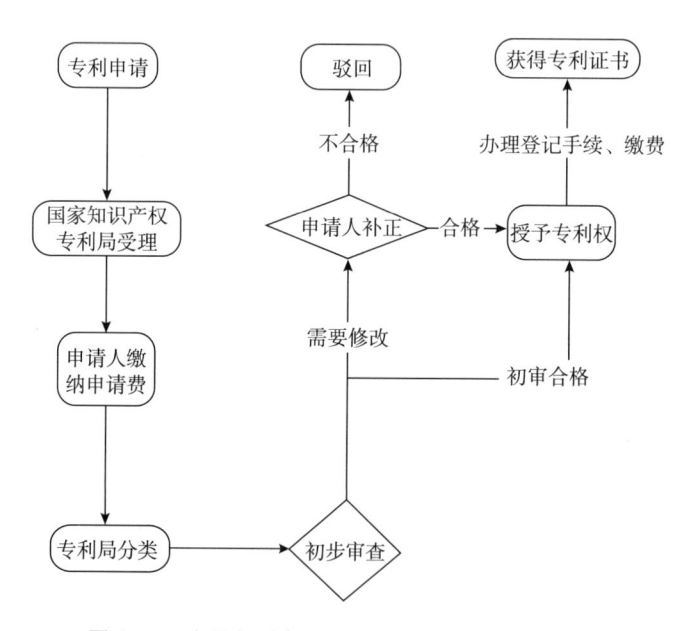

图 4-2 实用新型专利及外观设计专利的申请流程

（二）向代办处递交

申请人可以通过国家知识产权局专利局设在地方的代办处（以下简称"代办处"）递交专利申请，代办处按照国家知识产权局的要求给予受理。递交方式包括面交到代办处的受理窗口或以邮寄的方式送交"国家知识产权局专利局×××代办处"收。目前国家知识产权局专利局在北京、沈阳、石家庄、天津、济南、武汉、郑州、长沙、成都、南京、上海、杭州、广州、西安、哈尔滨、长春、昆明、贵阳、重庆、深圳、福州、南宁、乌鲁木齐、南昌、银川、合肥等地设有代办处。[1]

（三）电子申请

2004年3月12日，国家知识产权局建立了电子申请系统。申请人办理电子申请手续，需要在与国家知识产权局签订电子专利申请系统用户注册协议，办理相关注册手续，获得用户代码和密码后，通过电子申请系统向国家知识产权局以电子的形式递交专利申请。杭州杭诚专利事务所有限公司（以下简称"杭诚所"）是国内较早开展电子申请的专利代理机构，现在绝大多数专利申请都是以电子申请的形式递交。

（四）申请方式比较

向国家知识产权局专利局和代办处递交申请文件都是以纸件的形式进行，以后的通知及中间文件往来均是通过纸件的方式，向国家知识产权局专利局和代办处一般都遵循就近原则进行递交。

电子申请实现无纸化申请，直接通过电脑客户端向国家知识产权局递交申请文件，而且递交过程中能初步完成填写形式上的校对，减少后续的补正程序。通过电子方式递交申请，方便且速度快，而且接收通知也方便，相比以纸件向国家知识产权局及其代办处递交的方式而言时间更短。电子申请能够大大节省初审部的工作量，有利于后续的修改，能够明显缩短审查周期。在国家知识产权局及各级知识产权部门的积极推动下，目前电子申请成为专利申请的主要形式。纸件申请的后续文件可以申请改为电子申请，电子申请（除需要保密审查的申请外）后续文件不能改为纸件申请。

值得一提的是，杭诚所是较早参与我国电子申请系统（CPC）推广实施的专利代理机构之一。据报道，2009年浙江的专利电子申请总量达1.1万余件，电子申请总量及电子申请率均位居全国前列，其中杭诚所代理提交电子申请5100多件，电子申请率达95%以上，该两项指标均居2009年全国前茅。2010年8月26日，国家知识产权局组织召开全国专利电子申请推广使用工作座谈会，会上国家知识产权局副局长贺化发表重要讲话，特别表扬了杭诚所在电子申请方面所做出的成绩。

---

[1] 国家知识产权局. 专利申请指南［EB/OL］. (2012-06-29)［2015-05-25］. http://www.sipo.gov.cn/zlsqzn/#.

三、申请时要办理的手续

（一）办理手续的方式

在递交专利申请文件时，申请人应该以书面的形式办理各种手续，并且要使用国家知识产权局制定的统一格式的表格。以电话、传真、口头、邮件、实物等非书面形式所办理的手续不具有法律效力，均视为未提出。

（二）办理手续需要的文件

目前，国家知识产权局制定的请求类文件共有36种，除了三种请求书、权利要求书、说明书、摘要、摘要附图、说明书附图、外观设计图（照片）和外观设计简要说明等10种申请表格外，常用的手续文件还有费用减缓请求书、专利代理委托书、补正书、恢复权利请求书、要求提前公布声明、延长期限请求书、实质审查请求书、意见陈述书、复审请求书等。因此申请人要根据办理专利申请或者有关手续的类别选择相对应的文件。相关文件要按照填表须知正确填写，请求书类文件应当由申请人（或专利权人、专利代理机构）签字盖章，一份文件只允许办理一件专利申请的相关程序。

（三）办理手续时的缴费

专利申请文件递交后，要在规定的期限内完成缴费。而且各种手续的缴费期限不相同，缴纳的费用数量也不同（具体参见表1-3）。申请人要根据专利申请的具体手续来缴纳相应的费用。如果发生错缴，还要根据具体情形办理重缴、补缴或者退款手续。

（四）委托专利代理机构代为办理手续

申请人如果委托了专利代理机构代理专利申请，这时专利申请的手续全部由专利代理机构代为办理，申请人只需向专利代理机构沟通专利方案、支付相关费用即可，当然这里的费用包括了专利代理机构的代理费。以委托的方式办理专利申请，既简单又方便。如果不熟悉申请流程，建议委托代理机构来办理。

申请人自己直接办理专利申请和费用缴纳等事项虽然具有节省代理费用等好处，但也存在易于出错等问题，建议谨慎采用。

（五）手续办理的重要性

申请人向国家知识产权局提交专利申请的，必须熟悉专利申请文件的撰写、申请流程及具体的操作时间和手续，否则，轻则导致专利不能够对专利权人的创新成果进行全面保护，重则导致专利申请无法获得授权等严重的后果。

（六）手续办理的附件要求

办理手续要附具证明文件或者附件的，证明文件与附件应当使用原件或者副本，不得使用复印件。如原件只有一份的，可以使用复印件，但同时需要附有公证机关出具的复印件与原件一致的证明。

(七) 申请文件的排列要求

发明或者实用新型专利申请文件是纸件时应按下列顺序排列：请求书、说明书摘要、摘要附图、权利要求书、说明书、说明书附图。外观设计专利申请文件的排列顺序为：请求书、图片或照片、简要说明。申请文件各部分都应当分别用阿拉伯数字顺序编号。电子申请时上述排序在提交过程中由系统自动完成。

(八) 申请文件的纸张要求

各种申请文件的纸张一律采用 A4 尺寸（210mm×297mm），并应当纵向使用。文字应当自左向右排列，纸张左边和上边应各留 25mm 空白，右边和下边应当各留 15mm 空白，以便于出版和审查时使用。

(九) 手续办理的注意事项

一张表格只能用于办理一件专利申请。申请文件是邮寄的，应当用挂号信函。如果无法用挂号信函邮寄的，可以用特快专递邮寄，但不得用包裹邮寄申请文件。一封挂号信内应当只装同一件专利申请的文件。申请人或专利权人的地址发生变动的，应及时向国家知识产权局提出著录项目变更；申请人与专利代理机构解除或者变更专利代理关系的，应向国家知识产权局办理变更手续。

四、专利申请费用及期限

(一) 申请时的费用及期限

申请人自行办理专利申请的，只需缴纳国家规定的费用（俗称"官费"）即可。根据申请专利的类型不同，需要缴纳的官费也不同。申请时的官费为申请费，申请发明专利的时候还需要缴纳公布印刷费。如果申请的时候要求优先权的，还要同时缴纳优先权要求费。如果申请文件的权利要求在 10 项以上（不包括 10 项）或说明书在 30 页以上（不包括 30 页）时，申请人还需缴纳一定的申请附加费。申请费及申请附加费的缴纳期限为申请日起 2 个月内，或收到受理通知书之日起 15 日内。申请人没有在规定期限内缴纳或者缴足所需申请费的，该申请被视为撤回。要求优先权的专利申请，若申请人未在规定期限内缴纳或缴足优先权要求费的，则被视为优先权未提出。

(二) 实质审查费用及期限

发明专利申请后需要在申请日起 3 年内缴纳实质审查费。启动实质审查程序，需要审查员依据申请人的请求在收到实质审查费后才能进行。申请人要想较早地获得发明专利授权，应及时提出实质审查请求并缴纳相应的费用。

(三) 授权时的费用及期限

申请人在收到专利授权通知书后要缴纳专利登记费、公告印刷费及授权当年的年费。专利登记费、授权当年的年费及公告印刷费应当在申请人收到国家知识产权局作出的授予专利权通知书、办理登记手续通知书之日起 2 个月内缴纳；逾期未缴纳，则视为放弃该专利申请。

（四）复审费用及期限

专利申请在审查过程中被驳回，申请人认为应该授权专利的，则可以启动救济程序——提出复审请求，并针对驳回决定提出相应的理由，由国家知识产权局专利复审委员会对审查员作出的驳回决定是否正确进行复审，同时申请人应该在收到国家知识产权局作出的驳回决定之日起 3 个月内足额缴纳复审请求费。

（五）其他

专利申请过程中如果需要延长期限的，还要缴纳延长期限请求费。由于某些原因造成权利丧失，申请人想要恢复该专利申请的，还需缴纳相应的恢复权利请求费，并且提出恢复权利请求的时间还应符合相应规定的期限要求。专利授权后，为了持续获得保护，每一年都需要缴纳相应的年费；未按时缴纳当年的年费时还要缴纳相应的滞纳金。

如果出现著录项目变更，比如申请人更名、申请人地址变更等，还需要缴纳著录事项变更费。

五、准备专利申请的技术方案

常见的技术方案如图 4-3 所示。申请人应根据要求保护的技术方案的内容，准备相应的技术资料。保护对象可以分为产品、产品用途及使用方法、制作产品的设备、设备的操作方法和产品的制作工艺等，不同的保护对象需要准备不同的技术资料。下面具体对常见的保护对象所需准备的技术资料进行简要说明。

图 4-3　准备专利申请的技术方案

（一）关于产品的技术方案

若以产品本身作为专利的保护对象，在申请时申请人需要提供产品的具体物理结构或化学结构。产品的物理结构指的是产品及其组成部件的结构形状、各部件的装配关系、各部件的运动关系。产品的化学结构可以是单一成分的化学结构式，也可以是化合物的混合配方，或者复合物的组成成分。

（二）关于产品用途及使用方法的技术方案

若以产品的用途或者使用方法作为专利的保护对象，申请人需要提供产品的相关用途及使用方法。

（三）设备的技术方案

若以设备为专利的保护对象，申请人需要提供设备的形状结构、组成设备各零部件的形状结构、各零部件之间的装配关系、各零部件之间的运动关系。涉及制造生产线的还要关注每一个工序流转过程中的重要特征。

（四）设备的操作方法的技术方案

若以设备的操作方法为专利的保护对象，申请人需要提供该设备的具体操作方法。

（五）产品的制作工艺的技术方案

若以产品的制作工艺作为专利的保护对象，申请人需要提供该产品的制作工艺，包括工艺步骤、工艺环境，以及工艺改良后带来的好处。

（六）准备技术方案的总体要求

国家知识产权局对于每件专利申请都有明确的要求：有明确的发明目的、完整的技术方案，且要说明该技术方案如何实现该发明目的，能产生相应的技术效果。申请人根据上述要求准备相应的素材，尤其是申请人认为该技术方案中的创新点应该更加详细、重点地进行说明。申请人在提供技术资料的时候，要采用行业内的技术术语，对于非行业术语或者容易引起歧义的用词，要进行清楚的解释说明。

六、确定专利申请的类型

（一）发明、实用新型及外观设计专利的不同特点及不同作用

（1）发明专利

发明专利的特点是，对创造性的要求较高、保护期较长、审批周期较长、申请费用较高。发明专利申请可以提前公开，当企业发现竞争对手有仿制的可能的时候，可以将很多同类专利合并罗列，利用发明专利申请提前公开，阻止竞争对手申请相应的专利，因为此时竞争对手申请专利需要创造性。尤其是产品即将上市的时候，由于竞争对手可以从产品中得到相关技术，因此必须公开相应的技术。此外，发明专利申请的一个优点是可以在实质审查阶段主动修改权利要求或按审查员的要求修改权利要求书，也可以将说明书的某些内容补入权利要求书。

（2）实用新型专利

实用新型专利不包括方法，涉及的只是产品，而且这种产品必须是有一定固定形状的产品。实用新型专利授权较快，通常对可以申请实用新型的形状或结构类专利，在申请发明专利的同时，同时申请实用新型专利，以使技术更快地得到保护。对于一

些更新换代较快的技术项目，也可以通过申请实用新型专利来获得保护。另外，实用新型的权利要求一旦确定，基本上是无法修改的，这一点与发明专利相比具有一定的缺陷。

（3）外观设计专利

外观设计实际上是对产品的外表所作的设计。外观设计专利通常用来保护那些无法申请发明或实用新型专利的、具有潜在商业利益的外观设计。

很多企业不重视外观设计专利，总认为简单的外形改变没有什么技术含量，但实际上外观设计专利保护的是一个新产品独有的艺术性的外形。产品新颖美观的外表一旦被消费者认同，就能刺激消费者的购买欲，大大提高产品的竞争力，提高企业在行业中的知名度。这对于一个企业在市场竞争中取胜是至关重要的。

【案例4-1】一项外观设计专利成就了一家企业

一项专利技术，可以成就小企业传奇式的发展，仿佛施了魔法般地使陷入危机的企业脱胎换骨，使大企业摆脱困境且不断做大做强。桐庐光华文化用品有限公司依靠一项笔的外观设计专利，"点石成金"让企业成功发展十几年，目前的产量仍然远远超过同行业其他企业几十倍。

"一元多钱一支的笔，能够有什么发展前途？"这大概就是大多数人的想法。但是，正是一支小小的笔，却成就了一家企业。早在十几年前，桐庐光华文化用品有限公司的负责人自主研发了一款外形独特的笔，如图4-4所示。当时没有人会想到，就是这款笔，为该企业带来了无限的发展商机。当时该企业的负责人在杭诚所的代理人劝说下，对这款笔申请了外观设计专利（CN200430022137.4）。自此，该款笔由于受到专利保护，销量一路上升，凭借这个垄断技术带来的丰厚利润，该企业也一路发展壮大。

图4-4 笔的立体图

"一个专利，成就了一家小企业的成长传奇。"尝到的专利垄断的甜头，该企业每年都有专利申请，到目前为止已申请专利近百件。通过专利实现一定时期内的技术垄断，进而控制产品价格，确保持续稳定盈利，这样的模式越来越被企业认同。

【案例4-2】小专利，也能创造大财富

1930年，3M公司的员工Richard Drew发明了透明胶带，并取得了美国和英国专利，使得3M成为胶带行业的第一品牌。3M公司凭借该项专利，在万亿级的国际市场上获得较大的市场份额，实现了经济的快速增长。

又如，1971年，地球工业董事长夫人张周美女士针对表面平滑且有韧性的胶带难以撕开的问题，发明了一种带有凹凸纹路的胶带，并申请了台湾地区实用新型专利，专利号为TW10061。地球工业在该专利获得授权后，开始大规模控告其他12家同行企业仿冒侵权,其中四维、亚化两家企业和地球工业这场专利诉讼案件比较胶着。直到 1984 年,台湾地区"高等法院"才确定刑事判决:四维和亚化的负责人需要对侵权行为承担刑事责任,并且在 1985 年附带的民事赔偿审结后,宣判两家侵权企业须支付给地球工业赔偿金,连本带息累计高达 16 亿台币。

这两个实例说明,如果将在生活中一些不太起眼的改进或发明及时申请相应类型的专利,并且通过专利的垄断性、受法律保护等特性,使得企业在市场中收获意想不到的财富。❶

(二) 不同类型专利的比例关系

对于一个企业来说,应根据其行业特点,合理确定发明专利、实用新型专利及外观设计专利的比例。对于重要的核心专利,应当申请发明专利或同时申请发明专利及实用新型专利;对于一些非关键结构的改进,可以申请实用新型专利;而对于有商业价值的外观结构设计,则可以申请外观设计专利。

(三) 申请国别

企业在申请专利时还要根据实际情况确定适宜的申请国别。对于大多数产品仅限于国内销售的企业来说,通过申请中国专利即可;而对于某些技术特别先进、有可能向国外输出的技术或其产品有可能用于出口的技术,则应当考虑在相应的国家或地区申请专利;对于一些短时间无法确定是否出口的技术,则可以先递交 PCT 专利申请,在 30 个月的优先权期限内确定是否在某国申请专利,这样可以基本搞清产品的市场前景,提高专利申请的针对性。

此外,有可能的话,专利申请还可以与其他知识产权比如商标权、著作权等一起考虑,进行交叉布局,实现全方位保护。

另外,当所申请的内容涉及国防利益或者对国防建设具有潜在作用需要保密时,申请人须直接提交国防专利申请。国防专利机构会定期派人到国家知识产权局查看普通专利申请,发现其中有涉及需要保密内容的,经国家知识产权局同意后转为国防专利申请,并通知申请人,然后由国防专利机构依照《国防专利条例》的有关规定对该国防专利申请进行审查。国防专利权的保护期限为 20 年。这是特殊的专利类型,通常是被动选定的。

(四) 根据申请目的来确定申请类型

专利申请的类型主要按照申请人的申请目的确定,尤其是企业作为申请人时,要结合企业的专利战略进行选择。例如,一个创造性高的技术方案有时也可以申请实用新型专利,因为实用新型专利相比发明专利授权时间短,从而能及早得到授权并予以保护;而一个创造性看似较低、但非常关键的技术方案也可以申请发明专利,尤其是已经预见到将可能出现专利之争,申请人可通过提早公开的方式来防止出现对手获得

---

❶ 黄晓庆,魏冰,王振凯,等. 创新之光:企业专利秘籍 [M]. 北京:知识产权出版社,2013:82.

专利权的不利局面。要想获得专利权,则需要在技术特征方案的挖掘、撰写等方面有更好的技术能力才行。

(五) 兼顾技术方案与申请目的来确定申请类型

有时候也会考虑同时申请发明专利和实用新型专利,尤其是重要的技术方案,比如产品设计已经完成正在试制,样品出来通过调试准备投放市场,此时时间比较急,如果将这么重要的技术方案单独申请发明专利,由于发明专利审查周期长,不能尽快获授权,如此长的审查周期内容易被他人仿制,因此应同时申请实用新型专利,利用实用新型专利申请周期短的特点,相比发明专利提前获得授权。实用新型授权,产品也正好定型上市,一上市就能通过实用新型专利得到保护。直到发明专利授权,再由发明专利接着保护。但必须保证此时的实用新型专利是有效的,否则发明专利会因涉嫌重复专利授权而可能得不到专利法的保护。

当然,若该两件专利的权利要求书的内容有所不同的话,该两件专利可以彼此独立存在或者放弃,也可以独立行使权利。

(六) 根据技术方案来确定申请类型

涉及产品物理结构、制作产品的设备的,可以申请发明专利和实用新型专利;根据技术方案的创造性高低,申请人可在发明或实用新型申请中作适宜选择:创造性高的技术方案一般都申请发明专利,创造性低的技术方案一般都申请实用新型专利。涉及产品化学结构、产品的用途和使用方法、设备的操作方法和产品的制备工艺的只能申请发明专利。

(七) 确定专利申请的时机

要紧密结合企业的专利战略及实际需求进行专利申请。一般来说,在技术方案构思过程中就应该考虑专利申请,如在技术方案讨论完善过程中形成创新点则增加相应的专利申请,技术方案定型后根据产品的定位或企业的发展需求补充专利申请,技术方案实施中考虑相关联技术的专利申请。

(八) 涉外专利的申请

由于专利保护有较强的地域性,中国专利仅在中国大陆范围内受保护,要在国外或者中国港澳台地区得到专利保护,要另行申请相应的专利进行保护。如果企业有国际市场或者未来需要向国外市场发展,那么为了保护本企业的技术或者产品在国外避免专利侵权,有效的做法是通过专利代理机构,采用《巴黎公约》或者 PCT 申请的途径,取得国外或港澳台地区的专利保护。

1. 《巴黎公约》

目前大多数国家都加入了《巴黎公约》。《巴黎公约》对优先权的规定是:在任一成员国提出发明或实用新型专利申请后,再向其他成员国提出申请时可以享有 12 个月的优先权;对于外观设计专利申请,可以享有 6 个月的优先权。在此期间内有关该申请的任何公开或使用,不影响该申请的新颖性。

2. PCT

PCT 是《巴黎公约》下的一个专门性条约，在任何一个 PCT 成员国提出的专利申请，可以视为在指定的其他成员国同时提出了申请。

PCT 申请的审批程序分为国际阶段和国家阶段。国际阶段进行受理、公布、检索和初审，国家阶段由具体的国家局进行审查和授权。

提出 PCT 申请相当于同时向所有缔约国递交了专利申请，完成了 PCT 申请的国际阶段；若要获得某国的专利权，必须在 30 个月内将该专利在该国提出申请，进入 PCT 申请的国家阶段。

提出 PCT 申请的优先权时限，与《巴黎公约》相同，必须在 12 个月内（以最早申请的申请日起算），同时还必须做好专利申请文件的准备。如果超过了 12 个月，无论通过什么程序都不可能延伸到国外取得国外专利的保护了，只有在原技术上进行改良的方案（在先专利申请未公开的需要满足新颖性要求，已公开的必须满足创造性要求）才有希望申请国外专利的保护。

3. 向其他国家直接申请专利

有些国家或地区不是《巴黎公约》和 PCT 的成员国，只能依据该国家或地区的要求提出专利申请。

4. 通过《欧洲专利公约》申请欧洲专利

《欧洲专利公约》规定其专利权自申请日起 20 年，一次可指定 20 余个国家保护其专利，以便于管理。如果申请人意欲在 3 个以上欧洲国家申请专利，通过该条约将比向各缔约国逐一提出申请更迅速、经济。

第二节　企业自己撰写专利申请文件并提出申请

一、专利申请要递交哪些文件

专利申请要递交的文件分为图 4-5 所示的几类。

图 4-5　专利申请要递交的文件

（一）专利申请时的文件

企业自己撰写专利申请文件来申请专利，应向国家知识产权局提交根据《专利法》第 26 条规定的请求书、说明书、权利要求书、说明书附图、说明书摘要和摘要附图或者《专利法》第 27 条规定的请求书、图片或者照片、简要说明等专利申请文件。如果申请人符合国家规定的费用减免政策的，在提出专利申请的同时还要提交费用减缓请求书及上级部门盖章的费用减缓证明文件等。

（二）申请后提交的文件

专利审查周期中还会提交补正书、意见陈述书、申请文件的替换页或者著录项目变更请求书及相关证据材料，申请发明专利的，还要在专利申请的同时或者专利申请之后提交实质审查请求书。申请人想要提前对发明申请文件进行实质审查，还要提交提前公开请求书等。

值得一提的是，由于专利申请文件是否提早公开，不仅会直接影响该专利申请文件所涉及的技术方案是否公开的问题，而且同时还直接影响到本公司后续专利申请是否会破坏专利的新颖性问题，因此，这是设计企业专利申请策略中的重要一环。

（三）驳回后要求救济的文件

如果专利申请审查过程中被驳回，申请人不认可审查员的意见，还可以启动救济程序，在有效期限内向国家知识产权局提交复审请求书及相关的理由或修改的申请文件。

（四）申请时的保密要求

如果申请的发明、实用新型专利申请涉及国家安全或重大利益的，需要进行保密，申请人在提出专利申请的同时，应当在请求书上勾选相应的保密项，以作出要求保密的表示，并且其申请文件应当以纸件形式提交。除此之外，申请人也可在发明专利申请进入公布准备之前，或者实用新型专利申请进入授权公告准备之前，提出保密请求。申请人在提出保密请求之前，若其申请的内容已被确定为涉及国家安全或重大利益的，在申请时还应当提交有关部门作出的确定密级的特定文件。国家相关部门若认为该专利不属于保密专利时，则退回至普通专利的审查流程，并在 18 个月内公开。

二、专利申请文件的撰写要求[1]

（一）申请文件总体要求

专利申请文件作为一份法律文件，每个段落有其规定的格式和含义。

向国家知识产权局申请专利，专利申请文件以及其他文件应当使用中文，由外国政府部门出具、形成的证明材料除外。并且为了提高申请效率，专利申请文件及其他文件应当正确使用汉字、词、句及其语法。

---

[1] 部分引用或参见北京路浩知识产权代理有限公司，北京御路知识产权发展中心. 企业专利工作实务[M]. 北京：知识产权出版社，2009.

(二) 书写要求

请求书、权利要求书、说明书、说明书摘要、说明书附图和摘要附图中文字部分以及简要说明应当打字或者印刷，上述文件中的数学式和化学式可以按照制图的要求手工书写。其他文件除另有规定外，可以手工书写，但字体应当工整，不得涂改。各种文件应当使用宋体、仿宋体或者楷体，不得使用草体或者其他字体。除文件另有规定外，纸张应当单面、纵向使用，自左至右横向书写，不得分栏书写。一份文件不得涉及两件以上专利申请，一页纸上不得包含两种以上文件，即使当一种文件字数较少，占用的页面小，该页面空白的部位也不能再包含其他种文件。❶

(三) 盖章

所有手续文件都必须根据请求书中所填写的名称、姓名等内容，按规定进行签字或盖章，做到签章和申请时的名称相一致。向国家知识产权局提交的专利申请文件或者其他文件，应当按照规定签字或者盖章。企业自己申请专利，应当由申请人、其他利害关系人或者其代表人签字或者盖章。

(四) 标准表格要求

办理专利申请手续时应当使用国家知识产权局制定的标准表格，申请人以非标准表格提交的文件或者存在缺陷时，审查员可以根据有关规定发出补正通知书或者针对该手续发出视为未提出通知书。但是申请人在答复补正通知书或者审查意见通知书时，提交的补正书或者意见陈述书为非标准格式，只要在提交的文件中写明申请号，表明是对申请文件的补正，并且签字或者盖章符合规定的，可视为文件格式符合要求。

(五) 说明书撰写过程中固定的形式要求❷

说明书第一页第一行居中应当写明发明创造的名称，该名称应当与请求书中的名称相一致，在发明创造名称前不得冠以"发明""实用新型"或者"名称"等字样，发明创造名称与说明书正文之间应当空一行。说明书的格式应当包括以下各部分：技术领域、背景技术、发明内容、附图说明、具体实施方式，并在每一部分前面写明该部分的标题。

1. 技术领域

技术领域部分主要体现要求保护的技术方案所属的技术领域，或者是直接应用的具体技术领域，不是上位或者相邻的技术领域。

2. 背景技术

背景技术部分应当写明通过专利检索等途径获得的，对发明创造的理解、检索、

---

❶ 杭州杭诚专利事务所有限公司. 办理专利申请 [EB/OL]. (2009-10-12) [2015-05-25]. http://www.hczl.com/kzs4.asp.

❷ 国家知识产权局. 申请文件准备 [EB/OL]. (2012-06-29) [2015-05-25]. http://www.sipo.gov.cn/zlsqzn/sqq/sqwjzb/201310/t20131025_862569.html.

审查有用的背景技术。背景技术的描述可以直接记载技术内容，也可以引用其他文件。引证的文件可以是专利文件，也可以是非专利文件，比如报纸、杂志、手册和书籍等。引证专利文件的，至少要写明专利文件的国别、公开号或者专利申请号，最好再写明引证专利文件的公开日期；引证非专利文件的，要写明引证文件的标题和详细出处。引证之后，最好还要客观地指出现有技术中存在的问题或缺点，但需要与该技术方案所解决的问题和克服的缺点有关联。

3. 发明内容

发明内容部分应当清楚、完整、客观地写明以下内容。

（1）解决的技术问题

应当用正面的、简洁的语言客观且有根据地反映发明要解决的技术问题，并且应与技术方案所产生的效果相一致。一件专利申请的说明书可以列出技术方案所要解决的一个或多个技术问题，但是这些技术问题都应当与一个总的发明构思相关，否则该专利申请文件将存在单一性的问题（依照《专利法》需要办理分案手续）。解决这些技术问题的技术方案都应当在说明书中加以描述。在一件专利申请文件中可以有层次地写出多个发明创造的目的或者所欲解决的技术问题。

（2）技术方案

至少应包含全部必要技术特征的总的技术方案，还可以包含若干个其他附加技术特征的进一步改进的技术方案。除了说明这些技术特征外，还要对这些技术特征之间的相互关系、工作方式以及必需的技术参数作出清楚的说明。对于克服技术偏见的发明或者实用新型，还应当解释为什么说该发明或实用新型克服了技术偏见、新的技术方案与技术偏见之间的差别等。说明书的技术方案部分还可以对权利要求书的一些技术特征及其机理等进行解释与说明，以便确定该技术特征在整个技术方案中的范围和作用，尤其是当这些技术特征使用非技术术语时，就需要在说明书中对该技术术语进行注明，以免产生歧义。

（3）有益效果

有益效果指由构成发明创造的技术特征直接带来的技术效果，或者由所述的技术特征必然产生的技术效果。通常，有益效果可以有产率、质量、稳定性、精度和效率的提高，能耗、原材料、部件、工序的节省，加工、操作、控制、使用的改变，环境污染的治理或根治，以及新增有用的性能等。

（4）附图说明

如果说明书有附图，则应当包括附图说明部分。在附图说明部分，应当写明每幅附图的图名，并对图示的内容作简要说明。附图不止一幅的，应当对所有的附图都作出说明。附图可以是各种原理图、透视图、剖视图、框图以及工艺流程图等。附图中除了少量的文字外，例如"水""汽""开""关""A-A剖面"，不应有其他注释，也不能标注尺寸等。

（5）具体实施方式

具体实施方式对要保护的技术方案以举例的方式进行说明。具体实施方式对技术方案的充分公开、理解和实现发明或者实用新型，以及支持和解释权利要求都是极为重要的。具体实施方式中应当详细描述申请人认为实现发明或者实用新型优选的具体的实施方式，有附图的，应当对照附图进行说明。说明书实施例的个数，取决于权利要求中技术特征的概括程度、并列选择要素的概括程度和数据的取值范围。上位概括的程度越大，所需要的实施例就要求越多，一般来讲，每一个并列的要素都需要有相应的实施例支持，除非是一种简单等同的替换。以数值范围概括的，通常应当给出两端值的实施例；如果数值范围较宽时，还应当给出至少一个中间值的实施例。具体实施方式中的技术特征在附图中有附图标记的，都应该在该技术特征后面加上附图标记。

说明书文字部分可以有化学式、数学式或者表格，但不得有插图。说明书无附图的，说明书文字部分不包括附图说明及其相应的标题。说明书文字部分有附图说明的，那么说明书应当有附图；说明书有附图的，说明书文字部分应当有附图说明，附图与附图说明须一一对应。

不少专利代理人或者撰写人不太重视具体实施例的撰写是错误的。笔者建议在撰写具体实施例时，不要考虑专利具体要求保护的内容，而是采用"看图说话"之类的方法，尽可能细致地描述实施例的每一个细节，从静态的位置关系，到动态的运动过程，切勿复制、照抄权利要求书，否则常常会使申请人在发明专利答辩审查意见或者在进行专利宣告无效的审理中处于极为不利的境地。

（六）涉及核苷酸或者氨基酸序列的要求

如果企业申请专利的技术方案涉及核苷酸、氨基酸序列的，应当将该序列表单独作为说明书一个部分，并单独编写页码，在专利申请的同时提交一份与该序列表相一致的计算机可读形式的副本，比如光盘或者软盘。

（七）说明书附图要求

说明书附图应当使用制图工具（含计算机等）和黑色墨水绘制，不能着色和涂改，不得使用工程蓝图作为说明书附图，更不能使用照片或者扫描件。附图中未出现的附图标记不得在说明书文字部分中提及，说明书文字部分未提及的附图标记不得在附图中出现，尤其要注意使用阿拉伯数字编号标记附图内的附图。在同一申请文件中，表示同一组成部分的附图标记应当保持一致，相同的组成部分使用同一附图标记，不同的组成部分使用不同的附图标记。说明书中文字部分出现的附图标记直接处于该附图标记对应的组成部分的名称后面。框图、流程图等应当作为相应附图，并在其框内标注必要的文字、符号。

（八）说明书撰写的实质要求❶

说明书在撰写中除了形式上的要求外，还有实质性要求。《专利法》第26条第3款规定，说明书应当对发明或者实用新型作出清楚、完整的说明，以所属技术领域的技术人员能够实现为准。

1. 说明书的内容应当清楚

具体包括两个方面：（1）主题要明确。说明书应当从现有技术出发，明确地反映发明或者实用新型相对于现有技术所要解决的技术问题及解决该技术问题所采用的技术方案，同时描述该技术方案与现有技术相比存在的技术效果或者技术进步。通俗来讲，就是发明或者实用新型明确说明想要做什么、如何去做以及做了后产生什么样的效果，从而使得所属技术领域的技术人员能够确切地理解该发明或者实用新型要求保护的主题。（2）表述要准确。说明书应当使用所属技术领域的技术术语，准确地表达发明或者实用新型的技术内容，不能含糊不清或者模棱两可。技术问题、技术方案和技术效果要相互对应，不能出现相互矛盾或者不相关联的情形。

2. 说明书应当完整

说明书应当包括《专利法实施细则》第18条规定的内容，不得缺少帮助理解和再现该技术方案具备新颖性、创造性和实用性所需的内容。具体来讲，除技术秘密需要保密外，任何区别于现有技术的内容，以及本领域技术人员无法从现有技术中直接、唯一得出的有关内容，均应当在说明书中描述。

需要注意的是，不论是故意地，还是无意地将技术方案某些技术要点未写入说明书中，如果审查员认为专利申请文件有隐匿重要的技术要素而导致技术方案不完整的话，申请人无法事后再将其补入说明书中（《专利法》第33条和第26条第4款明确规定修改不能超范围），因此将会产生专利申请被驳回的风险。

3. 能够实现

能够实现是指所属技术领域的技术人员按照说明书记载的内容，不需要花费创造性劳动，就能够实现该发明或者实用新型的技术方案，解决记载的技术问题，并且能产生预期的效果。也就是说明书要充分公开技术方案，如果所属技术领域的技术人员根据说明书的记载，还需要付出创造性劳动或者超出常规实验条件才能再现要求保护的发明创造并取得预期的效果，则说明该发明创造未在说明书中得到充分公开，同样会成为审查员驳回该专利申请的理由。

（九）权利要求书的要求❷

《专利法》第26条第4款和《专利法实施细则》第20条规定，权利要求书应当以说明书为依据，说明发明创造的技术特征，清楚、简要地表述请求保护的范围。

权利要求书应当以说明书为依据，清楚、简要地限定专利保护的范围。权利要求

---

❶ 部分引用国家知识产权局. 专利审查指南2010 [M]. 北京：知识产权出版社，2010.

❷ 部分引用国家知识产权局. 专利审查指南2010 [M]. 北京：知识产权出版社，2010.

书中可以插入化学式、数学式,但是不得使用与技术方案无关的词句,一般情况下不能插入图表。

权利要求书可以由多项相互之间存在必然联系的权利要求构成,一件权利要求书中存在几项权利要求的,则应使用阿拉伯数字逐项进行编号(即一项权利对应一句),仅在该权利要求的结尾处使用句号。通过引用说明书附图中相应的附图标记,可以帮助理解权利要求所记载的技术方案,但是这些附图标记应当与说明书附图中的附图标记一一对应,权利要求书中的附图标记应当放在相应的技术特征后,并建议在附图标记上加括号。

(十) 独立权利要求的格式❶

权利要求主要有独立权利要求、从属权利要求两种。独立权利要求应当从整体上反映专利申请的技术方案。除必须用其他方式表达的以外,独立权利要求应当包括前序部分和特征部分。前序部分由两部分组成,分别为专利申请的技术方案的主题名称和专利申请与最接近的现有技术共有的必要技术特征,特征部分使用"其特征是……""其特征在于……"或者类似的用语,写明专利申请的技术方案区别于最接近的现有技术的技术特征。

由于独立权利要求中所述的技术特征直接关系到专利保护范围的大小与虚实,同时还直接影响到该发明创造是否具备创造性而能否被授权,以及授权后专利权的稳定性,通常它是整篇专利申请文件的核心所在,而且稍有失误,例如写入了非必要的技术特征等,都将导致无法弥补的损失,因此,申请人应当对此予以高度的重视。

(十一) 权利要求的主题名称

权利要求的主题名称要和说明书的发明创造名称相对应,说明书的发明创造名称可能具有多个主题,但是一个独立权利要求只能包含一个主题。比如,说明书的发明创造名称是一种产品、产品的制造设备及产品制造工艺,则这个发明创造名称包含三个主题,分别为产品主题、产品的制造设备主题和产品制造工艺主题,而权利要求书是以说明书为依据,因此整个权利要求书也具有三个主题,但是三个主题分别处于不同的独立权利要求中,每一独立权利要求均只包含一个主题。这种在同一件专利申请中包含有若干个独立权利要求的专利申请通常称为合案申请。

(十二) 从属权利要求

从属权利要求包含引用部分和限定部分。其中,在引用部分中应当写明引用的权利要求所在编号以及与独立权利要求相一致的主题名称,限定部分应当用附加的技术特征,对引用的权利要求作进一步的限定。对应一个主题名称的独立权利要求只有一项,但是对应该主题名称的从属权利要求可以有多项。

---

❶ 部分引用国家知识产权局. 专利审查指南 2010 [M]. 北京:知识产权出版社,2010.

从属权利要求的引用规则是：只能引用在前的权利要求，引用两项以上权利要求的多项从属权利要求只能以择一的方式引用在前的权利要求，并不得作为被另一项多项从属权利要求引用的基础，即在后的多项从属权利要求不得引用在前的多项从属权利要求。进行适宜的组合或分配表达，这也是一个能展现撰写人功底的地方。

此外，在引用从属权利要求时，重要的是还要充分考虑到各技术特征间的上、下位及关联性等逻辑关系和该专利攻防的属性以及专利内部布局等方面的需求。

权利要求之间的关系如图 4-6 所示。

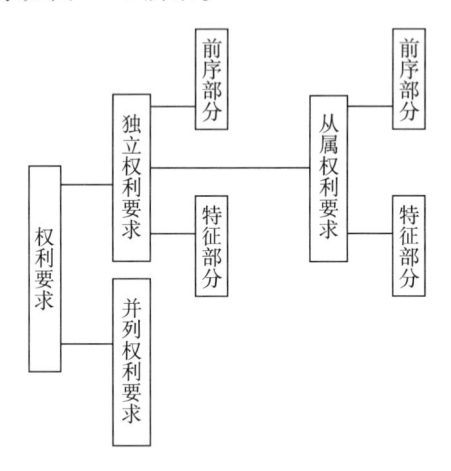

图 4-6 权利要求之间的关系

三、专利申请文件的作用

（一）专利申请文件的总体作用

专利申请文件的总体作用有[1]：（1）是启动国家知识产权局对专利申请的审批程序的请求声明；（2）是专利主管机构对申请人的发明创造进行审查（包括修改是否超范围）的原始依据；（3）专利授权后向全社会公开其提交专利申请并要求保护的发明创造的内容；（4）通过专利申请文件阐明申请人主张其权益的保护范围；（5）是法院判断他人是否侵权的依据；（6）是一种重要的技术信息来源，行业及企业可通过分析和利用获得重要的技术和经济等方面的情报，大幅减少重复性科研的浪费，少走科研探索的弯路。

（二）专利请求书的作用

专利请求书记载的是重要的著录项目信息，其中关于发明人、申请人以及发明创造类型的基本信息，均是请求国家知识产权局启动对该专利申请审批程序的依据。请

---

[1] 杨铁军. 企业专利工作实务手册 [M]. 北京：知识产权出版社，2013.

求书是确认专利授权的主体，也是发明人荣誉的体现。

（三）权利要求书的作用

权利要求书记载了发明或者实用新型的主要技术特征，是对以说明书为依据的一种技术方案的概括和总结。说明书则对申请人的技术方案作了详细描述，使相关领域技术人员能够不付出任何创造性劳动即可直接实施发明或者实用新型专利公开的技术方案。

申请人要获得专利权，就必须以公开自己的技术方案为前提，专利申请被批准后的授权文本记载的技术方案是判断侵权与否的依据。

《专利法》第59条第1款规定："发明或实用新型专利权的保护范围以其权利要求的内容为准，说明书及附图可以用于解释权利要求的内容。"

从《专利法》的规定来看，专利权的保护是以权利要求书所记载的内容为准，说明书和附图用来对权利要求书记载的内容进行解释。从属权利要求是对独立权利要求进一步限定，因此独立权利要求记载的内容的范围最广，所以独立权利要求的内容是整个专利文件的核心，也是最大可能对专利权人的技术进行保护的内容。因此独立权利要求的撰写是专利申请中的重点。独立权利要求限定的保护内容准确到位，对以后的专利保护工作至关重要。独立权利要求的范围限定得大，则记载的特征就少，或者使用的特征更加上位，这就比较容易包含已有的技术，使得该专利申请可能因为缺少必要的技术特征而丧失新颖性和创造性，导致无法获得授权。独立权利要求的范围限定得小，则记载的特征就多，或者使用的特征更加具体下位，虽然通常这有利于满足专利的新颖性和创造性，利于专利申请的授权，但也容易将一些非必要技术特征限定进去，给后续的专利保护带来很大的隐患。

因此，如何恰当地把握各项权利要求选用特征的度，尤其是选择较佳的角度挖掘出潜在技术特征并有层次地表达，是一个专利代理人需努力练就的执业技能。

（四）申请文件质量高低的影响

从专利申请文件的作用来看，其质量的高低对企业的影响主要有以下两个方面。

1. 决定企业是否能够获得相应的专利权以及获得专利权的范围

后续的审查均是以首次递交的专利申请文件为准，基于公平原则，即便是对申请文件进行修改，也不能超出原始申请文件记载的范围，修改限于形式上的修改和能够根据原始文件直接、毫无疑义地确定的内容修改。国家知识产权局对于修改是否超范围的审查把控得较为严格，例如删除一句话，甚至是一个字也会被认定为超范围，因此递交专利申请文件时，专利要求保护范围的确定显得十分重要。一旦权利要求书确定的保护范围不恰当或者没有将重要的区别特征挖掘出来，或者得不到说明书的支持，均可能导致权利要求的保护范围缩小，或者保护的特征不重要而失去申请专利的意义，甚至丧失可能获得的专利权。

2. 确定是否侵权的依据

企业将其技术方案公布后，作为对价，国家给予相应的法律保护，以保护企业的利益。一旦侵权行为发生，则可以根据授权文本记载的技术方案来确认侵权行为是否成立，以保护专利权人的利益不受到非法侵害。而授权文本是在专利申请文件的基础上直接或修改后确定的，不会也不可能超出专利申请文件记载的原始范畴。有不少申请人喜欢使用模糊不清及不确定的文字表述，给后续的司法认定带来了很大的不便和麻烦，甚至会导致实质侵权的行为被认定为不侵权。

可见，专利申请文件质量的控制对于企业而言，不仅只是确定专利要求保护的范围，有时还会进而影响企业的专利战略布局和企业的竞争力。

（五）高质量申请文件的特征

一般而言，企业专利申请除了以量取胜外，重要的还要有以质取胜的专利。高质量的专利申请文件一般应具备以下特征：（1）主题准确，且主要的创新点抓得准、恰当；（2）权利要求书及说明书的描述清楚；（3）权利要求书及说明书的表述适当、有效，且公开充分的程度与专利寻求保护的范围和内容相适配；（4）权利要求书中的独立权利要求与从属权利要求间的层次分明，构架合理，符合逻辑性，保护范围恰当；（5）发明目的、技术方案和技术效果及其间的关联性与背景技术相比更能够突现出创造性；（6）说明书附图清楚且正确反映技术方案的内容，尤其是能够显现其创新点的细节。

四、撰写专利申请文件常见的错误或缺陷

（一）权利要求书的形式错误或缺陷

（1）权利要求的主题名称不准确，不能够准确地说明该权利要求的类型，即权利要求的主题名称无法区分保护的技术方案涉及的是产品还是方法（比如：一种潮汐发电技术，技术是一种涉及产品或方法的笼统性描述，单独看主题名称不清楚该权利要求的类型是产品权利要求还是方法权利要求）。

（2）权利要求的主题名称模糊不清，或权利要求的主题名称与权利要求的技术方案不一致，或一项权利要求的主题名称中既含有产品又含有方法。

（3）从属权利要求缺乏引用基础，即从属权利要求所限定的附加技术特征既未从其引用的权利要求的技术特征出发，也未给出新增加的附加技术特征与引用的权利要求中的技术特征之间的关系。

（4）从属权利要求所限定的主题名称与其所引用的权利要求的主题名称不一致。

（5）从属权利要求的引用关系不合理。例如引用关系单一，引用串联的条数过多直接导致保护范围过窄等。

（6）权利要求中使用的词语的含义不清楚，未使用技术术语，自造的词语未对其进行解释。

（7）从属权利要求的保护范围超出了其直接或者间接引用的权利要求的保护范围。

（8）权利要求的上位概念概括不合理，概括得太大，而说明书未能通过多个实施方式来支持该上位概念。

（9）权利要求记载的技术特征太多，没有全部在说明书中记载或者反映。

（10）独立权利要求未采用概括性的描述，只使用了说明书中具体实施方式的技术特征。

（11）从属权利要求包含了与实现其技术效果无关的非必要技术特征。

（二）权利要求书的实质错误或缺陷

（1）权利要求中对产品仅列出了各部件的名称，而没有限定各部件之间的连接关系、运动相互作用关系或者是信号传送关系等。

（2）对于单个的独立权利要求，想要解决的技术问题太多或者太具体，进而不能被所对应的独立权利要求中的技术方案实现或者只是部分地实现。

（3）独立权利要求中的技术方案仅仅是本领域的现有技术，是本领域技术人员的公知常识，未涉及本发明创造的发明点，独立权利要求缺少新颖性，即使是已经获得授权的实用新型专利也极易被宣告无效。

（4）权利要求书中存在单一性的问题：同一申请文件中的几项发明或实用新型针对的是技术方案中的同一技术点，但是它们之间不存在相同或相应的特定技术特征；同一申请文件中具有几项描述不同类型的发明的独立权利要求，从形式上看相互之间有一定的关联，但是实质上却没有解决技术问题所需的相同或相应的特定技术特征。

（5）独立权利要求没有记载解决发明或者实用新型技术问题所需的全部必要技术特征，尤其是缺少有创新的技术特征。

（6）独立权利要求中除了记载技术方案所需的必要技术特征外，还记载了非必要技术特征（例如具体的数值点、普通零件等），尤其是在前序部分中不经意地写入了非必要特征，更显得不值得。

（7）没有将方法的技术特征与结构的技术特征分别撰写成不同的独立权利要求，即在同一个独立权利要求中既含有结构（或机构）特征，同时还含有方法特征或者工艺、条件等特征，写成了功能性或者混淆式权利要求，类型混淆不清楚。

（8）没有挖掘出比较重要的技术特征写入从属权利要求中，使得其附加特征未能凸现创造性，甚至进而导致整个权利要求没有实质性特点。

（9）权利要求中的附加技术特征为通用性套语，充数而无实质含义，该项权利要求形同虚设，写在前面被后续权利要求引用还将导致超项，甚至造成重要的从属特征反而出现未能引用到位的境地。

（10）也有一些从属权利要求的引用关系不合理属于实质性错误。例如，没有将重要的技术方案特征的集合体引用到，引用关系间存在逻辑错误等。

（三）说明书的形式错误或缺陷

（1）说明书名称与权利要求的主题名称和类型不一致。

（2）说明书名称未使用本领域的通用名称或者使用杜撰的名称。

（3）说明书名称中出现人名、地名、商标或者型号等词汇。

（4）非化学领域专利申请说明书名称字数超过25个字。

（5）将说明书技术领域写成了广义技术领域；或者写成了发明或实用新型产品本身，使之过于狭窄。

（6）背景技术中对现有技术描述过于简单；或者仅仅给出了现有技术的出处，而没有对现有技术的内容进行描述。

（7）背景技术部分除写明了现有技术外，还包含申请人未公开的技术信息，或者还写明了本发明创造不能解决的技术问题。

（8）背景技术对现有技术的描述不客观或者没有关联性。

（9）将要解决的所有的技术问题未分类，一股脑儿全部堆砌到一起，造成独立权利要求无法全部解决这些问题。

（10）对发明创造产生的有益效果未实事求是地说明，夸大其词，甚至采用广告性宣传语言。

（11）有附图的情况下，未给出附图说明，或者没有清楚说明附图是现有技术的附图还是本发明创造的附图，或者附图说明与附图不相对应。

（12）技术特征所对应的附图标记与说明书附图中的附图标记不相对应。

（13）具体实施方式与权利要求书中的技术内容不相对应。

（四）说明书的实质错误或缺陷

（1）背景技术描述过于复杂冗长，不仅写入了有针对性的现有技术，还写入了与本发明创造相差较远的技术，甚至将区别特征写入技术领域中。建议将背景技术与国际分类中的类、组名保持一致。

（2）技术方案描述不完整，甚至缺少部分必要的技术内容，造成方案公开不充分。

（3）未使用本领域通用的技术术语，或者使用了杜撰的术语，但在说明书中未对该术语进行解释，使得该术语的含义不清楚，技术人员无法理解该术语，或者在日后易产生歧义。

（4）未直接、具体地写明技术方案所要解决的技术问题，或者仅笼统地说明要解决的技术问题，但未反映所要解决的具体技术问题，或者所要解决的问题为"结构不合理"之类的套话，没有指向性。

（5）所要解决的技术问题为本技术方案难以解决的问题，或者现有技术方案反而更利于解决该技术问题。

（6）技术方案的内容仅复制权利要求的内容，没有将等效的或者可预见的技术方案延展地表述出来，这对权利要求的支持与解释无疑是不利的。

（7）所要解决的技术问题与具体技术方案及效果间关联性不清晰，未能在三者关系与现有技术的评判比较中将创造性明显地凸现出来。

（8）未明确写明发明创造所能带来的有益效果，或者只是给出断言，未作具体分析或者所给出的效果与发明创造的创新特点无关联性。

（9）具体实施方式过于简单、不清楚或者不完整，导致说明书公开不充分，或者实施例的内容主要复制权利要求书的文字，没有扩充或者延展技术内容。

（10）具体实施方式表述时，静态与动态描述不分，甚至缺少动态描述。

（11）在权利要求描述比较概括或者上位的情况下，具体实施方式仅有一个实施例或者实施例过少，不足以支持权利要求概括的技术方案。

（12）没有将有助于理解本发明创造技术方案的必要的现有技术写入具体实施方式中，造成具体实施方式的实施例无法实现。

（五）说明书摘要的错误

（1）说明书摘要缺少技术方案的要点。

（2）说明书摘要包含广告性宣传用语。

（3）说明书摘要字数超过 300 字。

（六）说明书附图的错误

（1）说明书附图没有对各附图的附图标记统一编号，或者对不同的部件使用了相同的附图标记，或者相同的部件使用了不同的附图标记。

（2）说明书附图中流程图、电路框图或程序框图中使用附图标记来代替必要的文字说明，或者在附图中出现了不必要的文字说明。

（3）附图中缺少说明书具体实施方式部分提及的附图标记；通常，每幅图至少要有一个以上的标记。

五、专利申请文件质量评审与管控

美国一位资深的专利代理人曾说过："专利申请文件是世上最难写、最复杂的法律文书"，这句话一点也不假。

首先，专利申请文件是表述专利申请人向国家机构请求独占性权利保护范围的法律文件，是整个专利审查的基础；其次，它客观上直接决定了该专利申请要求保护的类型、可能获得的保护范围大小和具体的保护内容，也决定了该专利申请能否最后获得授权；再次，所获得专利权是否存在隐患、隐患的大小以及该专利权的稳定性等都由申请文件直接决定。

国家知识产权局在收到申请人提交的专利申请文件后，需要严格按照《专利法》《专利法实施细则》以及专利审查指南进行审查。作为整个审查基础的申请文件，存在的某些缺陷（例如技术方案缺少支持、技术方案公开不充分、技术方案无法实施及申请文件修改超范围等）将直接导致专利申请被驳回或者所获得的专利权无法获得实质性的保护，形同一张废纸。

因此，对于专利申请文件的撰写质量问题，无论是企业自己撰写，还是委托专业的专利代理机构撰写，都需要认真对待，进行严格的管控。

对于专业的专利代理机构而言，团队的培养与打造、质量评审与管控的水准，都直接决定了专利代理机构的服务质量，也决定了专利代理机构能否取得客户的认可并在激烈的市场竞争中脱颖而出。

杭诚所在专利代理团队的培养与打造、专利质量的查审和评比，以及在专利流程和申请文件撰写质量的管理和控制方面一直进行着探索、改进和完善。例如，在常规的质量复评的基础上独创了半年一次的无记名质量抽样考评制度，并根据考评中碰到的实际情况，不断地修订完善考评规则和质量管控制度。

表4-1 杭诚所专利撰写质量评分简表（2010年7月修订）

评分内容			主要缺陷	扣分	
				发明	实用新型
说明书	技术领域		分类不正确，只有发明创造名称	5	5
	背景技术		未检索	2~5	2~5
			背景技术存在的不足没指出，或关联性差	5~10	5~10
	发明内容	问题	存在的问题不明确或不确切	5~15	5~10
			有重要从属内容，但仍只有一个目的	10	10
		方案	复制权项后没有作用、目的等阐述	10~20	10~20
		效果	效果没有叙述到位	2~5	2~5
			问题-方案-效果间的关联性差	10~15	10~15
	附图		图中标号欠缺；在说明书中未提及	2	2
			对附图的说明不清楚	2~5	2~5
			发明特征显示不明确，或缺图	5~10	5~10
	实施例		权项范围没有得到支持	15~20	15~20
			仍然使用上位概念	3~5	3~5
			只复制权利要求，没有重新组合	5	5
			有动态没有描述，或描述不到位	5~10	5~10
权利要求书	独立权利要求		新颖性明显不足	5~10	10~15
			出现非必要特征	15~25	15~25
			缺少必要特征，不能实施（如果从属有）	5~10	5~10~20
			可用多个独立权项而未用，或上位概念未提炼	5~15	5~15
			使用害大于利的非必要限定	5~15	5-15
			描述不清楚	5~10	5~10
	从属权利要求		较重要区别特征遗漏或需要发掘	10	10
			引用关系，或权项前后位置不正确；引用单一	3~8	3~8
			使用功能性权利要求	5~10	5~10
整体要求			公开不充分（含缺少必要附图）	20~40	15~30
存在形式缺陷			技术特征前后不一致，文字、格式不一致等可补正缺陷	2~5	2~5
			不可补正缺陷	5~20	8~20
合计					

六、自己申请专利存在的其他问题

（一）手续问题

手续问题包括专利申请手续不清楚、不知道向哪里提出专利申请、提出申请时的文件格式不清楚、专利申请的各种期限不清楚、需要缴纳的费用不清楚。上述问题的出现，轻者视为未提出，重者将直接导致专利申请被终止。

（二）提交部门出错造成的问题

专利申请文件提交的部门出错，造成提交的文件无法被国家知识产权局专利局受理处接收，也就无法启动申请程序，延误申请的时机，严重者造成专利方案被他人抢先申请，出现侵犯他人专利权的情况。

（三）期限出错

缴费期限出错，造成该缴的费用未缴纳，产生滞纳金或者需要缴纳恢复权利请求费，严重的出现专利申请或者专利权被视为撤回或者终止，影响专利授权和保护。

答复期限出错，致使因申请文件存在的缺陷未被修改，专利申请被视为放弃。

专利申请被驳回后启动救济的期限出错，则使得本可以通过救济获得授权的专利申请得不到应有的救济而被驳回。

（四）费用缴纳出错

费用出现漏缴或错缴，缴纳的费用未写明费用种类，或者实际缴纳的费用与应缴纳的费用不相符，即使费用只差1元钱，也都会被视为未缴纳费用，造成专利终止。

关于专利的申请程序和专利授权后的维护程序等法律法规所规定的各种期限很多，是一个比较复杂和繁琐的流程管理工作，即便是其中的一个期限超过一天，轻者视为未提出或补交滞纳金，重者将直接导致该专利申请或者专利权被视为撤回或者终止。即使对于一家专业的专利代理机构而言，也需要利用一个或者多个强有力的管理软件，采用多人专职分工管理，才能将错误率控制在比较安全的范围内。因此，笔者建议：即使企业拥有撰写团队，自己直接完成专利申请文件的撰写等工作，但对于专利的各种时间和费用方案的监控等流程管理工作，还是交由专业的专利代理机构去办，费用不会太高（企业安排专职工员也需要一笔不少的工资等），正确率也有一定的保障。当然，最好要寻找一家具有正规资质、分工明确流程团队较为强大的专利代理机构代为管理。

（五）撰写内容不合理

企业自己在专利申请中，因为不熟悉专利撰写的较适宜的写法，常常会犯两个错误：一是公开不保护的技术。如果在撰写专利时没有防备心理，一股脑儿将技术方案中的发明点一一列举到独立权要求中，反而会使得专利的保护范围缩小，降低专利的保护力度。二是权利要求内容与需要保护的创新点不匹配。有些个人在申请专利时，将本该写入发明权利要求书的发明点抛到脑后，致使发明点不在专利保护范围内。因此，企业自己在申请专利时，撰写申请的内容需要反复斟酌。

第三节　寻找合适专利代理机构代理专利申请

一、专利代理机构与无资质机构之间的本质区别

专利代理机构与无资质机构之间的本质区别如表 4-2 所示。

表 4-2　专利代理机构与无资质机构之间的本质区别

单位性质	是否备案	出庭资格	专业实力	后续服务与跟进
专利代理机构	是	具备	经验丰富	完善
无资质中介	否	不具备	良莠不齐	差

（一）专利代理定义及相关法条

专利代理是指在申请专利、进行专利许可证贸易或者解决专利纠纷的过程中，专利申请人（或者专利权人）委托具有专利代理资格的经国家知识产权局批准设立的专利代理机构，并由它指派相应专业的工作人员作为委托代理人，在委托权限内以委托人的名义，按照专利法的规定向国家知识产权局办理专利申请或其他专利事务进行的民事法律行为。专利代理还包括专利代理人接受专利权无效宣告请求人的委托，作为委托代理人，在委托权限内，以委托人的名义，按照专利法的规定向专利复审委员会办理专利权无效宣告请求以及有关专利的民事和行政诉讼等相关事宜。❶

《专利法》第 19 条规定："在中国没有经常居所或者营业所的外国人、外国企业或者外国其他组织在中国申请专利和办理其他专利事务的，应当委托依法设立的专利代理机构办理。

"中国单位或者个人在国内申请专利和办理其他专利事务的，可以委托依法设立的专利代理机构办理。

"专利代理机构应当遵守法律、行政法规，按照被代理人的委托办理专利申请或者其他专利事务；对被代理人发明创造者的内容，除专利申请已经公布或者公告的以外，负有保密责任。专利代理机构的具体管理办法由国务院规定。"

由上述条款，我们不难解读出，我国现行的专利法对于国内的申请人采取的申请政策是相对宽松的，并不强制要求通过专利代理机构进行申请。因此，也就滋生了现在很多无资质的中介机构的产生。很多申请人认为专利代理机构和无资质中介机构其实都是一样的，都属于中介服务，拿了申请人的费用帮助申请人完成申请。其实这是一种误解。尤其是不少无资质的中介机构到工商局办理无须专项审批的"某某知识产权代理机构"，更易于产生误解。

---

❶ 蒋德茂. 谈谈专利代理人的任务和工作性质 [J]. 知识产权, 1992（04）.

（二）专利代理机构与无资质代理机构的几点区别

首先，专利代理机构是依据国家相关法律法规成立的专门进行专利代理的机构，在国家知识产权局是备案过的，在国家知识产权局的官网或者中华全国专利代理人协会的官网（http://www.acpaa.cn/book/）上是可以检索到的。而专利代理机构成立的条件之一是必须由执业 2 年以上的专利代理人作为合伙人。专利代理人执业证是经过国家统一的专利代理人资格考试，成绩合格并经过 1 年实习期经过考核后才能获得的。而无资质的中介机构是没有这些限制的，不受国家知识产权局的监管，也无法在国家知识产权局网站上搜索到。而在处理专利申请及其他专利业务方面，专利代理人明显比没资格的普通中介从业人员更为专业。比如针对专利申请中的权利要求书的撰写，权利要求书对于一个专利来说是灵魂，是确定专利保护范围的根本。专利代理人由于代理案件多，经验丰富，能快速理解申请人的申请要点，并对申请方案进行二次创作，可避免非必要特征的引入，实现申请人利益最大化。

其次，专利代理机构作为专业的代理机构，对于专利及相关的知识产权知识的了解是比较广泛的，并且可以在专利诉讼中以代理人身份出庭，为申请人争取合理利益；而无资质的中介机构不具备出庭资格，而且也不具备相应的专业知识和能力，其很多时候是进行转包，将申请人的相应委托再转手委托第三人。

再次，专利代理机构内的专利代理人是每年都需要定期参加国家培训的，能尽快掌握国家专利政策的变化，其能对国家专利制度进行详细解读，而且处理的案件相对较多，案件处理的经验丰富，对于各类案件都具备相应的处理能力。一个专业的专利代理机构必然能应对各行业案件的处理。在专利代理机构中针对每个行业都有相应的处理案件的专利代理人，分工也是非常细的，如机械、电子、化工、通信等，这样对案件的把握和处理也就更为得心应手。例如，杭诚所不仅对新入职的员工在 3 个月内由专职导师指导，然后由各专业组的组长一对一地指导 1 年以上，而且对于所有的专利代理人和专利工程师都会安排每周不少于 1 小时的周会，以及不同形式的质量抽查与评审会、业务研讨会、专利撰写的命题竞赛，还有不时地邀请国家知识产权局的部长、处长、资深审查员来公司专门授课等业务活动，打造学习型组织，不断提升业务能力和执业素养。而无资质的中介机构，往往就是几个业务员，更不用提专业的代理人分工。

最后，对于案件的后续服务和跟进，专利代理机构具备专门的系统管理和系统跟踪，能保证客户无后顾之忧。例如，杭诚所经过 2 年多时间的研发，将原先使用的 3 套管理系统（天下先、EAC 和 CPC）整合到一个统一的自主研发的管理系统中，工作人员可根据现实中出现的问题，结合以往工作经验适时修改和调整系统和流程，使得服务更精准。所有的客户均可以登录官网（http://www.hczl.com/huiyuan/）随时查询委托的各项事宜由哪位专利代理人办理、各阶段的进展和费用缴纳情况等，并可以随时下载该客户所委托的各件专利相关文件等档案资料，使得客户的感受与体验更好，管理工作更为便捷；而无资质的代理机构往往因为人员有限，在后续服务和跟踪上存在严重漏洞,从而容易导致客户的专利申请无端被驳回或者视为撤回。

当然,专利代理机构和无资质的中介机构还存在很多区别,在此就不一一列举。虽然无资质的中介机构可能在价格上存在优势,但是其隐患也是非常大的。

【案例 4-3】委托无资质代理的隐患

2014年1月上旬,广东省佛山市顺德区经济和科技促进局(知识产权局)就曾对3宗不符合专利代理资质从事专利代理业务的违法案件依法作出行政处理决定,对3家违法代理公司分别处以责令停止违法代理和没收违法所得的处罚。这是顺德自2013年末开展专利服务市场执法检查专项行动以来立案查处的首批不符合专利代理资质违规经营案件。

二、不同专利代理机构之间的差异

那么,是否所有的专利代理机构都是一样的呢?显然,这个答案是否定的,就像世界上没有两片完全相同的叶子一样,每个专利代理机构都有自己的特色和擅长的领域。

如何寻找和区分不同的专利代理机构是委托人经常遇到的一个问题。对此,我们从以下几方面进行简单的介绍。

(一)委托人的需求

委托人需要了解自己所需要办理委托的事项,是专利的国内申请、国外申请,专利侵权、维权,专利复审、无效请求,还是专利项目申请或者专利评议与专利的转让等业务。应根据自己的需求,寻找对口的专利代理机构。虽然每个专利代理机构都具备上述业务的处理能力,但是每个代理机构的偏重毕竟有所不同。有的代理机构专利申请业务能力强;有的代理机构专利纠纷业务处理能力强;规模较大的专利代理机构综合能力较强,便于一站式解决知识产权(包括专利、商标、著作权、计算机软件登记等)的代理和保护以及运营等问题。委托人应根据自己的需求来选择合适的专利代理机构。

同时,委托人也可以参阅专利代理机构曾经代理的客户中具备多少大的知名企业。如果代理的企业多,尤其是知名企业较多,证明该代理机构的实力还是可以得到认可的。因为这种企业一般都具备专门的知识产权部门,对知识产权的要求和保护意识都是相当高的,如果获得这些企业的认可,也就间接证明了该代理机构的实力。

(二)对于同一类型的专利代理机构的选择

委托人根据自己的需求选择不同类型的专利代理机构后,对于同一类型的多家专利代理机构进行选择时,可以参考网上已经公布的数据并结合实际到专利代理机构的了解来判断。比如委托人想申请发明专利,可以先在国家知识产权局的网站(http://www.sipo.gov.cn/zljsfl/)内去检索一下该专利代理机构代理的专利申请数量,以及获得授权的数量。同时最好能到专利代理机构与专利代理人实地进行当面沟通,看看其是否能快速理解自己的技术方案并给出合理意见。这些都是衡量一个专利代理机构的代理水平的因素。当然还可以抽选一篇该代理机构代理的与委托人相近或相邻领域的专利文件，进行审阅，先看看权利要求书的项数、说明书是否通顺等表象，然后再看看是否公开充分，权利要求书、说明书等专利文件撰写的程度以及授权、保护等情况。

（三）专利代理机构的服务差别

专利代理机构主要目的是给委托人提供专利相关的专业性服务。而体现专业的地方，可以分为几个方面，一是代理案件的专利代理人的水平；二是专职的执业专利代理人和专利工程师人数和专业分工情况；三是专利代理机构其他部门间的配合水平，比如流程、档案和客服等。一家优秀的专利代理机构，不仅专利代理人的水平高，而且其前期和后期的配套服务也会让整个代理过程更为顺畅。

三、企业选择专利代理机构需要考虑的因素

1. 代理机构成立的时间

成立时间早的专利代理机构，能够在较长的时间内存在说明其必然具有一定的优势。专利代理机构通常会设置一套行之有效的流程管理体系，从而确保各种文件在传递过程中都能准确无误，为专利申请顺利获得授权保驾护航。

2. 代理机构的规模

考虑因素包括具有执业资格的专利代理人的数量、涉及的代理领域、涉外专利代理量。规模大的代理机构，在每个技术领域均设有专利代理人团队，专利申请资料会分配给专业对口的专利代理人和专利工程师组成的团队处理，使专利代理人可以在自己擅长的技术领域做得更加深入，确保相应专利申请的授权率。

而规模小的代理机构，一个专利代理人通常要做所有技术领域的专利申请，而对于非所学专业的专利申请文件，专利代理人是无法准确理解技术方案的，往往会使撰写好的专利申请文件中留下无法弥补的技术漏洞或者缺陷，为专利申请的授权以及授权后的维权带来不利影响。

3. 完成专利申请文件的效率

撰写专利申请文件和答复审查意见的时间周期是考核专利代理机构的重要因素。如果不及时提交专利申请文件，则有可能被竞争对手捷足先登，从而导致专利申请不被授权，并使企业在市场竞争中处于劣势，这是所有企业都不愿意看到的。

4. 专利代理机构在行业内的声誉

一个专利代理机构在行业内的声誉是该专利代理机构综合能力的一种体现，企业也可以通过该代理机构优质客户量而获知其综合能力。当然，目前也有一些与行业不甚相关的机构颁发一些奖状与奖牌，其含金量就需要慎重考虑了。一般地说，由国家知识产权局和各级政府或者主管机关（省科技厅、知识产权局）以及中华全国专利代理人协会等组织颁发的奖状，由于政府的公信度以及行业协会对行业内各机构比较了解情况，其可信度和含金量通常会较高。

5. 专利代理机构是否将授权作为目标

不将授权作为目标的专利代理机构，当收到企业的技术交底书之后，会在技术交底书中提取几个自然段放到权利要求书中，然后对权利要求书进行格式化编辑，使其符合《专利法》的要求，并将技术交底书的内容进行格式编辑使其符合《专利法》的要求，企业确认内容无误后（有些专利代理机构为了工作效率，其代理的专利申请文件未经企业确认就提交，笔者认为也是不妥的）提交专利申请文件。这类专利申请文件撰写方式，专利代理人可以在无须读懂专利申请人的技术方案的情况下进行工作，由于专利代理人没有认真阅读和领会拟申请专利的技术方案，更不用说提炼和挖掘发明创造的创新点，而发明人对于专利申请文件的撰写要求又不清楚，因此撰写出来的专利申请文件往往存在无法弥补的漏洞或缺陷。

6. 尽量不选择远离本地的代理机构

由于各专利代理机构的核心的优秀员工多集中在总部，为了技术交底方面的便利，委托人（企业等）最好派员到拟委托的专利代理机构实地了解一下情况（包括北京的专利代理机构，除非委托人是小企业安排不出人手），因为只从网站上了解到的情况很难保证是真实可靠的。

企业在确定专利代理的委托关系后，为了深入推动包括专利在内的企业知识产权工作，最好让该专利代理机构能现场挖掘专利、商标及计算机软件等，也可以不定期地开展专利知识的咨询、宣讲和培训等企业知识产权工作。

四、企业要从战略合作的高度寻找适配的专利代理机构

从上文中企业可以了解到如何选择一家比较合适的专利代理机构为本企业代理专利申请等专业的知识产权服务工作。

申请专利往往要花费相当多的人力、财力，所以在决定申请专利之前，要对有关申请的利弊进行详细的分析，包括：对申请内容的专利性进行初步判断；对申请内容的实施前景作出预测，以判断申请专利的经济价值；对申请专利的地区和国家进行选择，以确定保护地域等。

企业可以综合上述选择因素，选择适合自己的专利代理机构。

五、专利代理机构的代理流程

（一）专利代理的基本流程

专利代理机构在代理委托人的专利申请事项时，大致的流程框架如下：接受咨询—签订委托协议—指定专利代理人进行专利申请文件撰写—撰写过程中委托人与专利代理人进一步沟通—撰写完成并经委托人确认申请文件内容—递交专利申请—审查意见及补正文件的答复—授权后缴纳授权费、年费—专利权的维护。

专利代理机构对于其他专利业务的委托事项，其流程也大致如上所述，不过是委托内容有所变更。

（二）专利代理的具体操作

一个优秀的专利代理机构，一定具备规范的操作流程和完善的客户服务系统。

专利代理机构在接受委托人的委托后，首先根据委托人的委托技术领域及其意愿，安排合适的专利代理人进行接洽，就委托事项进行前期沟通；根据沟通的结果，双方签订委托协议，专利代理人就委托事项进行工作；在代理工作的过程中可与委托人就申请专利的类型、申请数量、是否分批申请、如何切割且分步间的时间间隔多少、是否提早公开、是否需要提国内优先权要求、是否涉及国外专利申请等的委托事项需要进行磋商，以达到符合委托人的意愿，使委托人利益最大化；当委托事项的初期目标完成后，对委托人委托的案件进行后期监控，随时了解委托案件的发展过程，与委托人随时保持联系，并关注委托人的新的要求。

以申请专利为例，申请人作为委托人，先与专利代理人就专利申请的技术方案进行前期沟通，专利代理人就申请人的技术方案进行了解后，给出是否适合申请专利及申请何种类型专利的意见后，申请人与专利代理机构可以根据沟通结果签订一次申请发明专利的件数和实用新型专利申请件数的委托协议。专利代理人在接受申请人的委托后，就技术方案进行检索，并给出关于技术方案新颖性和创造性的意见；需要时专利代理人可根据检索的情况，进行针对性的专利创新点的挖掘工作，根据专利代理人的检索意见与申请人商量调整专利申请的方案，然后修改技术方案，以达到可以申请专利的条件。专利代理人就拟定的技术方案撰写申请文件，并将准备好的申请文件交予申请人进行确认后，再向国家知识产权局正式递交申请文件。国家知识产权局收到申请文件后会给予受理通知书，在审查的中间过程中，专利代理机构会收到国家知识产权局的审查意见通知书，专利代理人就审查意见和可能的争议焦点与申请人沟通，并帮助申请人克服审查意见所指出的缺陷，从而获得授权。授权后，专利代理机构的客户服务部会为申请人继续监视案件的发展情况，提醒申请人缴纳证书费和年费，并将国家知识产权局的相关文件转递给申请人等。如果申请人在专利有效期内需要转让、变更或者许可，进行无形资产评估、质押融资等，可与专利代理机构的撰写人或业务联系人等联系，客户服务部或流程部的员工也会随时监视每件专利申请案的进展和各种期限。

六、专利代理机构撰写申请文件

（一）专利代理机构在撰写申请文件上的优势

通常的发明人对专利法律、法规是不熟悉的，不明白专利申请文件如何撰写，如果不委托专利代理人，发明人则无法有效地维护自己的权利。未受过专业训练的发明人是不太可能写出好的专利申请文件的，只有经过专业训练的代理人才有可能具有这样的专业素养。

专利代理机构的优势是专利代理机构内的专利代理人具备丰富的撰写经验，并能根据申请人的申请方案进行二次创新，或者根据该技术方案可能出现的规避点进行补漏式处理。

专利权的保护范围是通过权利要求书中的法律描述而确定的。《专利法》规定权利要求书应当以说明书为依据，清楚、简要地限定要求专利保护的范围。说明书应当充分公开发明、实用新型的技术方案的内容。因此，撰写权利要求书及说明书既需要对发明创造的技术方案有深刻的理解，又需要有丰富的撰写专利申请文件的经验。只有经验丰富的专利代理人才能兼顾技术和法律的双重要求。

撰写的申请文件中，包括权利要求书、说明书、说明书附图、说明书摘要和摘要附图五份文件，其中说明书附图和摘要附图对于化工类发明来说，不是必需的。这五份文件就可以完整地体现发明人的发明构思，确定申请人想获得专利权的保护范围。其中权利要求书是确定保护范围大小的主要依据，说明书是对权利要求书的解释和说明。

（二）专利代理机构关于权利要求的撰写

在撰写申请文件的权利要求书时，专利代理人会大致从以下几个方面进行考虑：(1) 专利的保护范围以及预见可能出现的漏洞并设法修补，防止他人侵权或者规避该专利权；(2) 专利申请的授权可能性，进而在满足创造性和保护范围大小及技术特征的必要性间寻求较佳解；(3) 各技术方案的相互交错与相互补强关系；(4) 该利申请的内容对委托人后续专利申请和布局的可能影响；(5) 如何巧妙解决需保护的技术特征的充分公开与要保密的技术特征之间度的把握问题。

举例来说，发明人发明了一种新能源混合动力汽车，申请人就该新能源汽车想获得保护。当专利代理人接受了这样一个委托后，首先需要分析这种新能源汽车的创新点有哪些，其是否满足发明专利的新颖性和创造性，是否可以申请发明专利。在确认了新颖性和创造性后，确定申请保护的范围，如果这种混合动力汽车中的某装置属于首次出现，那么权利要求1的保护范围可以尽量地大，防止他人侵权，同时需要注意从属权利要求的分层保护，或者是交叉保护，因为在后续的无效和侵权诉讼中，从属权利要求或者是以该从属的技术特征撰写的独立的新专利所产生的作用是不容忽视的。如果这种混合动力汽车中的该装置已经出现过，那么权利要求1的保护范围要适当缩小，要着力找出与现有技术的区别特征，并从较佳的角度表述，突现创造性，以提高授权的可能性，以期与在先的他人专利权的保护范围构成技术上的专利交叉，达到防御并制衡竞争对手的目的。

同时，在确定权利要求保护范围时，还需要考虑，毕竟汽车的部件是非常多的，对于其能源的改进，必然会引起其发动系统、润滑系统、燃料供给系统、电器系统、车身等配件的相应变化，甚至是某个装置的改进，也会引起相应零件的结构改良。此时通常就需要布置一个专利网，保证各专利之间的相互联系并且又能相互补漏。例如，可以对产生变化的发动系统等的部件及连接关系等进行分别的申请，也可以对发动系统的配气机构中各相应改良部件的结构分别申请专利，确定各自独立的保护范围，这样能有效构成专利网，防止专利侵权。

在布置了专利网后，还需要对后续可能要申请的部件进行规划，防止在前期的申请中将后期预备或者正在研发的项目进行了前期公开，影响后期第二代、第三代产品之改良结构的专利申请。

当然，诸如在撰写权利要求书时就需要考虑如何在能尽可能保护申请人的技术秘密的前提下，又能满足专利法的充分公开要求，确保专利申请能顺利授权又不会被竞争对手利用之类的问题，不时地需要代理人处理与考虑，同时也考量着专利代理人的智慧。

（三）说明书及附图的撰写

权利要求书撰写完成后，对于说明书的撰写主要考虑对权利要求书的支持，同时要求保证技术方案的充分公开。除对权利要求书的内容作出详细的解释外，专利代理机构通常会在说明书内增加更加细节性或二次创新的内容，这样在答复审查员的审查意见时，可以对权利要求进行更为详细的解释；同时在必要的时候，还可以提取说明书的创新内容至权利要求中，以提高权利要求书中相关技术方案的创造性，增加授权的可能性。另外，对于应该或可能保密的技术内容，专利代理机构通常能做到主动回避，从而减少新委托企业的顾虑，避免不必要地泄露企业的技术机密。

另外，说明书附图是配合说明书使用的，说明书附图的清晰、特征标识的明确，可以作为对说明书的一种解释说明，提高技术方案公开的充分性，同时也可以提高专利申请授权的成功率。

总之，代理机构专利撰写申请文件会更多地从后续的实质审查、无效、诉讼等方面统筹考虑，因此所获得的专利稳定性相对较好，保护范围也比较合适，可有帮助申请人有效地保护创新技术。

七、企业应向专利代理人提供详尽的技术资料

企业在与专利代理机构建立代理委托关系后，应按照专利代理人的要求提供撰写专利申请文件所必需的详细技术资料。虽然专利代理人通常都有理工科背景，并且相当一部分专利代理人具有从事技术研发的经历和能力，但是专利代理人所了解和熟悉的技术领域是有局限的，也就是说，专利代理人不是"万能的"。因此，当企业准备申请专利时，应该向专利代理人提供尽可能详尽的技术资料，以利于专利代理人预先对拟申请专利的技术方案有比较充分的了解，从而准确地找出其中的创新点，为在后续的专利申请文件撰写时准确把握技术要点、确定权利要求的保护范围打下良好的基础。

（一）撰写专利申请所需的技术资料

企业首先需要向专利代理人介绍和新发明创造相关技术领域的现有技术的状态（即背景技术），具体包括采用哪几种技术方案和技术手段、每种技术方案分别存在什么缺陷和问题。其次需要对新发明创造的技术方案进行尽可能详尽和完整的描述，特别是对于新发明的技术方案中主要的结构、配方或者方法需要给出详细的描述；如

果和现有技术相比具有明显不同的结构、配方和方法,则需要同时说明上述区别点所产生的不同的技术效果、产生的可能机理等文字材料。

对于专利申请来说,是不需要新产品的样机的(一个纯理论的空想,只要技术方案本身在理论上可行即满足专利法对实用性要求)。当然,对于已经做出了样机的申请人而言,最好能够提供样机给专利代理人查看,在许多场合专利代理人能够从实物的一些细节中敏锐地解读出一些技术结构特征的设计目的和机理,这往往对于提高专利申请的创造性非常有利。

(二)确定新发明创造需要保护的关键技术特征

专利代理人在详细了解新发明创造的技术方案后,会根据自身的从业经验和初步检索的结果确认技术方案最具有创造性的关键技术特征以及与其他技术特征的关联性等内容,然后针对已找到的技术特征与发明人作进一步的沟通,使之对各个技术特征(包括位置、连接关系及彼此的关联性等)在原有的认识基础上得以进一步地深化,补充完善其内容,从而最终确定申请专利时所需要明确的保护范围,即独立权利要求所涉及的技术特征的集合以及各从属权利要求所涉及的附加技术特征的集合。

(三)提供专利撰写资料时是否该专利对代理人保密

由于目前在专利的保护方面存在维权不易的实际问题,因此,一些企业在申请专利时向专利代理人提供的技术资料中对技术方案关键的配方、结构、方法等往往有所保留。这样不仅降低了专利申请后授权的可能性,并且会导致专利代理人在撰写权利要求书时难以准确地把握保护范围,最终导致授权的专利无法真正起到保护作用。更有甚者,竞争对手在公开不全的文件的提示下,很有可能解读出企业欲隐藏的技术内容。这些技术内容一旦被他人捷足先登抢先申请专利,将会使企业陷入专利侵权这样非常被动的局面。因此,通常的建议是:对于不想公开的技术内容可以不告诉专利代理人,但切记与准备公开的内容要剥离干净,即准备公开的技术内容在该范围内要尽可能讲透,让专利代理人在专利申请文件中充分公开,但要确保准备保密的内容不能被其他人比较容易地联想、推理或者研究出来,否则风险很大,有时还不如直接公开出来。一般地说,机械、机电一体化之类的设备、装置,硬件部分不宜保密,对即将上市的产品中涉及的内容,建议把产品本身的技术结构及其显而易见的延伸技术方案申请发明专利,并提早公开专利,以防对手看到产品后将延伸的技术方案申请专利。

(四)如何避免在申请专利时出现不必要的技术公开

为了避免在申请专利时因关键技术方案的公开造成损失,一方面,企业应该信任专利代理人的职业操守,向专利代理人提供真实有效的技术方案,同时对技术方案中关键的配方、结构、方法等向专利代理人提出希望保密的要求,以便专利代理人通过申请文件的巧妙撰写和合理合法的技术处理,在不公开需要保密的关键技术的同时,使技术方案得到最大限度的专利保护。

如果欲保密的配方等技术内容与打算保护的技术方案没有很强的关联性时,通常建议企业无须将欲保密的技术内容告诉专利代理人,或者只讲可能相关联技术的那部分。

专利代理人在了解企业的专利策略及拟申请专利的产品上市的基本情况后,在企业的邀请下可以就该项目的专利申请计划提出一整套量身定制的专利申请方案与技术方案保密时间表及优先权等策略。

第五章　企业专利工程师的工作职责

第一节　企业专利工程师在企业中扮演的角色

从中国企业的现状来看，除了少数比较成熟的大中型企业对于专利保护有较好和较全面的认识外，大多数中小企业对于专利保护的认识和对专利的把握都还处于初级阶段。

由于不同的企业对专利保护的认识不同，作为企业专利工程师的职责和工作要求也不尽相同。一般而言，企业专利管理工程师在企业中所扮演的角色可分为以下几种。

第一种角色：在企业中没有专利工程师的，多数是一个偏重于专利方面的综合型工程师。这类企业专利工程师既作为本领域的研发人员，对企业的技术有深入的了解，又作为对专利知识有相当了解的专业型人才，懂得企业技术的创新点之所在和研发方向。因此，对于这类企业专利工程师而言，他们的基本职能是：如何与专利代理机构进行全面深度合作，从而大幅度降低研发人员的时间和精力投入，提高工作效率，使本企业的专利向专业化方向发展，进行规模化布局，从而有效地分析现有技术的发展状态和发展方向，为研发工作提供支持，保证企业的专利管理工作进入良性循环。

第二种角色：企业专利工程师仅仅是技术联系人。该类企业专利工程师的基本职能是：熟悉本企业的研发工作和与研发工作相关的技术，能够部分代替发明人回答技术问题，使企业与专利代理机构的专利合作进行得更顺畅，他们可以说是"半个发明人"。

第三种角色：作为专利代理人和企业发明人的接口。该类型企业专利工程师的基本职能是：作为专利代理机构的专利代理人与企业研发人员之间沟通的桥梁，具有协助、监控、督促专利代理机构及时完成本企业专利申请工作的职能，保证本企业专利工作计划顺利进行，具有审核本企业专利的基本信息及基本错误的能力，在部门间的协调以及计划和管理方面更易发挥作用。

第四种角色：对于个别专利保护相对成熟的企业，企业专利工程师侧重于专利撰写，相当于企业自己的专利代理人。这类企业专利工程师的基本职能是：可以完成本企业内部的专利申请文件撰写业务，更容易与发明人进行沟通，更方便通过书面和面谈的方式与发明人进行交流。由于身处企业内部，因此对本企业的技术有较深入的了解，但是这类专利工程师只撰写公司内部的专利申请文件，即使该企业单独成立专利代理机构，由于其他企业（包括社会上的其他发明人）生怕技术可能泄密或者不当地被移用或延用，不太可能委托企业内部的专利工程师或者企业内部的专利代理机构来办理专利申请。长此以往，他们将如同企业内部坐诊的厂医，无论其基础多好，由于技术领域的局限性和技术工作思考问题的狭隘性不可能像专利代理机构的专利代理人那样更具有专业性，更胜任于专利申请文件的整理和撰写、答复审查意见、专利保护等工作。

随着中国企业的不断发展壮大和走向世界，随着中国专利制度的不断完善和与世界接轨，对于发展中的企业，与优秀专利代理机构进行全面深度合作，使企业专利保护专业化，则是最终的，也是必然的选择。

第二节　企业专利工程师的主要职责

一部分企业工程师成为综合型专利工程师是一个必然的工作专业细化，其主要职责范围主要包括以下方面：（1）充分理解发明人的申请内容，有针对性地进行检索及反馈沟通；（2）指导撰写或者修改完善技术交底书；（3）对交底书等申请文件的审核与答复；（4）收集发明人的信息，整理相关申请资料；（5）专利等知识产权文档资料的管理、更新和维护；（6）能够较熟练运用专利信息化平台；（7）相关项目的申报及知识产权信息的提供；（8）能够制定出企业内部专利申请的相关规章制度和流程；（9）能够深入理解企业的技术，分析现有技术的发展状态和方向，参与企业技术的研发或者给出研发意见和建议，为研发工作提供支持；（10）能够协助专利代理机构完成企业内部专利挖掘和专利布局工作；（11）专利相关费用的管理；（12）作为企业知识产权（专利）的智囊人员，给企业决策者在制定企业知识产权战略、专利申请策略等方面提供支持。

对于一个规模较大的企业，上述主要的工作内容需要一个团队来完成，尤其需要细分出企业专利管理师等工种专门从事此类工作；对于小微企业，可以先由一个人承担其中的一部分或大部分。

一般而言，企业专利工程师可以将上述职责中许多工作予以分解，让专利代理机构帮助其完成。企业与优秀代理机构共同合作，更能够提升企业专利的水准和效能。

第三节　企业专利工程师工作的切入点

不管是专利保护工作相对成熟的企业，还是专利保护处于初期的企业，企业专利工程师工作的首要切入点是：建立一套完善的适合本企业发展的专利管理制度。

（1）取得企业负责人的支持，使企业负责人对专利工作有深入的了解，使其认识到企业专利工作对本企业发展的重要性。

取得企业负责人的支持，无论是从制度落实还是从本企业专利发展来讲都至关重要的，有了支持，制度的落实就取得了保障。

专利管理制度的具体内容可以从以下几个方向着手：专利管理原则、岗位的设置、人员的配备、资金投入、奖惩考核、管理流程、不同知识产权（专利、商标、著作权、商业秘密等）的管理办法、风险规避制度、信息平台建立与管理等。

（2）参与或者协助完成本企业的研发项目，建立健全本企业技术创新制度。

建立健全本企业技术创新制度，使技术的创新设计、研发和管理有明确的规定，使本企业的创新技术从专利保护和技术秘密两方面进行管理，切实保护本企业的创新技术。

（3）把专利制度落实到最基层，使各个工程师和基层员工都广泛地参与技术创新和专利申请工作，使专利制度融入本企业文化，并使专利制度成为企业创新文化的主要表现，提升本企业在业内的知名度。

企业专利工程师工作的另一个切入点是：快速学习了解本企业的专利技术和本领域的相关技术。

每个企业都有自己的技术特点和技术核心，企业专利工程师深入学习和了解本企业的技术以及本领域的技术，理解或参与企业的技术研发，把握技术的发展方向，更有利于进行专利布局，落实专利申请。

第四节　企业专利工程师工作计划的制订

对于一家企业来讲，当前的专利工作目标和未来的专利工作目标会存在较大差异。企业专利工程师首先要了解本企业的专利需求和发展方向，然后有针对性地制订工作计划，进而开展专利管理工作。

对于企业以专利申请布局和专利授权为主要目标的，企业专利工程师的工作计划就是以实现企业专利数量的增长为目标。此时工作计划的重心在于专利知识的宣传，如何采取激励措施让广大员工积极参与专利申请。

而对于以专利保护为主要目标的企业，企业专利工程师制订工作计划时，就是要侧重于了解一项技术或产品的创新点在哪里，是通过申请专利来保护还是通过技术秘密来保护。如果是通过申请专利来保护，那么需要考虑是通过申请一项专利保护还是通过多项专利保护，以及该技术或者产品是否能够获得专利保护等。企业专利工程师不仅要研究本企业当前的产品和技术市场，了解国内外同行各自的发展水平与技术特点，更要考虑本企业本领域技术的发展趋势，同时对未来产品的市场格局，以及本企业竞争对手的技术或产品进行合理规避等都要在工作计划中有相应的应对策略。

第五节　企业专利工程师工作的开展

一、企业研发项目的跟踪

企业专利工程师对于本企业的研发项目要做到及时跟踪，掌握研发进度，从中找出可申请专利的项目，并及时与专利代理机构进行对接，适时进行专利申请。

对于一个企业专利工程师来讲，应及时跟踪本企业的研发项目，并对企业产品或技术在市场上的占有情况及时进行了解，对企业的技术研究进行方向性指导，实现企业利益的最大化。同时，企业专利工程师在项目跟踪过程中，可以实现对技术方案的挖掘，利用自己掌握的相关专利知识，发现每一个能够解决一定的技术问题并产生相应的效果，哪怕是微小的改进点，先寻找和挖掘出来，再与专利代理机构讨论是否申请专利，也许这些改进点还可能就是企业将来的产品卖点。如果企业专利工程师做得不够细心，很有可能会造成技术保护机会的丧失，错过产品市场的防御性保护或者是技术的市场垄断性保护，给企业造成不可挽回的损失。

企业专利工程师还要重视技术改进或改良，对于任何一项技术的改进或者改良，通常都要及时进行专利申请。如果等到发现市面上有人已经在仿制时才想起提交专利申请，那就为时已晚了。这时，不是该专利申请已经丧失新颖性不能获得保护，就是该技术方案已经被其他人抢先申请了专利。

企业专利工程师还要重视客户的需求和反映的问题，针对这些需求和问题，有针对性地提出专利申请，从而使能够解决现实问题的技术方案得到专利保护，提升产品的实际经济价值。

二、明确企业专利申请和布局的方向

在进行项目跟踪的过程中，企业专利工程师要根据企业的定位和发展情况，明确地针对本企业现阶段以及将来专利申请的方向，进行数量和技术内容等方面的布局。

为了保护本企业的创新市场，企业专利工程师在确定本企业专利申请和布局方向时，要围绕本企业发明创意本身及本领域、本行业进行，同时还要兼顾相关领域。具体包括以下工作：（1）了解本技术领域的现状和发展趋势；（2）参与或者协助整个研发过程，了解本企业研发的新产品和新方法的产生过程，知晓本企业新产品和新方法要解决或者已解决的技术问题；（3）通过与发明人进行沟通，用自己掌握或者了解的本领域的技术启发发明人对发明创意和发明产品本身进行改良与完善；（4）进行初步检索，并根据检索内容排除研发过程中明显不具备新颖性和创造性的技术，并可将检索到的最相关的技术背景资料反馈给研发工程师，引导他们跨越同行的技术雷区。

完成上述工作后，企业专利工程师要根据不同的保护目的、不同的发展阶段，有针对性地选择企业专利布局的方向。

企业专利申请和布局的方向大致可以分为以下几种：

第一种布局类型：为了保护本企业产品的市场进行专利申请布局。应根据保护的地区，在产品没有上市之前，对本产品及与本产品相关的技术全面进行专利申请。

第二种布局类型：为了保护自己的核心产品和技术进行专利申请布局。应根据技术或产品所在的技术领域进行专利分析和研究，并对保护的专利技术与专利代理机构进行充分沟通并进行深入挖掘提炼后，在相对成熟的情况下进行。

第三种布局类型：为了破除市场的技术壁垒而进行的专利申请布局。应通过与专利代理机构进行专项探讨分析，寻找现有背景技术的热点与弱点区，并针对该技术壁垒进行深入研究，找到突破口和技术空白点，针对该突破口和技术空白点进行专利申请和布局。

第四种布局类型：为了打击竞争对手而进行的专利申请布局。应通过与专利代理机构进行研究沟通，从专利的角度进行研究，找到竞争对手存在的专利保护漏洞，然后根据本企业的情况，提前进行这方面的专利申请布局。这时，至少要达到在对手企业的专利防护区内置入一项或者数项自己的专利，以形成彼此技术交叉之势。

上面提到的专利布局仅是专利申请策略中的一种基础性的专利布局形式，进一步的布局策略详见本书第八章。

【案例 5-1】专利布局是跨国公司抢占高端市场的主要手段

高通公司至今累计公开的发明专利申请为 12277 件，累计授权的专利为 5358 件。如图 5-1 所示，高通公司每年在中国各技术领域内的专利数，其中 1990～1997 年每年的专利数少于 6 件，2000～2005 年每年的专利数在 260～470 件之间，2006～2013 年每年的专利在 920～1400 多件之间。其中 2005 年是高通公司专利申请的增长率高速发展的一年。

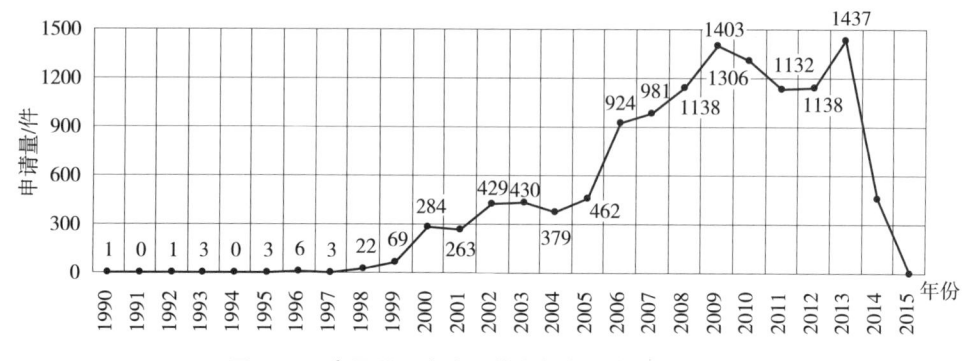

图 5-1　高通公司在中国的全部专利申请年度变化

注：因发明专利有 18 个月的保密期，所以 2014 年和 2015 年的大部分专利尚未公开，数据与实际值存在很大差异。

高通公司发明专利中的国际分类号为 H04W（通过无线点链路或感应链路连接用户的选择装置）的技术领域是该公司在中国进行专利布局的重点，其主要围绕无线网络、无线通信系统等相关技术进行。通过对高通公司 1994～2014 年度在 H04W 技术领域专利申请的年度变化分析，可以得知其在该技术领域的发明专利申请态势。

高通公司在中国该技术领域的专利申请始于 1990 年，当年申请量为 1 件。由图 5-2 可知，1998 年开始，高通公司在中国 H04W 技术领域大力开展专利布局。其中 2009 年，由 2008 年的 385 件剧增至 613 件，并且在 2009 年以后其专利申请量基本稳

定在400件到600件之间。❶

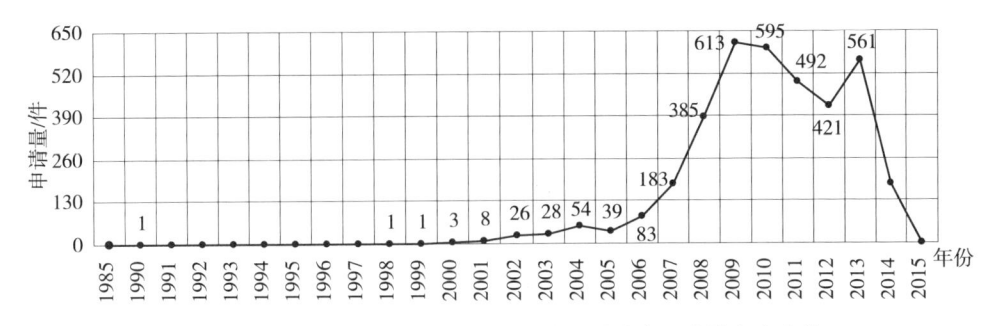

图5-2 高通公司在中国H04W技术领域的专利申请年度变化

注：因发明专利有18个月的保密期，所以2014年和2015年的大部分专利尚未公开，数据与实际值存在很大差异。

由以上有关专利信息的分析可知，H04W技术领域的专利申请量占了高通公司各领域专利申请总量的近50%，可见该技术领域为高通公司的研发重点领域之一，并在高位上仍保持每年平稳上升的趋势。国内涉及该领域技术和专利产品的企业应当密切关注行业内的技术领先企业的专利发展动向，深入研究并制定调整相应的专利策略，以免被市场淘汰。

三、制订专利申请计划

企业专利工程师在明确了专利申请和布局的方向后，接下来就要根据本企业的研发规划、研发进程和市场的发展动向，制订技术方案专利保护的申请计划，分别对现有产品的改进、产品的预研或产品的储备等制订不同的专利申请计划。尤其是那些对本企业有重大影响的技术或者产品，通过选择专利代理机构与本企业进行团队式合作探讨，共同制订一个完备的保护方案，以防止创新点的遗漏，避免走进一项技术或者一件产品只申请一项专利的误区。

进行专利申请计划制订时，可以综合考虑以下几方面的因素：

（1）为了防止其他企业在本企业传统发明创造基础上作改进性研究，进而抢先申请应用性专利，避免其他企业对本企业造成封锁性的专利保护，在对传统发明创造的应用研究和周边技术研究基本成熟后，待生产相对稳定后，再安排进行专利申请，从而进行全面保护。

（2）对于极易被竞争对手模仿的技术或者产品，同时该技术或者产品的市场需求量又很大的情况下，越早申请专利，对本企业的技术或者产品保护越有利；必要时，可先对于尚未成熟的技术申请若干件专利，进行抢滩式专利布局，随后在12个月内（实用新型专利授权前）采用提交国内优先权的策略，进行第二轮，甚至多轮

❶ 胡佐超. 企业专利管理 [M]. 北京：北京理工大学出版社，2008：126.

次的专利布局。

（3）相对于本领域其他企业具有领先地位，同时又不容易被模仿的技术或者产品，可以充分把握时机，适时申请专利，不宜过早也不宜太晚。这样既有利于本企业领先技术保护期的延长，又能够避免领先技术过早地公开而使竞争对手有机可乘。

（4）为了防止出现抵触申请，造成本企业技术专利保护的失误，企业专利工程师要懂得利用优先权制度，对优先权期限内的专利申请，除了利用国内优先权对12个月内的研发新成果进行技术整合外，还可根据技术研发的新进展以及产品市场格局的变化，在专利法允许的范围内重新进行布局或者调整。

由于专利是有地域性的，如果此新产品出口，或者产品的市场涉及海外国家或地区，则必须在12个月内利用国外优先权提出PCT专利申请或者依据《巴黎公约》进行逐一国家的专利申请，否则的话，该技术方案将不可能在国外获得国际专利的保护。

四、时机的把握和运用

一个优秀的专利工程师懂得对企业专利申请进度尤其是专利申请的技术内容哪先哪后的把握，这是企业专利工程师重要的职责，也是应当时刻牢记的最重要的难题之一。这样可以避免出现本企业在先专利申请成为后续申请的绊脚石。一个优秀的创新性企业每年都有新的发明创造要申请专利，而产品的研发与技术的改良多有技术的连贯性，后续的改良性发明创造易于因早先已公开的专利申请而丧失创造性。如果出现"前脚绊后脚"的现象，对于一个企业的发展来讲是非常不利的；在企业维权诉讼过程中对手启动请求宣告专利无效程序，这类的失误也时常成为企业专利被宣告无效的主要原因。杭诚所在帮助中小企业阻止国外跨国公司诉讼的无效程序中，多次妙用此招，反败为胜。所以，对于企业专利工程师，尤其一个优秀企业的专利工程师来说，在这一点上应当特别需要注意。

另外，企业在专利申请时机的把控上，还需要与企业的发展策略与进程相适应。尤其是企业在即将发生重大事件前，例如，企业的主导新产品即将上市、企业股改后准备上新三板，甚至直接在主板上市之前，一项重要的工作就是对于专利申请内容和类型的布局，以及申请数量等进行专门的谋划。专利申请的适度布局与造势不仅对于企业的专利保护，而且对于企业整体形象的提升均具有十分重大的意义。

（一）把握时机应考虑的因素

专利申请时机的把握要考虑如下因素：不同的竞争态势、不同的竞争对手、不同的技术内容以及竞争对手对有关技术的已经授权的状况和可能申请及研发情况的判断或者预估。

（二）时机选择策略

针对第五章第五节中企业专利申请布局的四种不同布局方向，企业专利工程师在进行专利申请时机选择时可以采用以下策略。

（1）针对第一种布局类型，可以选择未雨绸缪策略，抢先提交专利申请，选择在企业研发工作全面完成之前申请专利。如果担心仓促申请技术不够完善，可在首次申请的申请日起1年之内提交新的申请，即充分利用优先权制度为企业的技术创新保驾护航。在选择这种策略时，可按照萃智理论中关于技术进化的规律，做好技术发展和改良方向的预判，并按该创新规律进行技术方案的布局。

（2）针对第二种布局类型，可以选择先占为主策略，及时提交申请，选择在企业技术研发完成的第一时间内提交专利申请。当然这也并非意味着可以高枕无忧了，对于已经提交申请的核心技术，在12个月内的优先权期限内可采用提出优先权的方法申请改良型或者补充型的专利；对于12个月以后的外围技术也要及时申请相应的专利，以增强专利权保护层的强度和厚度。

（3）针对第三种布局类型，可以选择主动出击策略，以消除本企业的技术壁垒。通常是以一个主要的技术特征或者技术关键点，或者是彼此技术关联度很大的若干个技术特征组成的特定领域针对性地申请一件核心专利和若干件补强专利；在个别场合，也可能申请若干个关联度较大的网状的专利群，攻入或者覆盖该技术空白点。

（4）针对第四种布局类型，可以选择后发制人策略，在竞争对手抢先提出专利申请后，针对竞争对手的专利申请进行技术改进并申请若干件专利，对竞争对手形成包围圈，形成技术交叉分割占有的态势，达到迫使其进行专利交叉许可的目的。

五、公开原则的把握

在完成专利申请的提交后，选择提前公开发明对企业既有利也有弊，因此，应当慎重。这也是企业专利工程师根据本企业的发展以及对竞争对手的了解及时作出选择的技巧。

1. 提前公开申请文件的内容对企业产生的不利影响

（1）会损害企业的利益，例如企业在提交一件发明专利申请后，可能会由于种种原因选择撤回其专利申请。对于撤回的申请内容尚未公开的专利申请，日后还可以重新提出专利申请并获得专利授权；对于撤回的申请内容已经公开的专利申请，该申请技术内容则进入了公知技术领域，申请人就再也不能申请相同内容的专利了。

（2）提前公开会影响本企业与公开技术内容相关联的技术方案日后进行专利申请。

（3）为竞争对手提供了反攻的信息，损害本企业专利的全面发展。一件发明专利申请文件一旦提前公开，对于已经建立了专利情报分析系统的竞争对手，就会提前掌握本企业刚公开的专利信息技术，进而掌握本企业的研发方向，为竞争对手提供可乘之机。

（4）提前公开的在先专利申请内容会影响后面申请的同类专利的创造性，迫使在后专利申请缩小保护范围，甚至造成后续专利申请被驳回的后果。

2. 提前公开申请文件的内容给企业带来的好处

（1）获得"临时保护"，企业提前公布发明专利申请后，可以要求实施其发明的单位或者个人支付适当的费用。

（2）提前公开专利申请文件的内容，影响其竞争对手的专利申请，不仅可以用于评价竞争对手在后申请的新颖性，还可以用于评价竞争对手在后申请的创造性。这同样会达到压制竞争对手、使其后续申请的专利缩小保护范围甚至被驳回的目的。

适宜的选择通常是依据准确掌握的竞争对手信息，在竞争对手将要掌握该技术方案时立即启动提前公开程序，使本企业的申请能够及时有效地对竞争对手产生影响。这个时间点的把握因为有3个月左右的时间差，所以操作时需要多与专利代理机构进行及时的交流沟通，以免延误时机。

六、指导或进行技术交底材料的撰写

完成专利跟踪、专利申请布局，并制订好专利申请计划后，根据专利申请时机的把握和运用，企业专利工程师接下来就要根据拟申请专利的内容确认专利申请的类型，然后根据专利申请类型，指导或者进行技术交底材料的撰写。

（一）选择技术保护类型

企业技术研发成果的保护，通常有两种选择：一种是作为技术秘密进行保护，另一种是通过申请专利进行专利权保护。

一般而言，企业核心的技术，如果仅有少数人掌握，而且保密制度极其严格，泄密风险相对较低的情况下，采用技术秘密进行保护会更有利。典型的例子就是美国"可口可乐"饮料的配方，该配方一直作为企业的核心技术秘密并且结合企业的商标策略进行保护；但是这样的技术秘密保护成功的案例比较少，尤其是在人员流动比较频繁且科技迅速发展、技术手段层出不穷的信息时代，通过技术秘密进行保护的风险越来越高。

对于我国传统的企业而言，最有效的还是通过申请专利进行技术成果的保护。而申请专利的目的并不仅仅是取得专利权，而是通过申请专利获得保护范围合适且有较高稳定性的专利权，因此，企业专利工程师在企业确定了申请专利保护的前提下，就要确定是申请发明专利还是实用新型专利，或者通过外观设计专利进行保护，是否选择发明专利与实用新型同时申请，是否需要批量同时申请或者是分批地批量申请等。

（二）交底材料的基本要求

根据拟定的需要专利保护的技术方案，提交技术交底材料，包括提供必要的文字材料和图纸。

为了保证专利申请文件的撰写质量，提高效率，使专利代理人更容易理解发明人的发明创造构思，申请人需要提供技术交底书。技术交底书主要包括发明或实用新型专利申请的发明创新点、解决的技术问题，以及说明书中具体实施例的相关内容，有附图的还要提供附图。

技术交底材料主要包含以下内容：（1）基本信息：发明创造名称、专利申请类型、发明创造的发明人、第一发明人的证件号、申请人的基本信息；（2）本专利申请需要解决的技术问题；（3）技术背景的介绍，尽量列出最接近的技术方案；（4）现有技术存在的缺陷；（5）针对现有技术存在的缺陷，写明本专利申请的发明目的、关键点和保护点；（6）本专利申请技术方案内容的详细阐述，并结合流程图、原理框图、电路图、时序图等进行具体说明；（7）有多个实施例的要分别对每个实施例进行详细介绍；（8）本专利申请的有益效果；（9）本专利申请的替代技术方案。

寻找到好的专利代理人可以大大降低对于交底材料的要求。如果撰写专利申请文件的专利代理人对该技术领域比较熟悉，尤其是有研发经历和一定的感悟能力，则不会依赖于企业所提供的材料好坏或者多少，而只需要有附图即可。对于比较专业的技术领域，尤其是结构本身较为简单的技术要申请专利，企业的专利工程师最好能够帮助取好相关各部件的名称和用阿拉伯数字标注标号，对于重要的部位，最好能够标注到细微处，以利于专利代理人以其较透彻的挖掘能力以及对技术特征方案较深的刻画能力较圆满地完成专利申请文件的撰写工作。

笔者建议交底材料一是不要注重形式，尤其是不要求格式；二是仅提供相关的图纸也可以，但最好将精力放在标注图纸上的各个部件的名称，而且关键的部件名称取得越具体（细微的结构）越好。例如，该发明创造的创新点之一是在转轴上斜开有一个销，最好能标明转轴、销是否为贯通销，销轴线与转轴线间的夹角较佳的范围，开口及导角等细微特征及标号。

企业专利工程师应与专利代理机构指派的专利代理人进行沟通，做好企业发明人与专利代理人沟通的桥梁，掌握和催促专利申请的进度。

专业分工比较明确的专利代理机构往往会指派专业较为对口的较为资深的专利代理人或者专利工程师，他们往往拥有较为丰富的专利申请文件撰写经验（倘若撰写人还拥有一些科研经历则更好）。此时，申请人只需要提供基础的图纸和简要的文字，专利撰写人员通过口头沟通即可掌握企业欲申请的技术要点，根据企业的申请需求撰写出较为完善的专利申请文件。

第六节　专利申请文件的审定

对于发明人或专利代理机构已经完成的专利申请文件，专利工程师通常需要负责审核。由于专利代理人往往是多件专利申请交叉撰写，工作任务较为繁忙，因此，专利工程师最好及时审核所交给的专利申请文件，越早答复双方的沟通效率越好。切忌搁置拖延，否则，轻者专利代理人撰写中的一些细微的考虑有归纳起来淡忘，重者会因拖延造成他人抢先申请了专利，导致专利申请失败或者明显缩小保护范围。

一、审核申请文件是否符合规定的格式

（一）权利要求书的形式或格式

作为企业专利工程师，不论是资深的工程师还是新手，最基本的是要正确理解和掌握专利申请文件，尤其是权利要求书中的内容和基本要求。

1. 独立权利要求

对一份权利要求书，通常采用要素分解法来理解其权利保护范围，即把独立权利要求（亦称"主权项"）记载的技术特征按最小单元逐项分解，从前序部分记载的现有技术，到特征部分记载的创新要点，分别进行分解标示，从而对独立权利要求进行全面完整的理解。在组合这些特征形成机构或系统时，可以参照说明书附图来理解。

对于一件专利而言，独立权利要求中的所有技术特征的集合即划定了该专利最大保护范围的大小。因此，准确地理解和把握独立权利要求撰写得是否到位是一个专利工程师的一项最为重要的基础工作。作为企业的专利工程师，最后需要审定该独立权利要求是否满足保护范围。其中最为重要的工作，一是在审查中忌写入非必要技术特征。例如，在独立权利要求中出现了螺栓、螺钉、简单的数字等内容，这样的内容只要被对手或者是其委托的代理人发觉，该专利就形同废纸，得不到专利法的保护；如果情景不那么严重，只要独立权利要求存在缺陷，也容易被竞争对手规避掉，会给保护范围造成很大的损害，往往会使一项较好的发明创造无法得到有效的保护。二是独立权利要求切忌撰写得太空洞，没有实质性内容。这样的独立权利要求，如果是发明的话，就看从属权利要求或者说明书的发明内容、实施例等中有没有实质性创新点刻画出来，否则将因不具备创造性而很难授权；如果是实用新型的话虽然能够授权，但易于被对手通过无效程序，将该专利最后宣告无效，导致发明创造得不到有效的专利保护，可能还会损害企业荣誉，甚至造成直接经济损失。

2. 从属权利要求

由于从属权利要求在权利要求书中几乎是不可或缺的组成部分，它与独立权利要求具有同等的重要性。一个好的从属权利要求是一个这样的方案：一旦产生侵权纠纷，就可以直接向法院主张保护，权利更稳定。

由于从属权利要求与独立权利要求一并组成整个专利权的完整的保护体系，因此它与独立权利要求具有同等的重要性。一件优秀专利的从属权利要求是应该把本申请的技术方案中有创造性的技术特征分层次地保护进去，应该把本申请有创造性的技术特征分层次地逐层细化，根据其引用关系，构建出一个各技术特征彼此关联、呼应、交叉并且相互补强的一个完整的技术方案的保护体系。这样的技术方案一旦产生侵权纠纷，就可以直接向法院主张独立权利要求的保护，或者再同时主张根据某几项从属权利要求请求保护，使得权利更稳定，举证较容易些，多数场合还大大降低了法院判决认定的难度。

很多企业对从属权利要求存在很大的误解。例如，有人认为从属权利要求只是对技术方案的罗列，是可以不用的；有人甚至错误地认为写入了这么具体的技术特征，竞争对手不用从属权利要求所列的技术特征的话，就不侵权了。这是不正确的。

对于从属权利要求的另一个误区是：从属技术特征这部分内容不完整，或者单独来看对创造性贡献不大，可有可无。甚至在部分专利代理人中也出现不少认识的差异。其实，一个专利代理人撰写水平的高低或者体现在某份专利申请文件撰写质量的优劣，通常评判的重要方法之一就是看从属权利要求撰写得如何，例如，某些从属权利要求虽然分开来看并无创造性可言，但它一旦与独立权利要求相结合，其创造性立刻就突显；而各技术特征刻画得深而得体，逻辑关系间布置严密（包括引用关系）及合理，都能够从中看得出该专利代理人的功底和用心。

一件专利中的一项或者多项从属权利要求，在专利法上都有各自的含义。最简单的理解是，它相当于将一个个从属的技术方案在相同的技术方案的法律要求下，整合到一个专利保护小群中，国家专利行政部门对它收取一件专利保护的管理费用。在国外，一件专利权的从属权利要求少则十几项，多则几十项，企业为此不仅要向国家缴纳所增项数的相应官费，专利代理机构还会再逐项收取相应的代理费用。

【案例5-2】国外惯用的收费方式——按项或按小时计费

日本的有些专利代理机构按每撰写一项独立权利要求收取10000日元，每项从属权利要求收取3000日元的代理费。多花钱的目的之一就是对技术方案进行层层保护，多方位设防，以求保护更全面。而中国专利的权利要求在10项之内不另行收费，超过10项的就需要另外加收费用。从这一点上也可以看出，从属权利要求并不是可有可无的。

通俗地讲，从属权利要求的特征也可以理解为"有了此特征更好"之类的意思，因此，企业专利工程师只要将能看到技术方案中有创造性价值的技术特征先后都写入权利要求书中，没有明显的技术特征的遗漏，该从属权利要求的撰写就应该说已经达到合格的水准了。

3. 术语与格式

由于权利要求书中使用了大量的专业术语和规定的格式，所以企业专利工程师需要不受专业术语构成的影响，透过形式或格式看文件中的技术方案的实质，正确把握权利要求保护的技术方案。

（1）必要技术特征

权利要求书中不允许出现解释技术特征的内容，也不能进行功能性的描述，同时它还必须包含构成发明创造的所有必要技术特征；必要技术特征是解决技术问题必不可少的技术特征，其必要技术特征的集合构成区别于其他技术方案的新的技术方案。

一份好的独立权利要求书既不含有非必要技术特征，又不漏掉构成发明创造的必要技术特征。独立权利要求中如果包含非必要技术特征，就意味着侵权产品的技术特征中如果没有该非必要技术特征的话，该产品就不侵权，这会给申请人带来巨大的损失。因此，企业专利工程师能否识别出独立权利要求中是否存在非必要技术特征，这一点很重要。

（2）常见格式

独立权利要求一般包括前序部分和特征部分，特征部分的明显标识就是"其特征在于"，通过"其特征在于"就能找到发明创造的核心内容。"其特征在于"之前的内容是本申请必须包含的现有的技术特征；"其特征在于"后面的内容是本申请创造出来的必要技术特征。

从属权利要求的技术方案是对独立权利要求或者前面一项或者几项权利要求技术方案的进一步限定。好的从属权利要求本身就是一个个独立的技术方案，是实现技术方案层层保护的壁垒。

（3）单一性判断

企业专利工程师要能对一件专利申请是否具有单一性进行判断，判断权利要求中记载的技术方案的实质性内容是否属于一个总的发明构思，也就是判断这些技术特征在技术上是否是相互关联的一个或者多个相同或者相应的特定技术特征。

对于不满足单一性要求的专利申请，笔者建议：通常直接分解成若干个独立的技术方案，以免一年或者数年后对专利申请进行分案时，个别分案后的技术方案出现该技术方案不完整等难以弥补的缺陷。

（4）对特定名词的解释

企业专利工程师应当对本专利申请特有的特定名词作出恰当的解释，以免对申请文件造成歧义。当技术方案比较简单时，建议在取名时更加予以注意。例如，可以有隐含有功能或者效果等技术特征的名称。

（二）独立权利要求的保护策略

独立权利要求是一件专利申请的核心部分，专利代理人在撰写时会选择合适的上位概念进行保护，使独立权利要求既有一个尽可能大的保护范围，又能够实现对本申请技术方案的保护。因此，企业专利工程师要懂得对上位概念的把握，也可以采用较大的上位概念前加一个限定词或名字作为限定的定语。

（三）从属权利要求的布局策略

从属权利要求的布局涉及核心专利如何写好的问题。一件专利申请的内部布局好的话，在独立权利要求不具备创造性时，从属权利要求可以上升为独立权利要求，使它在满足了创造性的同时，还不会影响专利保护的实质性范围。

对于竞争性可能较为激烈的新产品的专利申请，有时为了提高专利的保护强度，在国内一般可以将若干个从属权利要求上升为独立权利要求，形成分别进行彼此交叉的专利群，既可以增强专利的保护力度，也可以从地方科技局拿到一定的专利申请费用的奖励；当然，若该技术有可能进行海外专利（PCT途径或者通过《巴黎公约》直接进入该国或地区）的布局时，考虑到国外每件专利申请的代理费与官费较贵，可以在12个月内，将几个原本就有关联性的专利申请浓缩成一个专利申请，并提交

PCT 专利申请。

1. 并列或延伸方案

为了实现对专利申请技术方案的保护，通常会根据保护的需求或者是逻辑关系方面的考量，以及该技术方案在整个申请专利群的申请策略对各从属权利要求进行布局，也就是通过多种并列或延伸的从属权利要求对其引用在前的技术特征或技术方案作进一步限定，以实现技术方案的全面保护。因此，企业专利工程师要知晓从属权利要求的布置对于专利权的保护和稳定性的作用。

2. 交叉引用

从属权利要求往往有会出现交叉引用，通过交叉引用，实现不同的技术方案的组合，从而形成所要求保护的具体不同的技术方案。当专利授权后，各种具体交叉引用关系就不能增加、减少或变更了。在无效或者诉讼程序中，争议各方都是以该引用关系确定专利技术特征的保护，以实现多角度的保护。

（四）说明书的内容

一份好的说明书既要实现对权利要求书进行有效的支持，做到充分公开，又要做到公开的内容与保护的内容相匹配，适度满足"充分公开"的要求。

说明书一般应满足以下要求：

（1）指明发明创造的种类，即指明发明或实用新型。

（2）说明书应当满足下列基本要求：①清楚；②完整；③能够实现；④支持。说明书内容如果不清楚、不完整，说明书中披露的技术方案公开不够充分，不能满足充分公开的要求，权利要求得不到说明书的支持，申请就有可能被驳回。

（3）说明书的结构。说明书的组成部分包括发明创造名称、所属技术领域、背景技术、技术效果、技术方案、发明目的、附图说明、具体实施方式。

（4）附图。①对附图的说明：说明书有附图时，须对每幅附图作简略说明。②附图上对各部件的标记：附图应对各相关部件进行标记，附图标记应与说明书文字部分中提及的附图标记相对应，申请文件中表示同一组成部分的附图标记应当一致。

（5）说明书摘要的撰写要求：说明书摘要应当写明发明或者实用新型专利申请所公开内容的概要，包括所属技术领域、所要解决的技术问题、解决该技术问题的技术方案的要点以及主要用途。

二、判断申请文件是否符合本企业技术成果保护的要求

判断申请文件是否符合本企业技术成果保护的要求，包括：（1）保护范围是否覆盖了本企业的技术创新点；（2）说明书是否清楚完整地记载创新点的机理、构成、对应的技术含义以及所取得的技术效果；（3）是否有遗漏技术方案；（4）技术目的、技术效果和技术方案三方面是否有误，三者间是否存在呼应关系；（5）有没有其他明显的失误。

第七节　从申请文件中获取进一步信息

从申请文件中获取进一步信息包括：（1）将申请文件中有参考价值的信息或者检索到的相关文件及时反馈给相关技术人员；（2）对在原技术方案基础上进行改进或延伸方案的提取；（3）关注在原技术方案基础上进行的等同或替代方案；（4）发现新的发明创造点，适时更改专利申请类型（审核中将新发现的有价值的实用新型专利申请，改为申请或同时申请发明专利）。

当企业专利工程师从申请文件中发现新的启示或者是与企业下一步产品的技术方案内容相关的内容，而且在本企业整个技术的发展新方向有可能派生出大量的新专利时，应该与专利代理人及时进行沟通，在申请资料中删除上述内容，否则会出现在前的专利申请中的该技术特征直接影响了下一代产品的专利布局，导致后面相关一批技术方案无法申请专利或者专利申请被驳回或者缩小保护范围。

第八节　企业专利工程师工作中的常见误区

企业专利工程师工作中常见的误区有如下几方面。

（1）将专利的创造性等同于技术领域中的技术复杂程度

其实，专利的创造性并不是用技术复杂程度来衡量的，一个结构看似简单的发明创造，也可能是一个伟大的发明。而且，越简单的技术方案其技术特征往往越少，保护范围大而易于影响权利要求的稳定性，当然，要写出好的专利申请文件的难度会越大。

（2）将专利意义上的技术方案等同于技术领域中的技术方案

专利意义上的技术方案仅限于权利要求书保护的技术方案，说明书中的内容仅起到解释作用，而且在实际维权中法院也仅支持专利意义上的技术方案。具体侵权的新产品（或者样品）只能作为帮助理解专利保护范围的辅助参考。

（3）以"大小"来判断保护范围是否适当，认为专利保护范围越大越好

其实，撰写的权利要求保护范围大了对本企业并不见得最有利。一般地说，技术特征较小，保护的范围就较大些，同时区别特征较少，则创造性较低些，尤其是对于那些没有撰写出重要的技术特征，就如同专利的关卡设置在四通八达的广场上，而没有设置在道路的结点上，往来的车流很容易规避；而权利要求中的技术特征较多时，其撰写的保护范围就会较小，此时区别特征往往比较明显，其创造性较高，专利技术方案的稳定性就较高，尤其当独立权利要求中的所有技术特征都是必要的技术特征，缺一不可，抓住了技术的要害，就如同在高速公路的道路进口处设置了收费站，虽然范围较小，但同样难以绕道规避，也不见得对本企业专利保护不利。因此，一件好的专利申请，应当量身裁剪才是适合的，其保护范围也是较为恰当的。

(4) 认为从属权利要求中的技术方案一定要在现有产品上体现

从属权利要求中的技术方案不一定是现有产品中的技术特征。随着企业专利申请策略运用以及需求的增加和专利代理人撰写水平与技巧的提高，从属权利要求的表现形式也会更为丰富。例如，有不少从属权利要求撰写的目的是要对现有的技术方案进行堵漏的，将现有技术方案中可能出现的漏洞进行层层设堵，防止竞争对手借道，进而对本企业专利形成技术壁垒。

(5) 认为只要技术方案列入了从属权利要求就能够得到保护

基于这样的考虑，不少人认为从属权利要求写得项数越多越好。其实不然。例如，将一些与本申请技术方案不相关的技术方案，尤其是可能涉及下一代产品相关的技术特征罗列到从属权利要求中，不但得不到保护，反而会公开一些在后另行申请专利的技术方案，对本企业的技术方案造成不利的影响，相当于无偿地贡献出了这些技术方案，使其进入公知技术领域，甚至会打乱本企业的专利布局，造成整个专利策略的错误与混乱。

(6) 混淆专利保护与技术秘密的概念，认为申请专利的技术方案会泄露本企业的技术机密

其实专利保护与技术秘密保护并不矛盾，重要的是需要处理好两者之间的关系。通常需要把握的原则是在专利申请时，提交专利申请的内容要写透，涉及技术秘密或者该申请中不能提及的内容一字也不提，这样就不会引伸出没写的内容，也就不会给竞争对手以技术上的提示，避免使竞争对手形成从属专利和保护范围的交叉。

(7) 认为在专利申请中用词越模糊越好

专利申请的基本要求是清楚完整。有些专利代理人同样存在这样的误导，因为模糊的词容易写，不易产生错误。谁都知道用"清楚完整"的词对于权利要求需要保护的权利保护范围进行精准定位很难，但专利的每项权利要求撰写得清楚、明了和完整，不仅有利于该专利权的有效保护，而且可以明显降低维权成本，大大降低侵权诉讼过程中的确权成本；而模糊的词语会导致保护范围不清楚，最终给专利申请带来极其不利的后果。

(8) 认为只有增加内容才会超范围

其实，不仅在原申请文件中增加原来没有的技术方案会超范围，而且将权利要求保护范围由大变小进行实质性缩小同样也可能会超范围。《专利法》第26条第4款明确规定："权利要求书应当以说明书为依据，清楚、简要地限定要求专利保护的范围"，如果权利要求书保护范围较大，不能以说明书为依据，同样会造成超范围。另外，在权利要求书中删掉一个词或者一个句子也都会出现超范围的情形。又如，删除一个定语的限定，明显扩大了原专利权利要求的保护范围，这是《专利法》所明确禁止的。通常有效的做法是按照《专利法》第26条第4款的规定，并为了避免上述问题的发生，在说明书中应尽可能提供多的实施例。

（9）认为在一件专利申请中包容所有的技术方案才是最好的

通常，一件专利只能保护一项以独立权利要求所划定的技术方案。很多申请人为了减少费用或者想穷尽一切可能，在一件专利申请文件中进行多项技术方案的罗列，认为列得越多保护就越充分。其实，罗列得越多有时会对保护越不利。例如，对于那些有价值的技术方案，若该技术方案仅写在从属权利要求中，它只能在该专利独立权利要求中所记载的所有技术特征都用到，并引用到该权利要求时才会被认定为侵权，否则会认定为不侵权。因此，只有对于一些较为重要的技术特征多单独进行专利申请，使得该技术特征能够得到独立的保护，进行专利交叉布局，这样的保护对企业才越有利。如复印机的发明者施乐，为了保护自己的创新成果，它煞费苦心地申请了500多项专利，构筑了坚固的"城墙"，设置了有效的专利壁垒，没有人能在专利有效期内向它发起有力的挑战，并对它构成威胁。

（10）认为权利要求的引用关系不太重要

产生这种错误认识的原因之一是对于引用关系的限定性没有给予足够的重视。在专利的无效程序中，当请求人提交对比技术来请求宣告涉案的专利无效时，专利权人可以在一个月内主动对权利要求书的引用关系等重新进行调整和布置。但是，申请人的这个权利被严格地限定在这个时段，并在不超范围的前提下进行修改。一旦过了期限，该专利只能按照《专利审查指南2010》中规定的"用删除的方式"修改权利要求书，至此原权利要求书中的各从属权利要求的引用关系就至关重要了。例如，当独立权利要求的A特征与从属权利要求的B特征被宣告部分无效，而从属权利要求的C特征（准确地说A、B、C技术特征的集合）有创造性的话，若原专利的权利要求书中仅有A与B或者A与C的引用关系，而没有A与B和C引用关系的话，则删除后的专利权将无法得到实际有效的保护；倘若原权利要求书中已经写明了这种引用关系下的技术方案，那么它在删除后的权利要求书中仍然能得到法律的保护。

由此可知，撰写出一份优秀专利申请文件的权利要求书与说明书不仅本身要有一定创新点的内容，而且要求专利撰写人能够发现它，并用清楚、确定的文句，有层次（引用）关系和有预见性地完整刻画出来。

第九节 审查意见的答复

一、审查意见的答复及答复人的调整

如果是委托专利代理机构进行审查意见答复的，企业专利工程师要做到能够与专利代理人进行意见沟通，并提出自己的实质性答复意见，以供专利代理人参考引用。由于专利代理人对答复审查意见有丰富的经验，同时与审查员有业务上的沟通技巧，一般建议通过专利代理机构的专利代理人来完成审查意见答复。而对于企业自己撰写的专利申请文件，通常要由撰写人或专利工程师来作出答复。

在现实工作中，也有不少的企业起初是自己撰写专利申请文件，当进行到发明专利申请的实质审查阶段，遇到有一些棘手的审查意见通知书时，再委托专业的专利代理机构进行后续的专利申请程序。

二、针对审查意见提出实质性的答复意见

（一）对于争议点，做好原专利撰写人与发明人的沟通工作

专利撰写人或答辩人仔细研读审查意见通知书的全部内容，认真分析审查员给出的对比文件，并与发明人进行进一步沟通，找到本申请与对比技术之间存在的关键区别点。

（二）有针对性地对审查意见通知书进行全面答复

在有针对性地对审查意见通知书进行全面答复时，要突出重点，善于抓主要矛盾，对于不符合《专利法》新颖性规定、创造性规定的答复要做到有理有据。

如针对不具备创造性进行答辩的，应当着重针对本申请与对比文件的技术方案存在的实质性差别进行答辩，指出这种差别蕴含的技术方案明显不同于现有技术的技术方案，不同的技术方案实现了不同的技术效果，而存在这种实质性差别的技术方案对本领域技术人员而言并不是显而易见的，符合突出的实质性特点和显著的进步要求，因此具备《专利法》规定的创造性。具体做法如下。

（1）要对审查意见进行具体分析、认真对比。通过具体分析和认真对比，如果发现审查员的意见在理解上有偏差，要从本领域的具体情况出发，给审查员明确的解释，说服审查员认同自己的观点，为本专利申请争取最大、最有效的保护范围和授权机会。

（2）紧紧围绕本申请中技术方案的实质不同点进行分析，阐明实质性不同点带来了意料不到的技术效果，因而具备创造性。

① 有些审查员给出的审查意见似是而非，对于这样的审查意见，企业专利工程师很难分辨出其中实质性的不同，此时需要与发明人积极沟通，并利用熟悉的法规和答辩技巧进行答辩。

② 重点分析争取专利授权的关键点，透过技术特征表面上的相似性，找到技术特征的实质性区别点。

③ 如果本申请确实没有明显区别于现有技术的技术特征，应该对申请文件尤其是对权利要求书进行适当的修改，争取专利授权。

④ 从说明书中寻找可能披露的有用的技术信息，作为实质性区别技术特征修改到权利要求书中。例如，将该技术特征作为定语限定另一技术特征，使之创新点的表达更为精准，其创造性大增。

⑤ 答复实质审查意见时，对每一项权利要求尽可能要做到据理力争，阐明能够授权的理由。

（三）有技巧性地答复"显而易见"或"公知常识"类的审查意见

（1）审查员比较擅长在审查意见通知书中给出"显而易见"或"本领域的普通技术人员无需创造性劳动"这样的审查意见，针对这样的审查意见，可以通过分析本专利申请的背景技术、解决的技术问题等来进行答复。

（2）"公知常识"这样的审查意见是审查意见通知书中常见的，针对这样的审查意见最好与发明人配合，主动介绍本领域常用的一些技术手段，采用主动举证的方法进行答辩，重要的是要力图从发明的目的不同、所欲达到的技术效果的不尽相同等角度来阐明该"公知常识"与本方案中的技术特征之间无法产生直接的关联。

不管审查员给出什么样的审查意见，与发明人充分沟通，依照法律法规，结合答辩技巧，详细阐明的申请人的观点，是争取授权的关键。答复审查意见过程中切忌答非所问，否则很容易导致专利申请被驳回。当然，如果认为答复有难度，应当及时委托专利代理机构，以免造成时限等方面的延误。

（四）不能轻易地缩小专利权利要求书的保护范围

除非是一些出于申请策略上考虑的专利申请，例如，要尽快地获得专利权以便早日拿到政府的支助或者补贴，一般地，不能轻易地缩小专利权利要求书的保护范围。因为，缩小后，对于该专利的保护范围而言，只能一步步地压缩，不可能再扩大，除非另行在《专利法》允许的范围（满足创造性或者国内优先权等条件）内再重新申请专利。

【案例5-3】技术专家≠专利专家

五笔字型被评价为不亚于活字印刷术的伟大发明，其创始人王永民被誉为把中国带入信息时代的人而享誉全球。因此，王永民是一个极为优秀的技术专家，而且中国专利法试行的早期就将五笔字型及时申请了专利。他依靠自己对专利法的了解，大胆地自己撰写了专利申请文件。但他毕竟不是专利领域的专家，不可能对专利制度的细节及技巧有深入全面的了解和灵活运用，他在中国专利局审查批准其专利申请时，明确承诺"220个字根的优选及其组合是本项发明的精华和核心"。而在该第三版基础上改良的第四版的五笔字型，其字根只有199个，因他的不当处理使得原本应当侵权的第四版五笔字型没有落入到该专利的保护范围内，根据不得反悔原则，导致其在历经五年之久的跌宕起伏的专利侵权纠纷中最后败诉。

第十节 其他专利工作

一、专利翻译

根据企业的需要，企业专利工程师还需要完成或者协助专业翻译人员完成相关专利申请文件的外文翻译或者将本专利申请文件翻译成外文。在专利翻译过程中通常委托社会上的翻译公司或者专利代理机构，他们对于一般通用性技术内容的翻译不太会存在问题，但对企业的专用术语、特有技术、工艺条件等特定内容，尤其是小语种外文翻译的准确性问题一定要进行把关，以免因翻译错误而导致专利申请方案与实际需要保护的技术方案严重不符，给企业造成重大损失。

二、企业专利检索

企业专利工程师应当为本企业建立一个与企业关联且有专业性的数据库。通过数据库，了解和掌握竞争对手的动向，了解同行业的发展方向，尤其是当发现了竞争对手有大举进入新技术领域的动向时，应当立即跟进，进行专利布局，为研发工程师创新提供参照和启发，并将相关内容提供给专利代理机构，使本企业专利申请保护范围更恰当，稳定性更高。

当然，要做好这项工作是需要一定条件的，例如，企业拥有相应容量的数据库及其检索工具，并配备有经过培训的检索人员，并保证有足够的时间。

三、专利实施

企业专利工程师根据本企业的实际，协助企业做好本企业专利的实施，具体包括以下几种。

1. 自行实施：仅限于本企业生产使用

对于本企业的核心专利技术，在本企业足够占领市场的情况下，企业可以自行使用该专利技术，为企业牢牢占据市场。

2. 许可实施

许可实施包括：（1）独占许可；（2）排他许可；（3）普通许可。对于一项技术领域太广泛、技术寿命不长的专利，企业要适时许可给更多的企业使用，才能产生更多效益。此时，企业专利工程师应该根据本企业的决策，选择上述许可方式签订许可合同。

四、专利运营

企业专利工程师还要根据本企业的专利战略和企业经营发展的需要，制订专利运营的规划，开展专利运营工作，对于企业盘活专利的无形资产，使专利作为资产发挥进一步的作用，以实现企业经济效益的最大化。企业专利运营的主要内容包括专利转让、专利许可、专利质押融资、专利导航、专利产业化等。具体内容参见第六章第九节中的"专利运营的主要形式"。

第十一节　企业专利各种期限的监控

企业专利工程师要建立企业专利各种期限的监控，包括不丧失新颖性期限、优先权期限、实质审查期限、答复各种意见期限、复审请求期限、诉讼时效等。

如果已与专利代理机构进行合作，则上述各期限费用的监管工作可交由专利代理机构去做。如果企业自己来进行各期限费用的监管，极易因疏忽而导致不可挽回的严重后果，具体参见案例7-2。企业专利工程师应将精力放在与专利申请、技术创新点的挖掘、专利策略的制定（例如优先权的活用）以及与代理机构的沟通协调等方面。

第六章　与专利代理机构深度合作

企业将研发的成果或者采用追随策略改良的技术方案等适时地申请专利，获得法律保护，这是企业参与专利制度的重要一环；由于专利文件是寓法律和技术于一体的法律文件，不容闪失与更改，其程序复杂且技巧性强，需要一定的经验积累和沉淀，因此，企业在申请专利的过程中，若能寻找到合适的专利代理机构与其进行战略性合作，就能够灵活有效地做好企业专利申请策略的实施和专利布局等工作，使得企业更有效地实施其专利战略，提升企业的竞争力。

第一节　充分发挥专利代理人"第二发明人"的作用

专利申请文件的撰写是一项法律性、技术性都极强的工作，没有经过专门训练的工程技术人员和没有技术背景的法律工作者都很难胜任这项工作。在专利申请过程中，专利代理人要完成技术交底文件的阅读与理解、技术创新点的挖掘、现有技术的检索与对比、技术方案的分析及专利布局、二次创新方案的形成、申请文件的撰写及审查意见的答复。尤其是专利代理人作为独立方与发明人讨论技术方案，在专利申请中有"第二发明人"的说法，专利代理人在专利申请中的创新作用对于申请人是非常有利的。企业应当充分发挥专利代理人"第二发明人"的作用，深度挖掘技术上的创新点。

一、与代理人研讨，有利于收集技术改进点

在实践中，专利申请人常常对提交专利申请的时机和授权条件存在诸多误解。他们往往认为只有达到相当高度的技术才能获得专利保护，或者认为一项技术只有在经历了一系列的改进完善之后才能提交专利申请。殊不知，一项发明能否获得专利权的一项重要的依据是其能否符合专利法对于新颖性、创造性等授权条件的规定，而不是该项发明实际技术含量是否高，或者是否存在原理上的重大突破。因此，在技术研发过程中，要重视并注意收集一些小的改进点。只要这些改进点能够解决一定的技术问题并产生相应的效果，即为具有可专利性的技术改进点，单一的技术改进点也许不能满足专利法规定的创造性要求，但在同个项目上若有若干创新点的积累，其整体改进就可能满足专利法规定的创造性要求，此时发明人应与专利代理人沟通，探讨技术方案的可专利性。

由于专利代理人长期接触本领域的先进技术，对于该领域的先进技术可谓见多识广，并在漫长的工作过程中积累了丰富的经验，能以自己长期练就的专业技能，从发明目的、技术方案或者技术效果等不同的视角，用专业和独特的眼光，对这些改进点进行深入的解读，挖掘出隐藏在深处的有创新价值的技术特征（挖掘创新点的能力个体差异性较大，是衡量撰写人水平的一项重要指标），从而撰写出满足专利法要求的专利申请文件，使该技术项目得到专利的保护。因此，发明人在工作过程中收集各种改进点以及等效的技术方案并与专利代理人多研讨是企业申请专利的一个有效途径。

二、发明人与代理人的有效沟通有利于创新点的挖掘

通常发明人与专利代理人直接见面的机会较少，常规的专利申请过程是由发明人提供技术交底资料，专利代理人在阅读和理解技术内容后撰写专利申请文件，这样不利于提高专利代理人的工作效率，但是由于发明人通常对于技术方案的创新特征不够敏感，在交底资料中经常遗漏某些至关重要的技术细节；另一方面，专利代理人通常对某些技术特征在整个技术方案中所起的作用缺少深入了解，也容易忽视这些虽不起眼但却起到重要作用的特征，从而导致专利申请技术方案撰写上的欠缺。而这种情况在发明人与专利代理人直接见面的情况下较少出现。发明人与专利代理人当面沟通时，一方面发明人会详细介绍技术方案；另一方面，代理人也会根据自己的理解和判断确定该技术方案的关键技术特征，并对于有关不甚清楚的技术细节问题询问发明人。这样，通过相互交流启发，就比较容易发现技术亮点，降低专利申请过程中对交底材料的要求，从而挖掘出更多的创新点，从而有利于完善技术方案，使技术方案得到较好的保护。

【案例 6-1】发明目的一改，创造性凸显（申请号：201410322867.9）

申请人提供的一种气缸耳轴支撑结构如图 6-1 所示，申请人原本认为只是一种现有气缸耳轴支撑结构的替代方案，其目的仅仅是用于气缸的固定。

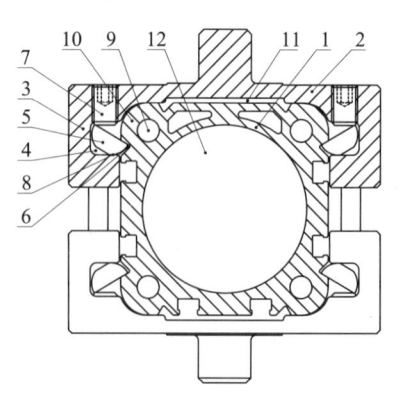

图 6-1 气缸的耳轴支撑结构示意图

1. 缸体；2. 耳轴支架；3. 定位端；4. 固定槽；5. 夹紧块；6. 定位槽；
7. 螺栓；8. 外弧面；9. 缓冲孔；10. 承压部；11. 间隙；12. 缸孔

代理人通过分析认为，与现有技术的气缸耳轴支架所采用的合抱式固定方式相比，该结构在固定过程中具有防止气缸缸体变形的作用，因此原有作为气缸耳轴支撑结构的发明目的会降低该技术方案的创造性，如果从防止气缸缸体变形的角度出发撰写申请文件，则可以显著提高该技术方案的创造性，同时在此清晰的发明目的下的对比文件也相对较少。

因此专利代理人将主要发明目的改为：解决现有技术的气缸耳轴支撑结构容易造成气缸缸体变形，从而影响气缸正常运行的问题。

主要结构描述为：一种气缸耳轴支撑结构，包括分别设置在缸体两侧的耳轴支架，所述的耳轴支架包括本体和两个定位端，两个定位端的相对侧面分别设有与缸体轴向平行的固定槽，固定槽中设有夹紧块，所述的缸体上设有与夹紧块内侧配合的定位槽，耳轴支架上设有作用于夹紧块外侧的螺栓，所述夹紧块远离螺栓的一面向外凸出构成与固定槽侧壁线接触的外弧面。

对主要结构的解释为：本发明通过夹紧块的杠杆作用，使得夹紧块对缸体挤压作用力方向指向耳轴支架的耳轴一侧，因此本发明的耳轴支架对气缸缸体产生的作用力，其方向并不通过气缸中心的缸孔，因此发明的耳轴支架对气缸中心的缸孔没有挤压作用，耳轴支架对气缸作用力集中在气缸缸体外壁的四角处，可以解决现有技术的耳轴支架对气缸的抱紧力过大、容易使气缸缸体受压造成缸体中间的缸孔变形而影响气缸正常运行的问题。

从属权利要求进一步增加特征：（1）缸体的角部设有沿缸体轴向延伸的缓冲孔，缓冲孔外侧的缸体的角部构成承压部；设置在缸体四个角部的缓冲孔的两端可以作为气缸缸盖的固定孔使用，而在耳轴支架的安装处，由于缓冲孔的位置在缸体的角部与缸孔之间，因此缓冲孔的存在使夹紧块夹紧缸体时对缸孔的影响减少，即夹紧块挤压缸体时，缓冲孔起到了缸体的角部与缸孔之间的隔离作用以及缸体应力集中的问题，使夹紧块作用力主要集中在缸体角部的承压部，从而避免缸孔变形。（2）耳轴支架本体与缸体之间设有间隙；该间隙使缸体与耳轴支架脱离接触，可以避免缸体的中间部分受力而引起缸孔变形。

可以看出，与原有单纯用于固定气缸的目的相比，通过改变发明目的，换角度挖掘技术方案的创新点，可以使撰写出的技术方案创造性显著提升。

案例点评：本案是同一结构具有两个不同的目的，增加的发明目的对提高专利的授权率及稳定性有很大的好处。在专利无效案中，很多专利就是因为发明目的不够清晰、仅说诸如"结构简单合理""效率高""成本低"等空话才给人以可乘之机，使对手易于找到类似目的的对比文件。专利审查过程中的"三步法"及专利无效过程中均与发明目的关联，不同的发明目的包含不同的技术意义，而精准、清晰地将其独特的特点表述到发明目的中，给寻找类同发明目的的对比技术明显增大了难度。因此，通过专利代理人对不同的发明目的进行深入挖掘对于凸显创造性、提高专利的授权率及授权后的稳定性均有很大的好处。

三、在已有发明的基础上深度挖掘创造性

事实上，不论是知名跨国公司的授权专利，还是广大中小企业申请的绝大多数专利，相对于现有技术都不是革命性的改变，而只是一些小改进，但正是这些小改进，积少成多，不断地推动和促进全球科技水平的快速发展。另一方面，不论是结构的创新，还是工艺或者方法的改良，在大多数场合下，不同经历与技术背景的人所能看到的创新点是不同的，而技术本身是不会发声来告诉世人的。例如，某项技术客观上存在有10个创新点，但很难被同一人全部看出来，可能普通技术人员能够从中看出3~4个创新点，能被一人看到6~7个创新点也许就很不错了。只有对一项技术发现和挖掘出较多的创新点，专利申请文件才有可能写得具有相应的深度和广度。而且，对于一个技术特征，不同的专利代理人的视角不同，看到并刻画出的深度不同，其效果也会大不相同。因此，从某种意义上讲，专利撰写水平首先表现在对同一项技术能够看到的特征数，以及对重要技术特征的寻找和把握等方面，而这自然是一个专利代理人的业务能力的显现。一个经过专业训练的专利代理人对技术方案创造性的发现能力通常远胜于发明人。因此，企业一方面要重视技术创新，另一方面要善于寻找合适的专利代理机构，依靠其指派的专利代理人或者专利工程师，通过彼此的研讨与启示，挖掘出更多的创新点，完善拟申请专利的技术方案，进而提高技术方案的创造性。

【案例6-2】 改变换热器球径，提高创造性（申请号：201310170145.1）

现有技术中典型的斯特林发动机换热器包括一个外筒，外筒内设置通过焊接叠合在一起的数百层金属丝网，然后与外筒焊接固定，这种金属丝网的制造成本非常昂贵，焊接技术复杂，从而导致整个斯特林发动机的成本很高，不利于推广使用；另一方面，金属丝网周围与外筒焊接的缝隙远大于孔目的间隙，当气体经过金属丝网的时候，金属丝网中心的阻力较周围的阻力大，因此有较多的气体从周围的间隙中通过换热器，形成边缘效应，导致热交换效率低；另外，由于每层金属丝网的孔位一一对应，构成类直孔通道，气体经过金属丝网层的接触面积也较小，影响了换热器的热交换效率。因此如何降低换热器的制造成本，最大限度地增加换热面积，提高热交换效率是设计斯特林换热器的一个重点和难点。

图6-2是上述换热器的一种改进结构。这种结构采用钢球通过电阻焊相互粘连代替金属丝网，钢球连接组合成一个圆柱状的换热器结构，与金属丝网换热器比较，加工制造成本很低，气体经过换热器的时候路线不是直线，会在不同的球状体表面多次反射，与球体的外表面的接触换热面积较大，换热效率高；换热器本体整体结构均匀，气流均匀稳

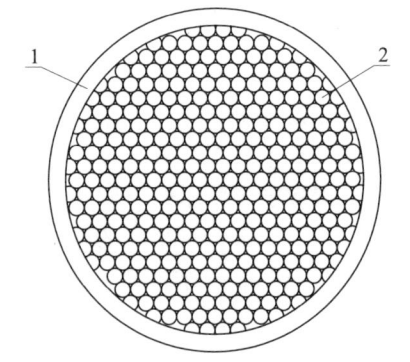

图6-2 换热器改进结构的横截面示意图
1. 外筒；2. 钢球

定，从而保证足够的热交换面积。

为了进一步完善上述技术方案，提高创造性，专利代理人与客户沟通，对技术方案进行进一步完善，在上述结构的圆柱状换热器中，将靠近外筒的外层钢球换成直径较小的钢球（见图6-3），这样把换热器分为内层换热器和外层换热器，而内层换热器球体的直径大于外层换热器球体的直径，使得内层换热器内的球体之间的空隙比外层换热器内的球体之间的间隙大。气体经过换热器的时候，气体的阻力外大内小，因此气流内大外小，能减小气体与换热器外壳之间的热交换，减少热损失。该种结构的换热器在简化制造工艺、消除边缘效应的同时进一步提高了内换热器的换热效率，从而提高换热器的整体换热效率。另一方面，这样的改进在内层换热器与外层之间形成的缓冲层，可以减少由于换热器工作过程中冷热变化引起的热胀冷缩导致的钢球脱落问题。

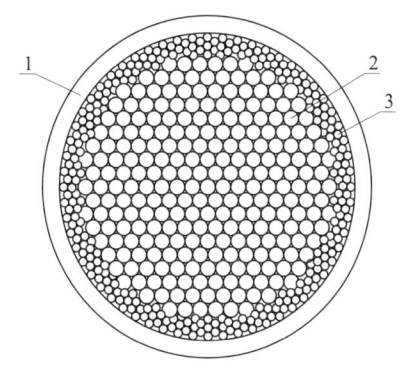

图6-3 进一步优化的换热器横截面结构示意图
1. 外筒；2. 内层钢球；3. 外层钢球

案例点评：本案客户在原有的单一直径钢球代替金属丝网的技术方案基础上，在专利代理人的启发下，在技术中增加了大小钢球内外组合的新方案，满足钢球通过电阻焊焊接的工艺要求，解决了原有技术方案的边缘效应及由于冷热变化引起的钢球脱落问题，也提高了专利申请授权的可能性。该改进方案最后被客户采纳，改进后在产品上使用，取得了良好的效果。

专利是一种优质资产，但如果申请大量的专利不能善加运用，专利就变成一种负担。在当下普遍重视专利保护的前景下，如何将自主专利和外来专利灵活地进行运营，是一个企业成功的关键。企业应该将那些有发展前景的好技术、好专利激活，推进企业专利水平和质量双双提升，为企业的创新发展打造强劲的核心竞争力。

四、专利代理人具备挖掘专利创新点的优势

专利代理人在和发明人对需要申请专利的技术方案进行详细的沟通，从而初步认定发明创造中具有创造性的关键技术特征后，首先需要针对具有创造性的关键技术特征进行专利检索。如果通过检索在现有技术中未发现与发明创造相类似的方案，特别

是未找到与前述关键技术特征相类似的技术特征,即可最终确定发明创造的创新点所在,并开始专利申请文件的撰写;如果专利代理人通过检索后发现与发明创造相类似的方案,专利代理人会和发明人就技术方案再次进行深入的沟通,寻找与现有技术方案间的差异点或挖掘出新的创新点,引导发明人对原有的技术方案进一步改进和完善,以提高技术方案的创造性。

由富有经验的专利代理人进行专利挖掘工作的优势在于:

(1) 熟悉《专利法》《专利法实施细则》等法律法规。

(2) 专利代理人通过大量专利申请文件的撰写积累了丰富的撰写经验,对专利申请方案各结构间的静态连接关系、动态运行过程、工艺条件与次序等方面有较高的把握能力,选词用词方面具有较高的精准性,可以较为准确地表述所挖掘的技术创新点。

(3) 对专利的审批程序、创造性评判标准与审查规则比较熟悉,并积累了丰富的实质审查答辩以及复审、无效等方面的实务经验,对所挖掘的技术创新点的有效性有较为准确的判断能力。

(4) 客观存在的一个技术方案,其中哪些技术特征是对专利有创造性贡献的创新点?其技术本身不会自己明确地显现出来。而常年与新技术、新产品打交道的专利代理人大多具有创新的思维方式,具备采用不同方法或技巧去挖掘技术创新点的能力。

(5) 专利代理人具有宽泛的专业知识面,加上对某一技术不存在先入为主的偏袒性倾向,有利于正确地处理某项技术在实际产品上的重要性与在专利文件中的地位不一致的问题。事实上,由于企业研发人员整天钻研于某项技术中,通常难以摆脱主观成见,他们大多选择在研发过程中最难解决的技术问题,将其判断为重要的技术特征,容易忽视另一些从保护等角度看也许更为重要的技术特征,进而使保护重点出现偏离。

【案例 6-3】深挖光源特点,获得发明授权(申请号:200910309781.1)

申请人的一款电壁炉产品主要用于出口,由于光源技术的不断进步,原电壁炉内使用的白炽灯趋于淘汰,因此拟用 LED 灯代替。申请人提供的技术方案内容是:不作任何其他结构改动,将原电壁炉上的白炽灯换成大功率 LED 灯,简单地说就是换了一种灯泡。申请人向专利代理人提出是否可以就该方案申请发明专利。

电壁炉的原理如图 6-4 所示,成像光源发出的光线通过转动的反光装置反射到成像屏上,模拟出火焰图案。很明显,将白炽灯换成 LED 灯是一种公知技术的替换,没有任何专利性可言。在申请人一

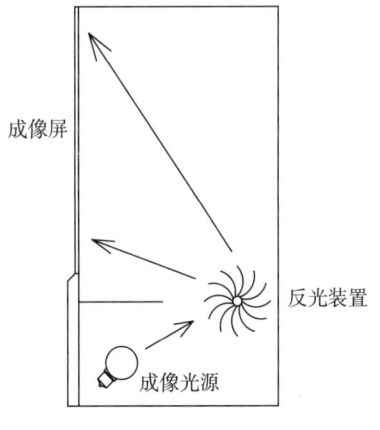

图 6-4 电壁炉的结构原理图

再要求就该主题申请发明专利的情况下，专利代理人对该技术方案进行了认真分析，深入进行技术方案的创新点挖掘，不断变换角度考虑换灯泡这个简单的光源改变对电壁炉的整体影响，着重分析换灯泡可能产生的有益技术效果。通过对比白炽灯与 LED 灯的基本结构发现，与白炽灯相比，更换后的 LED 灯具有节能、发光点较小、所发出的光线具有明显方向性的特点，见图 6-5。

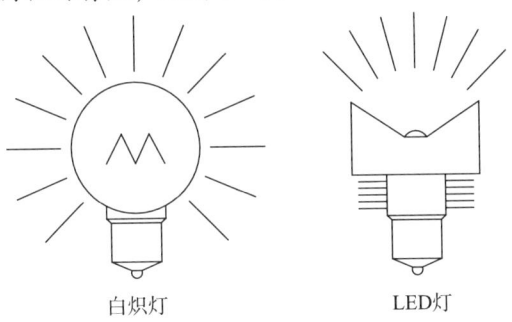

图 6-5 白炽灯与 LED 灯的结构对比

通过对上述区别特征的了解，专利代理人认为对于电壁炉来说，用 LED 灯替换白炽灯能带来一定的有益效果，最后专利代理人在该发明专利（CN200910308157X）的独立权利要求中限定了电壁炉的成像光源为某一功率范围的大功率 LED 点光源，并在从属权利要求中进一步限定了大功率 LED 点光源比较小的发光面积、大功率 LED 点光源的较小照射角即限定反光装置上大部分反光面或反光点所反射的光线，均来自单一大功率 LED 点光源。

对点光源的好处的论述：由于白炽灯的发光部分钨丝所占的面积较大，因此使用白炽灯作为电壁炉的成像光源时，电壁炉上的反光装置所反射的成像光在电壁炉的成像屏上所模拟的火焰图像是大面积光源产生的多个大片光斑最终重叠的结果。这种相互重叠的光斑产生的火焰图像由于位置不重合伴有多个明显的重影，严重影响了火焰图案的清晰度，使得整个火焰图像锐度下降，画面雾化严重。而 LED 光源由于发光点小，属于点光源照射，反光装置的每个反射点均对应一个光斑，可以避免成像屏上所模拟的火焰图案出现重叠的图像，解决了现有电壁炉存在的光源面积过大、产生的影像相互重叠而造成电壁炉模拟火焰清晰度差、画面对比度小及雾化严重的问题，火焰清晰逼真，画面明暗有序、动感强烈，大大提高了电壁炉的观赏效果，增强了电壁炉火焰画面的艺术感染力。

案例点评：通过把一些看上去没有任何创造性的结构，换角度挖掘出创新点以及产生的有益效果，提高该技术方案的创造性，这是专利代理人应该拥有的专业技能。国内的大部分专利的创造性并不高，由于实用新型专利创造性要求很低，通常客户相对喜欢申请实用新型专利；但由于实用新型专利不进行实质审查，许多专利代理人在撰写实用新型专利的申请文件时，通常会对技术方案作简化处理，缺少对技术方案创造性的深入挖掘，这对专利稳定性非常不利。很多技术方案的创造点是隐藏的，技术本身不会说话，需要发明人或专利代理人进行深入挖掘。

本案利用高亮度点光源使电壁炉成像更清晰这一白炽灯无法达到的技术效果，不但满足了客户对光源进行更新换代的要求，又凸显了创造性，使原本申请实用新型专利都可能被驳回的技术方案申请发明专利并最终授权，这无疑是专利代理人专利创新点挖掘的成功案例。

五、发明人和专利代理人合作利于技术方案向专利战略方向深化

我们知道，一个好的产品很多时候主要在于其新奇巧妙的创意，而技术方案本身则可能比较简单。在这种情况下，发明人或者简单地认为其"技术含量很低"，从而放弃申请专利；或者将新的产品简单地等同于专利的新颖性、创造性，在未作任何检索的情况下匆忙地将一个只有基本原理、结构尚不完善的新产品申请发明专利，希望通过专利申请使自己新开发的产品得到有效的保护。殊不知这种做法是非常危险的。因为在市场上从未出现的新产品不等于没有相关的专利，更不等于在专利法意义上具备新颖性和创造性，这样简单地申请发明专利，其最终被驳回的可能性较高。因此，企业可以和专利代理机构深度合作，在专利代理人的指导下对已开发或开发中的项目进行研讨，从而完善技术方案，提高创造性。

（一）专利代理人向发明人指出二次开发的方向

首先，专利代理人可利用自身对专利创造性的理解，指导发明人对已开发或开发中的技术方案中的某些结构进行修改和完善，而发明人则根据专利代理人的建议具体构思相应的技术方案。

【案例6-4】专利代理人对专利创造性的启发（申请号：201410138411.7）

浙江省云和县某木业公司委托申请的发明专利"一种扭扭车"，其主要特点是利用压制成型的合成板材制成一种样式新颖的儿童玩具扭扭车。专利代理人在收到发明人提供的原始资料后发现，虽然市场上尚未见到同种款式和类型的扭扭车，但该扭扭车的基本工作原理与现有技术的扭扭车相类似，其主要特点在于利用企业现有的生产能力，用压制成型的合成板材替代现有扭扭车的塑料外壳。也就是说，原始资料中材料的替换是亮点，因此其更适合申请外观设计专利。最终专利代理人建议发明人对扭扭车的具体结构进行改进和完善。由于发明人缺少对专利创造性的了解，因此并不清楚可以在哪一方面和怎样改进扭扭车的结构。在接下来的时间里，专利代理人充分发挥自身对专利创造性的深刻理解，同时结合自身深厚的技术研发实力，对原有的扭扭车技术方案提出了一些新的改进建议，希望发明人能增加扭扭车的爬坡功能，并具体描述相应的具体结构。发明人接受了专利代理人的建议，重新构思了技术方案，不仅大大地丰富了发明创造的内容，增加了专利授权的可能性，有利于发明创造的保护，同时也使企业的新产品提升了档次，提高了产品的竞争力。

（二）专利代理人与发明人合作对技术方案进行延伸改进

由于发明人在考虑技术方案时需要更多地考虑技术方案的"实用性"，即生产制造

的难度、制造成本、销售前景等因素，因此，即使专利代理人为发明人对已开发或开发中的技术方案中的某些结构指明了进行二次开发的方向，但发明人仍然只会想到一些比较常见的"成熟技术方案"，从而缺乏专利法意义上的创造性。为此，对于具有较深厚研发经历的专利代理人而言，可以和发明人一起共同构思如何改进技术方案。首先由专利代理人构思一个创造性较高的原理性的方案，然后由发明人提供具有较高生产价值的具体结构和内容，以丰富并完善技术方案，从而使修改后的技术方案既具有较高的创造性，提高专利申请的授权率，同时符合企业的实际生产现状，具有较好的保护价值。

【案例6-5】通过分案申请进行专利延伸与布局（申请号：201310119521.4）

申请人浙江某汽车研究院有限公司杭州分公司委托申请发明专利"一种车用遮雨装置的控制方法"。该发明的基本原理是在轿车的顶棚上增加一个可自动控制打开和收纳的遮雨装置，雨天乘车时，乘车人或驾驶员可通过电控或遥控器遥控的方式打开遮雨装置，以便在需要下车或上车时，可先打开遮雨装置，然后躲在遮雨装置下打开雨伞或收起雨伞，避免雨天坐车在进出车门时被雨淋湿。由于发明人提供的原始材料只有一个总体的构思，缺少遮雨装置的具体结构的描述，代理人在进行初步检索后认为，这样一个原理性的新发明被驳回的可能性比较大，需要通过具体结构的补充去增加专利申请授权的可能性。专利代理人为发明人设计了几种遮雨装置的新奇构思，然后再由发明人对几种遮雨装置的构思进行补充并细化了具体的实现结构，并且将原来的一件发明专利申请分案为"一种轿车进出车门时的遮雨装置"（201310119498.9）和"一种轿车用遮雨装置"（201310119521.4）两件发明专利，从而使发明人的发明创造得以最大限度的保护。

第二节 邀请专利代理机构参与企业产品决策

一、产品开发过程各阶段专利检索的重点

专利检索是贯穿企业整个研发过程的。在研发前期，通过专利检索可以进行技术摸底，了解目前技术布局，绘制专利地图，寻找技术空白点，在现有的技术上进行再创新；在研发中期，通过专利检索实时掌握竞争对手的研发动态，了解最新专利申请公开，按需调整自身研发方向；在研发后期，为了创新成果的保护，可通过专利检索进一步确定自身技术与现有技术间的具体差异点，并判断是否具备专利的"三性"，是否可以申请专利；在产品出口上市前，通过专利检索，掌握目标地区的专利布局，以防侵权造成损失；在面对侵权危机时，通过专利检索可找到相关专利，做好请求宣告其专利无效或者进行诉讼抗辩的准备工作；在技术引进或者人才引进时，通过专利检索可以了解该技术或该人才的价值高低，尤其在技术引进时，通常可以发现大量的无效专利或者关联度很低的专利，通过清理，可大幅度地降低整个技术的转让价格。

二、专利分析为企业产品决策提供依据

专利分析是在专利检索获得相关技术领域的专利信息的基础上，对这些专利信息

进行分析、加工，并利用统计学的方法和技巧将这些专利信息转化为全局性的、具有预测功能的技术情报，从而为企业的科技研发、产品研制、市场开发提供决策服务。

（一）企业专利分析的价值

（1）通过专利分析可以掌握或了解到本企业所属技术领域技术发展现状，根据掌握的现状为企业的科技研发提供参考情报，引导企业科技研发方向，提升科技研发速度。

（2）及时掌握竞争对手的发展情况，关注相关企业的技术实力和市场发展方向，为本企业的发展提供发展方向。

（3）掌握某一技术领域的专利空白、专利技术成熟情况，帮助本企业实现专利合理布局，并进行专利预警。

（二）企业专利分析的种类

根据本企业的技术水平和需要，在不同时期有针对性地选取专利分析种类。

（1）本技术领域相关企业专利文献法律数据

通过对本领域相关企业的专利授权状况，专利权的有效性、撤回、无效等情况，寻找对本企业发展有利的专利信息。

（2）尚未授权但已公开的专利申请

可以通过分析那些已经公开但是尚未授权的专利，并及时调整本企业的专利布局，避免竞争对手对本企业的核心专利形成壁垒，阻碍本企业的发展。

（3）相关技术领域授权专利

分析整个行业的技术专利状态，针对已有专利寻求本企业的突破口。

（4）竞争对手的全部专利

通过分析竞争对手的全部专利，了解竞争对手的技术水平和研发方向以及专利发展战略，积极采取应对策略，避免发生正面冲突。

（三）委托专业代理机构进行专利分析

专利分析的专业性强，需要从专利法角度解读文件，综合性强，技术含量高，涉及内容繁多，既包含专利检索、数据统计、文献整理、专利表格制作、筛选、分析评价等，又需要结合相关技术领域对本企业进行深度分析，包括分析各技术领域、竞争对手以及本企业研发战略、专利布局战略、侵权监控战略、专利侵权规避战略等，因此，对于专利分析，企业需要与专利代理机构进行长期合作。

专利检索是一项比较专业的工作，企业的技术人员虽然对本领域的技术现状等情况比较了解，但往往缺乏与专利相关的法律法规知识，缺乏专利检索的技能，其很难准确地找到和发明创造最接近的专利，更无法准确判断发明创造和已有专利之间的区别。因此，企业在开发一个新产品时，应尽可能请专利代理机构对同类型产品的已有专利进行检索，以便明确现有专利中尚未涉及的空白地带，及时调整新产品的研发思路，避免出现盲目开发现象。

那么，专利代理机构与专业的检索机构比较各有何种特长呢？一般地说，后者在检索工具和手段以及外语人才等方面明显长于前者；前者在技术的专业性、领域的覆盖面，尤其是对于分析专利的保护范围、专利的稳定性、各专利的实际作用力大小等方面有明显的优势。基于上述认识，杭诚所经过几年的努力，在检索工具和手段以及外语能力等方面有了明显的改观，并在服务于企业的过程中不断得以提高。

例如，杭州某电器股份有限公司在新开发一款抽油烟机时，首先，发明人对相关专利作了初步的检索，找到了竞争对手的一件已经公开的相关专利申请；然后，企业又委托杭诚所对相关的专利进行全面、精确的检索，包括该抽油烟机的一些外围技术所涉及的专利，最终确定了与新开发项目最接近的专利技术方案。为了避免新开发项目在生产上市时陷入专利侵权困境，企业再次与专利代理机构商讨如何有效地规避该在先的专利技术方案。专利代理人在仔细分析了该专利技术方案的权利要求书以后，明确了其权利要求书所确定的保护范围中主要的关键技术特征，使发明人调整了原有的技术方案，从而设计出了结构新颖的抽油烟机，不仅有效地避开了在先申请专利的保护范围，同时还进一步简化了结构。

三、确定专利申请的类型、数量及布局

（一）如何确定专利申请的类型

当一项发明创造准备申请专利时，申请何种类型的专利是首先应考虑的问题。既要最大程度地在市场竞争中使发明创造得以最大限度的保护，又要经济性好少花钱。除方法类发明创造（包括工艺、配方）只能申请发明专利外，产品和结构方面的专利要视其在市场中的生命长短、创造性高低等情况选择合适的专利类型。

通常除原创性发明需要申请发明专利外，更多的新产品则适合申请实用新型专利或者外观设计专利。对于某些产品的新发明，我们除了可以就整个产品申请专利，还可以就产品中具有创新结构的装置、结构、部件等分别单独申请专利；而对于一些具有良好生产、销售前景的产品，则可以同时申请发明专利和实用新型专利，这样，既可以利用实用新型专利授权快捷的特点使发明创造得到及时有效的保护，同时又可以充分利用发明专利所具有的稳定、长效特点，使发明创造得到可靠的长期保护，使企业的利益最大化。

1. 类型布局

专利代理人首先会根据企业提供的技术资料确定专利申请的类型，例如，对于像"一种印刷电路板的制造方法""一种压力控制阀的压力控制方法""一种冷挤压模具的自动成型工艺及自动送料系统""用于增强肌肉性能的补充性饮食组合物"等工艺、材料配方的技术方案，需要申请发明专利。对于像"一种保温杯""一种书桌"这样单纯对产品的外形的改进，则需要申请外观设计专利。而对于像"一种十字轴万向节""一种直流电动机磁瓦黏结夹具"这样一些纯粹是结构上有所改进的技术方案或者一种具有全新结构及用途的产品和装置，如果专利代理人认为其创造性较高，

可以申请发明专利；反之，则可以申请实用新型专利。

在企业的专利申请实践中，不少场合是同一个发明创造技术方案同时申请两种甚至三种类型的专利。

2. 权利要求布局

在一个专利的权利要求书中，独立权利要求为一个独立的技术方案，每个从属权利要求相当于一个关联的子方案，应当根据专利目的和内容以及该专利在企业专利战略中的地位进行相应布局，围绕独立权利要求，选择若干个创新点布置到各从属权利要求中，构成各个子方案的保护内容，使该专利的各技术特征相互交叉和相互呼应，构成该专利所需要的内部布局结构。

国内企业专利的权利要求多以 10 项为限来撰写布局，以 10 项权利要求为例，通常可以将 6~7 项权利要求围绕着核心技术特征，另外 3~4 项技术特征可以适当偏离方案，以满足该专利的布局要求。

3. 技术领域布局

技术领域布局是指某些可以在相近技术领域应用的技术，除了在主要的应用领域申请专利外，还可以在邻近的技术领域进行专利申请，以达到各项技术之间有意义的专利权相互支撑，例如装置、专用材料、生产工艺方法以及专用生产设备等，涉及各个技术领域。另外，企业在进行产品专利申请时，也需要关注该专利产品的上下游产品以及在该技术今后可能延伸到新的技术领域进行提前布局。

4. 地域布局

地域布局是根据产品可能的市场区域，在不同的国家（地区）申请专利。由于专利申请是有地域性的，中国专利仅在中国内地这个区域内有效，若要将该专利的保护范围延伸至境外，必须在 12 个月（外观设计专利 6 个月）内逐个申请专利或者申请 PCT 专利，然后自申请日起 30 个月内可以具体指定某个国家（即进入国家阶段），在该国获得专利的布局。由于国外（例如美欧）专利代理人的诉讼成本较高、法院判决的处罚力度较大，通常专利权人发一个律师函，涉案企业即能停止侵权行为。

（二）影响专利申请数量的因素

关于专利申请的数量主要的考虑因素有：本身技术改进的内容多少和创新的深度和广度、该产品本身的市场价值或者潜在的市场价值、市场竞争的激烈程度以及该产品所处不同的发展阶段等。

例如，对于一些结构比较复杂的装置或产品，如果在多个部件上都有改进，除了为整个装置或产品申请发明或实用新型专利以外，还可以为每个改进后的部件分别申请发明或实用新型专利，从而使创新成果得到有效的保护。

另一个重要的影响因素是企业的发展阶段以及对专利申请策略的选用。当企业正值高速发展期，尤其是准备到新三板，或者主板上市时，急需打造企业品牌，展示企业的研发能力和竞争力，提升企业形象等，往往需要大量地申请专利，企业也会强有力地推出对研发人员和工程师申请专利的各种奖励制度，并要求专利代理机构多多与企业进行专利技术、专利布局、申请策略等方面的研讨，例如20世纪90年代初的海尔，21世纪初的万向集团、东磁集团等，以及随后的吉利集团、超威集团等。华为、中兴等专利申请的强势中国企业更是将不停地大量申请各种专利作为企业发展中的一项常态性工作。

第三节 专利与其他知识产权类型结合的模式

对于企业来说，新技术的保护主要采用专利保护的形式，但对于一项新的技术，除了及时提出专利申请外，也应当考虑通过与其他知识产权类型相结合，进行综合的、多方位的保护。

一、专利与技术秘密结合

对于企业新开发的产品或者制造产品的新的工艺方法等，企业可通过申请专利使自身的发明创造得到有效的保护；对于一些配方、特殊工艺方法等发明创造，如果发明人不公开技术方案，他人很难模仿复制，那么企业既可以通过技术保密的方式使该项技术不外泄，也可以委托有资质的专利代理机构及时地申请专利，并将真实的情况告知专利代理人。通过专利代理人的专业处理，一方面使发明创造的框架部分得以有效的保护，阻止他人的侵权行为，同时又使技术方案的关键技术细节、参数和技术秘密得到很好的保密，避免他人轻易模仿复制。

二、专利与商标结合

专利与商标是同属于知识产权的孪生兄弟，也是知识产权的主要客体。企业的技术创新成果通过专利固化成受法律保护的财产权，随着专利技术的不断开发，企业地位与形象不断得到提升；企业及其产品的形象需要由商标的形式来标识，以降低人们认知企业及其专利产品的成本。企业往往需要预先注册商标，并根据企业及其专利产品的特点进行商标的培育、产品上下游的商标布局、主副商标的布局等。因此，在企业和产品的发展过程中，专利和商标交替申请、相互支撑，是实施企业知识产权战略的主要工作内容。

三、专利与著作权的交叉保护

著作权与专利权均是无形资产，同属知识产权。二者之间有着天然的、不可分割的有机联系，但各有其保护的内容和特点。两者进行交叉保护，有利于将其各个侧重点在法律保护等层面上得到相互支撑。

软件著作权是著作权中的一种。软件著作权登记所保护的是软件的代码（也可以说是软件的表现形式），这可以防止竞争对手直接复制抄袭软件，但是有一个明显的漏洞：如果竞争对手对软件的运作机制、处理方式等内部方法和流程都了解清楚，就可以重新编写相似软件，完成相同的功能或达到相同的结果，但是新软件和原软件通常不会有相同的表现形式，也就是说新软件不会侵犯原软件的著作权。直观地说，如果原软件通过 C 语言来编写，而新软件通过 VB 甚至 C#或 C++等语言来编写，就可以轻易绕过著作权所形成的保护壳，即使新软件和原软件的数据处理方式、控制流程等完全相同，也不会产生侵权情况。

专利所保护的对象与表现形式无关，其保护的是软件的设计思想，包括数据处理方式、控制流程、判断机制等内容。在专利申请获得授权之后，无论其他软件是用什么语言、什么平台、什么运行环境，只要使用到了被保护的方法，就可能产生侵权。相比软件著作权登记来说，通过专利来形成的保护是对软件价值核心的保护，较难被绕过，更容易形成垄断性。当然，通过专利保护也存在一定的缺点，例如申请时间较长、有被驳回的风险、方案公开更多、费用较高等。

需要特别说明的是，并非所有软件都能获得专利的保护。软件方法首先必须是一个技术方案，必须满足《专利法》和《专利法实施细则》及《专利审查指南 2010》等的相关条款才能获得授权。软件所有者需要适当选择合适的保护手段，使自身利益得到最大程度的保护。

【案例 6-6】软件著作权与专利权的交叉保护

某公司开发了一套工程管理软件，借助布设在工地、材料以及设备上的传感器和无线标识充分掌握工程的各个细节，依据收到的信息和数据及时作出合理的应对和安排，相比传统的工程管理方式在施工安全性、工程效率、质量管控、成本控制等方面都有了明显的提升。该公司管理层为防止软件被人复制抄袭，意欲委托杭诚所对该软件进行著作权登记。杭诚所相关人员在了解到该工程管理软件的用处及基本作用机理以后，判定单纯依靠著作权登记所形成的保护效力远远不足，存在因人员流失而产生技术外泄、被抄袭或模仿的可能性，故提出建议对该方案申请发明专利，从专利角度形成另一种保护。

杭诚所技术人员通过对方案的仔细讨论分析，将其进行拆分组合，得到 3 个整体性方案和 8 个细节方案，然后对这 11 个方案全部申请发明专利，最终绝大部分方案获得授权，从而对该软件以及软件所包含的思想形成了坚固而全方位的保护，竞争对手即使高薪聘请原设计人员，也会因为专利权的存在而无法使用已经获得保护的方法。

第四节　如何与具有良好口碑的专利代理机构进行合作

随着社会分工的细化，专业化的程度越来越高。企业若自己撰写专利，无论从成本、质量和效率等方面考虑，还是从技术经验的积累（企业自己申请专利如同厂医，难以广泛积累经验，达到较高专业水准），都不是最佳的方案，加上专利的流程管理较繁杂，一旦发生失误，易产生无法估量的损失。因此，绝大多数企业都会选择专利代理机构进行专利申请等工作（指整个专利的流程）。而选择专利代理机构存在一定的风险。例如，有些专利申请即使获得授权（包括发明专利），也因存在某些缺陷，使得该专利技术无法得到法律保护，使企业蒙受损失。

企业与专利代理机构的合作，通常存在时间上和技术上的延续性，而专利代理机构的规模、专业水准以及行业经验的沉淀是在选择专利代理机构的时候需要考虑的主要因素，选择具有良好口碑的专利代理机构进行合作对企业的成长和发展是至关重要的。因此，企业要从企业战略的高度选择合适的专利代理机构进行合作。参见本书第八章第七节"中小型企业专利战略实施案例"。

一、加强沟通利于保证专利的撰写质量

【案例6-7】 从常规技术组合中捕捉创新特征（申请号：201210070590.6）

某汽车企业希望申请一件发明专利，提供的技术方案如下：在车内驾驶座附近增加一个肺活量测试和酒精测试装置。该控制方法主要由肺活量测试和酒精测试装置、控制单元、驱动机构和执行机构几部分组成。在汽车启动之前，先对准吹气口吹气由肺活量测试装置检测肺活量大小、酒精测试装置检测酒精含量，将检测到的信号一起传入控制系统。控制系统ECU根据该信号进行计算、分析、判断、决策，根据相应的算法，当满足控制条件时发出指令驱动机构，使打火钥匙处于锁死模式，以实现对酒后禁止驾驶的目的。

专利代理人与发明人进行沟通后，对原方案进行了补充，专利代理人所撰写的权利要求书5如下：

"一种适用于权利要求1所述的防止酒后驾车的检测系统的控制方法，其特征是，包括以下步骤：

（1）当驾驶员插入发动机钥匙后，汽车发动机管理系统通过检测控制器控制驾驶证扫描仪、数据采集器、肺活量测试仪、酒精检测仪处于正常检测状态，并发送指令使驾驶证扫描仪开始扫描驾驶证，同时检测控制器启动喇叭语音提醒驾驶员开始扫描驾驶证；

（2）驾驶证扫描仪扫描得到的信息传送给数据采集器，数据采集器筛选出性别和年龄信息传送给检测控制器，检测控制器的测试软件通过筛选计算，得到该驾驶员的性别和年龄段所对应的标准肺活量；

（3）检测控制器发送指令使肺活量测试仪开始检测肺活量，酒精检测仪开始检测酒精含量；同时检测控制器的喇叭语音提醒驾驶员开始检测肺活量和酒精含量；

（4）肺活量测试仪检测驾驶员的肺活量，并将检测的数据传送给检测控制器；酒精检测仪检测驾驶员的酒精含量，并将检测的数据传送给检测控制器；

（5）检测控制器的测试软件对测试得到的数据进行计算，根据计算的结果，检测控制器作进一步处理：

a. 如果驾驶员的肺活量小于标准肺活量，则检测控制器通知肺活量测试仪再次

测试，同时检测控制器的喇叭语音提醒驾驶员肺活量偏小，请再次测试；

b. 检测控制器根据酒精测试仪测试的数据和国家酒后驾车标准判断驾驶员是否为酒后驾车；

c. 如果驾驶员的肺活量大于等于标准肺活量并且驾驶员非酒后驾车，则汽车发动机管理系统允许驾驶员点燃发动机，检测控制器发送指令使驾驶证扫描仪、数据采集器、肺活量测试仪和酒精检测仪处于休眠状态；

d. 如果驾驶员的肺活量大于等于标准肺活量并且驾驶员为酒后驾车，汽车发动机管理系统使打火钥匙处于锁死状态。"

从上述的案例中可以看出，通常发明人对于专利申请需要提交哪些技术资料并不清楚，提交的资料往往缺少必要的技术特征，在专利代理人的二次设计方案的基础上，技术方案变得完整。

二、完整的技术交底资料利于保证专利的撰写质量

在专利申请文件的撰写过程中，需要发明人提供技术交底书，但是，发明人及申请人往往出于保密的需要，不愿意提供关键的、完整的技术信息。这样做有可能将因技术方案的创造性不足而导致申请被驳回，或者因此使关键的技术无法得到保护。

【案例6-8】准确把握技术保密与公开的程度

例如，一公开号为CN103899××6A的发明专利申请，其权利要求书如下：

"1. 钢芯铝合金型架空导线，所述导线截面呈SZ形，其特征在于：所述导线外径不大于39.60 mm。

"2. 一种如权利要求1所述的钢芯铝合金型架空导线制造工艺，其特征在于：

（1）配制满足高强度铝合金杆导电性能和机械物理性能的高强度铝合金液成分；把以下铝合金成分控制在合适的范围内，如 Si 0.5% ~ 0.7%、Mg 0.6% ~ 0.9%；

（2）对高强度铝合金液采用提高导电率、降低线路运行时输电损耗的特殊工艺处理：

① 进行硼化处理：清除铝合金内的 Mn、Cr、V、Ti，提高导电率；

② 增铁处理：进一步提高铝合金的抗拉强度；

③ 除气除渣处理：清除铝合金液的氢气及微小渣粒，净化铝合金液；

④ 过滤处理：进一步除去铝合金液中的细微颗粒；

（3）高强度铝合金杆的连铸连轧轧制最终温度控制在100℃以内；

（4）通过SZ形高强度铝合金拉线模具，采用高速型线拉线机拉制高强度铝合金SZ形线；

（5）采用框式绞线机进行绞制。"

说明书的实施例中有下述描述："本发明为SZ形截面结构的 JLHA2X/G1A - 1035/75 钢芯铝合金型线绞线，由钢芯1和SZ形铝合金线2绞合而成，其具体的规格为由19/Φ2.24 镀锌钢线和10/Φ4.45（等效直径）、14/Φ4.56（等效直径）、18/

Φ4.56（等效直径）以及 22/Φ4.56（等效直径）高强度 SZ 形铝合金线绞合而成，它们对应的外径分别为 Φ11.20、Φ18.30、Φ25.40、Φ32.40 和 Φ39.50，其中 Φ39.50 即为型线绞线外径，比普通导线外径 43.60 mm 减少了 4.10 mm，减轻了导线的覆冰重量。

"JLHA2X/G1A-1035/75 钢芯铝合金型线绞线的制造工艺如下：

（1）配制满足高强度铝合金杆导电性能和机械物理性能的高强度铝合金液成分；把以下铝合金成分控制在合适的范围内，如 Si 0.5% ~ 0.7%、Mg 0.6% ~ 0.9%。

（2）对高强度铝合金液采用提高导电率、降低线路运行时输电损耗的特殊工艺处理：

① 进行硼化处理：清除铝合金内的 Mn、Cr、V、Ti，提高导电率；

② 增铁处理：进一步提高铝合金的抗拉强度；

③ 除气除渣处理：清除铝合金液的氢气及微小渣粒，净化铝合金液；

④ 过滤处理：进一步除去铝合金液中的细微颗粒。

（3）高强度铝合金杆的连铸连轧轧制最终温度控制在 100℃ 以内。

（4）通过 SZ 形高强度铝合金拉线模具，采用高速型线拉线机拉制高强度铝合金 SZ 形线。

（5）采用 Φ630/84B 型框式绞线机进行绞制。"

可以看出，作为结构的独立权利要求的权利要求 1 和作为方法的独立权利要求的权利要求 2 都概括了一个较大的保护范围，权利要求 1 和权利要求 2 都不是可以实现发明目的的完整技术方案，即使在答复审查意见时将说明书实施例中的内容补充到权利要求书中，还是存在公开不充分的问题。

有的申请人既想获得专利权，又不想公开足够获得专利权的技术方案。通常专利代理人都会劝说发明人提供足够获得专利权的技术方案。如果申请人及发明人不愿意提供足够授权的技术方案，将会导致专利申请被驳回。

三、专利审查中的紧密合作，利于提高授权率

在专利审查的审查意见答复过程中，发明人和专利代理人应该密切合作，针对审查意见通知书中指出的问题，对专利申请文件进行相应修改并进行意见陈述，从而提高专利申请的授权率。

【案例 6-9】坚持从细微处寻找差异，赢得授权（申请号：201310508251.6）

一个羽毛球拍的案例：球拍框包括上部边框、中部的左部边框和右部边框，以及下部边框，右部边框与左部边框为对称结构，由上部边框、左部边框至下部边框，边框的横截面结构改变且风阻逐渐增大，相邻的边框之间平滑过渡（见图 6-6）。

与普通的羽毛球拍相比，本案球拍框的上部、中部及下部边框的横截面结构各不相同，挥动球拍时，球拍上部空气阻力较小，球拍中部空气阻力适中，球拍下部空气阻力较大；球拍上部提高了挥拍的速度，球拍中部提高了球拍的稳定性和控球的准确

性，球拍下部的结构使球拍框抗扭力增强，球拍击球后不容易翻转，控球稳定性好。

审查员认为该结构没有创造性，并提供了对比文件 CN2011205173066，该对比球拍的边框也按上、中、下三段设置，其横截面也有变化，但结构稍有不同，区别不是很大。

对此，专利代理人在与发明人多次讨论后，对这些细小变化的技术意义进行了深入的研究，在适当缩小了原独立权利要求的保护范围后，对此审查意见作了如下答复：

"（1）对比文件的边框结构所设置的位置和结构与本发明不同，对比文件的边框结构变化处没有过渡结构，在击球过程中，在击球力和空气阻力作用下，球拍框容易在不同结构的交接部位断裂。

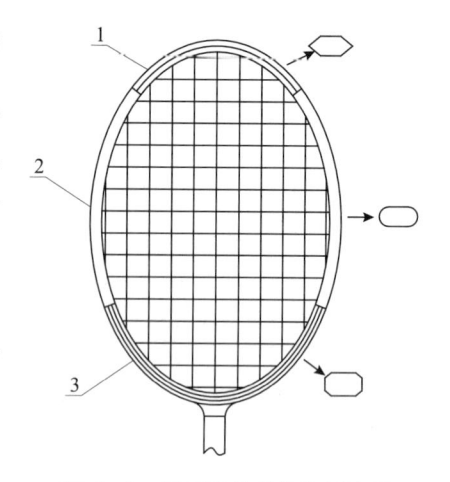

图 6-6 羽毛球拍的结构示意图
1. 上部边框；2. 中部边框；3. 下部边框

"（2）对比文件的部分边框外侧设有凹槽和凸起，凸起有增大风阻的作用，凹槽的设置在降低了边框强度的同时也增大了风阻，而本发明的球拍框外缘并未设置凹槽，风阻较小，球拍框整体强度更高。

"（3）本发明的上部边框的横截面包括矩形面和与矩形面两端连接的两个三角形面。本发明在挥拍时，上部边框与空气流动方向相对的面为两个相交的倾斜面，空气接触两个倾斜面并沿两个倾斜面分别向斜上方及斜下方流动，两个倾斜面对空气具有较小的阻力并对空气的流动具有导向作用，可以有效降低空气阻力，提高挥拍速度，而对比文件无此技术效果。

"（4）本发明的左部边框和右部边框的横截面均为长圆形。横截面为长圆形的左部边框和右部边框使得在挥拍时，左、右部边框与空气流动方向相对的面为圆弧面，空气接触圆弧面并沿圆弧面向后流动，圆弧面比上部的两个相交的倾斜面对空气阻力相对较大，具有稳定球拍、提高控制精度的作用。而对比文件的横截面包括4个向内弯折的钝角，也就是说对比文件的外周面上有2个V形凹槽和1个矩形凹槽；3个凹槽的设置，使边框强度降低，边框各部分受力不均匀，导致球拍的可控性下降。

"（5）本发明的下部边框的横截面包括矩形面和与矩形面两端分别连接的两个梯形面。这种结构使得在挥拍时，下部边框与空气流动方向相对的面为平面和与平面相连接的两个倾斜面，空气接触平面及两个倾斜面并沿两个倾斜面向后流动，平面及两个倾斜面比中部的圆弧面对空气阻力大。此结构设计使得球拍框抗扭力进一步增强，球拍击球后不容易翻转，控球稳定性更好。"

通过答辩，审查员最终同意了专利代理人的观点，该发明专利申请获得授权。

案例点评：本案在发明专利申请的审查中有一定的代表性。很多发明人在得到专利申请没有授权前景的审查意见后通常心灰意冷，不对审查意见进行分析研究，不主动考虑应对方案。此时专利代理人通常需要鼓励发明人认真分析审查意见与技术方案，从中找出有用的区别特征，并对其作出详细说明；如果发明人能与专利代理人同舟共济，坚持到底，则可以显著提高授权率。

【案例6-10】 有效沟通利于提高发明授权率

前述的防止酒后驾车的检测系统的审查意见认为所有权利要求均不具备创造性。

专利代理人和发明人进行沟通后，认为本发明的肺活量测试仪和酒精检测仪相连通具有突出的实质性特点和显著的进步，并对权利要求1进行了修改，答复的意见陈述书节选如下：

"肺活量测试仪可以使被检测的驾驶员最大限度地将肺中的气体吹出，气体会在肺活量测试仪中混合均匀，而如果直接对酒精检测仪呼气检测的话，因为酒精检测仪的气体容量有限，只有少量的气体会进入酒精检测仪，因此进入酒精检测仪不能完全代表被检测的驾驶员肺中的气体浓度，检测的结果不准确。

"而本发明可以确保进入酒精检测仪中的被检测气体是从驾驶员肺中呼出的混合均匀的气体，从而使检测的结果更加准确，有效防止仅仅从口中向酒精检测仪吹气的作弊行为和误检测的发生。

"并且因为二者是连通的，从结构上确保二者必须同时检测，防止一人进行肺活量检测，另外一人进行酒精检测的代替检测的发生。"

专利代理人提交了针对第一次审查意见通知书的意见陈述及修改后的权利要求书后，该发明专利申请被授权。

案例点评：专利申请能够最终授权，是发明人和专利代理人共同努力的成果。专利代理人在技术方案的某些细节上需要得到发明人提供的技术支持，以便给出审查员所指出的缺陷的合理解释或说明。专利代理人和发明人在专利审查过程中的合作，对于专利申请最终获得授权是至关重要的。

第五节 企业涉外专利的保护[❶]

一、寻找涉外专利权利延伸与保护的专利代理机构

涉外专利的申请有多种途径和不尽相同的程序，体系较为庞杂。具体参见第四章第一节。

由于专利是有地域性的，各国的专利法彼此独立，其法律体系和具体条款不尽相

---

❶ 中国科学院综合计划局．中国科学院知识产权工作指南 [EB/OL]．http：//www.docin.com/touch/detail.do？id=254206970．

同，一般的专利代理机构很少涉及，因此，我国专利法实施时对涉外专利事务所设立了准入门槛。虽然后来取消了这个规定，但是涉外专利的特殊性要求依然存在。整体上说，规模较小的专利代理机构由于涉外业务较少，通常没有专人负责，缺乏经验的积累，难以与国外正规代理机构合作，进而容易影响涉外专利申请的质量。

另一方面，国外专利代理机构也是良莠不齐，价格及性价比差别很大。一般的专利代理机构很难进行甄别，更难与合适的国外专利代理机构进行跨国的稳定的合作，加上涉外专利流程处理时间很短，很容易因专利代理机构选择、专利申请文件的撰写与翻译等因素导致超期而使该涉外专利申请半途而废，给企业造成无法弥补的损失。

此外，在国外专利代理市场上也存在"黑代理"的现象，例如，通过互联网可以寻找到某国的专利代理机构信息，但经实地考察根本不存在相应的机构。在涉外专利申请上有收了钱就放手不管的案例，国内企业很难通过法律途径维权。

因此，国内企业如有涉外专利权利延伸和保护的需求，选择一家国内规模较大、口碑良好的涉外专利代理机构进行战略合作，是企业规避涉外专利风险、维护合法权益的有效途径。

【案例6-11】草率选择国外代理机构造成惨败的结局

台州某绣花机制造企业因产品出口欧美，其竞争对手日本某绣花机企业用美国专利起诉，该公司产品的美国代理商收到传票后曾四处询价，后自行从网上找到美国某代理机构，在获得胜诉承诺的情况下，支付2万美元委托其进行诉讼代理。满怀信心地等待了约一年的时间，结果等到的是当地法院作出的恶意侵权的重判。后经了解，美国该代理机构在收到钱后既未取证答复，也未出庭应诉，导致了惨败的结果。

二、及时为出口产品进行海关备案

（一）海关备案是专利权人进行主动保护的前提条件

企业产品涉及进出口贸易的，在处理知识产权纠纷的时候，要预先进行海关备案及做好相应的工作。

根据《知识产权海关保护条例》的规定，如果专利权利人没有事先将其专利向海关申请备案，即使海关发现侵权货物即将进出境，也没有权力主动中止其进出口，也无权对侵权货物进行调查处理。

（二）提高海关查处侵权货物的效率

尽管根据《知识产权海关保护条例》规定，在专利权利人进行海关备案后，当发现侵权货物即将进出境时，仍需向相关部门提出采取保护措施的申请，但实际上，海关能否发现侵权的货物，主要通过海关对货物的查验。因为权利人在申请海关备案时，已提供了权利人的联系方式、专利的法律状况、合法使用专利的情况、有侵权嫌疑货物情况、有关图片（照片）等情况，这样做可以尽可能使得海关在日常监管过程中，尽早地发现侵权嫌疑货物并予以扣留。因此，进行专利事先的海关备案，可以及时、有效地保护权利人的合法权益。

（三）预防侵权行为的发生

因为对进出口侵权货物，海关有权实行没收并对相应企业作出行政处罚。所以，及时做好备案，可以起到警告和震慑进出口侵权企业的作用，促使其自觉尊重专利权。

第六节 如何规避在先专利

一、对专利侵权风险进行评估，避免产品陷入侵权诉讼

（一）对专利进行侵权风险评估的时间

应尽早对专利侵权风险进行评估，避免重复研发或者研发后才发现第三方有相关专利而导致的进退两难问题的发生。

（二）对专利侵权风险进行评估的主体

专利侵权风险是针对将要上市产品所面临的法律风险进行评估分析的结果。评估工作需要交由具有风险评估资格的专利代理人来完成。

（三）对专利侵权风险进行评估的方法

1. 专利法律状态检索

专利法律状态检索[1]是指对专利的时间性和地域性进行的检索。专利法律状态检索分为专利有效性检索和专利地域性检索。专利有效性检索的目的是了解该项专利是否有效。专利地域性检索的目的是确定该项专利所申请的国家或地区范围。专利具有地域性特征，如果是仅在中国大陆范围内销售的商业产品，则不需要考虑检索外国专利。

2. 专利代理人进行综合评估

专利代理人根据专利法律状态检索筛选出的相关信息，利用专利法对被评估产品和专利权利要求进行严格比对，从而判断其是否属于侵权行为。同时还需要通过审核其他相关专利申请文件，以便确认专利保护范围。

二、规避在先申请的专利

专利规避，是指从法律的角度绕开他人专利的保护范围，以避免其他专利的专利权人进行侵权诉讼的一种行为。

（一）排除障碍专利

如果相关技术方案目前还处于专利申请公开阶段尚未授权，可以对该专利申请被废除的可能性进行评估，通过向专利审批机构提供该专利申请不符合授权条件的各种证据，阻止该专利申请被授权；如果障碍专利已经授权并且有效，可以通过提交请求

---

[1] 孙靓. 网上专利法律状态检索的意义及方法［J］. 安徽科技，2010，8（8）：33-34.

宣告障碍专利权无效或部分无效申请，使该专利无效或部分无效。

（二）进行规避设计

可以开发替代技术绕过障碍专利。替代技术和障碍专利之间需要具有实质性的不同。通过规避设计绕开障碍专利是目前较为经济、有效的应对方案。

下面介绍一个通过开发替代技术绕过障碍专利的实际案例。

【案例6-12】创新设计也是规避（申请号：201310508251.6）

用于冶金行业的轧钢机传感器，其应变片粘贴在深孔的内壁，由于深孔直径较小，无法直接人工进行粘贴，需要借助贴片工装进行应变片的装贴。在先专利公开了一种贴片工装，包括一端封闭的管体3、与管体开口端连接的定位座1，定位座的外端设有气接头，管体的侧壁上设有若干气孔4，管体的外侧套设有一个硅胶外套2，硅胶外套的两端与管体的两端外侧密封连接，对管体充气时，硅胶外套膨胀形成一个气囊（见图6-7）。但这种贴片工装在充气时气囊中部对孔壁的压力要明显大于气囊两端，这样容易导致应变片粘贴压力不均，影响应变片粘贴质量。

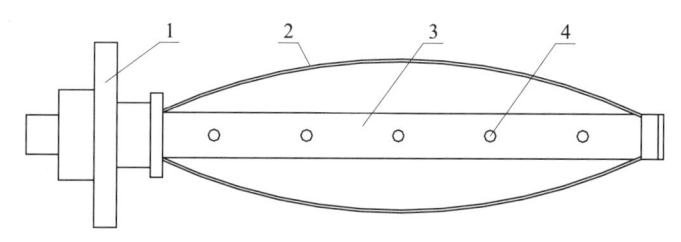

图6-7 现有技术的贴片工装结构示意图

对此，提出如下改进设计方案，在管体的外周面上沿轴向等间距设有若干环形槽，并在原硅胶外套内增加一个硅胶内套6，硅胶内套通过箍环5固定在管体外周面的的环形槽上，位于相邻的两个箍环之间的管体部位至少设有一个气孔。这样，箍环把硅胶内套分隔成若干独立的内气囊，管体内充气后，气孔为每个内气囊单独供气，每个内气囊单独膨胀（见图6-8），从而保证外层硅胶外套外侧面上的压力稳定、均匀，可以显著改善原单个气囊结构压力中间大、两端小的情况，有利于提高应变片的粘贴质量。

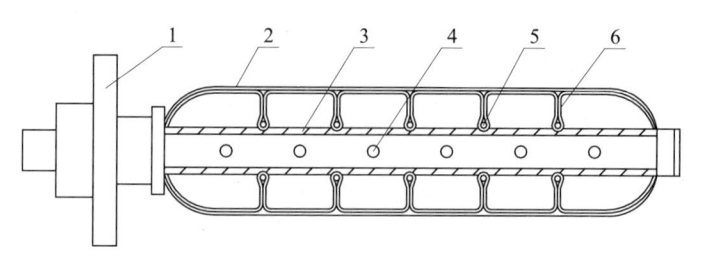

图6-8 改进设计的贴片工装结构示意图

案例点评：专利跟随是中小企业常用的一种经济省力的产品开发手段，在现有技术的基础上通过规避设计，避免产品侵权。但在规避设计过程中一定要有一定的创造性，并且及时申请专利。有了稳定的专利保护，就能在以后可能发生的侵权纠纷中赢得主动。本案在硅胶外套内增设了一个硅胶内套，并通过箍环使硅胶内套在充气过程中形成多个内气囊，从而最终使硅胶外套膨胀后形成的贴片气囊外周面压力趋于均衡，从而改进应变片的粘贴质量，因此具有创造性而获得发明专利授权。这样既达到了规避的目的，又推动了技术进步。实践中这样的改进通常是可以实现的，本案也是一个具有普遍性的例子。

（三）证明企业享有先用权

在障碍专利的申请日以前，企业已经使用相同方法、制造出了相同的产品，或者已经做好使用、制造的必要准备，那么该企业还可以在其原有的范围内继续使用、制造的权利，这种权利我们称之为先用权。证明先用权以障碍专利的申请日为界，应提出相关文件和证据以证明先用权成立。一旦先用权成立，企业就拥有不经许可在原有范围内实施障碍专利的合法理由。其难点之一是需要提取相应的证据。

（四）对交叉许可专利的开发

企业可以通过围绕障碍专利的相关技术进行深度的开发并大量申请相关专利，如果获得的专利中有部分是障碍专利实施所必须采用的，那么企业就可以通过与障碍专利的专利权人进行交叉许可，从而最终达到合法实施障碍专利的目的。

（五）企业获得转让或许可

企业可以通过主动与在先专利的专利权人进行谈判，付出一定的代价并取得专利权转让或许可，以此来消除企业侵权的风险。

另外，企业可以通过购买第三方专利的方式来避开侵权风险，或者通过与障碍专利的权利人形成牵制，来达到规避风险的目的。

第七节 基于萃智（TRIZ）的深度合作

一、基于萃智与专利代理机构深度合作，提升企业的创新能力

也许是由于萃智理论是从 250 万件各种专利中归纳整理出来的发明创新规律，因此它尤其适用于对企业专利技术的改良创新。基于此，杭诚所近年来非常重视创新方法的学习和应用。在公司内部多次组织以专利代理人为主的萃智理论培训班，并先后多次选派多名资深的专利工程师参加省内外的萃智理论与实践的培训，已有约 10 名人员分别获得一、二级萃智创新工程师资格。

自 2010 年以来，公司还根据企业的需求，先后帮助多家企业进行新产品开发方案的策划，帮助客户提升创新能力。例如，多次围绕新产品技术方案和规避设计的要求以

及市场竞争策略，运用萃智理论，与企业工程师研讨，已经帮助某企业申请各类专利20多项，在保护核心技术的同时，规避了侵权和被侵权的风险，受到相关客户的好评。

今后，杭诚所将充分利用不少员工曾长期从事企业研发工作的经历，并辅以较系统性的萃智理论培训与实践，选择有意向的企业，在推广与传授萃智理论的同时，在客户的准许范围内参与创新活动，提升企业的创新能力，不断增强企业的市场竞争力，使企业步入了良性发展轨道。

有条件的大中型企业，可以选送员工进行培训，在其学习和掌握了萃智理论后，组建企业的创新体系。对于大多数中小微企业，选择一家有资质、口碑良好的专利代理机构进行深度合作，可以更加高效、高质量地建立企业自己的创新体系。

二、萃智理论应用实例

某企业就筷子上漆设备委托杭诚所申请专利，之后该企业发现因设备的运转速度很快，容易产生筷子被卡死的情形，杭诚所得知该情况后应用萃智理论帮助企业对该上漆设备进行了改良。

【案例6-13】筷子上漆设备的改进

如图6-9、图6-10所示的筷子涂漆装置包括料斗1、筷子排列槽2、筷子推送杆3、筷子推送机构4、筷子拉送机构5、油漆箱6、进筷口7、出筷口8、弹性膜片9、传送带10、滚轴11、上辊轮12、下辊轮13、挡板14、筷子15。

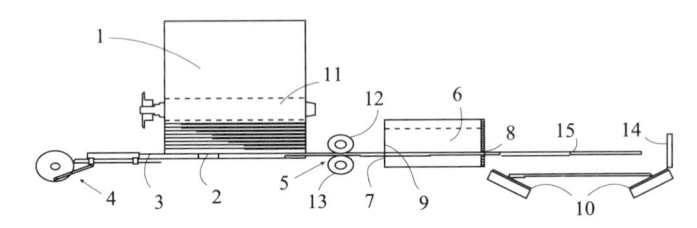

图6-9 筷子涂漆装置

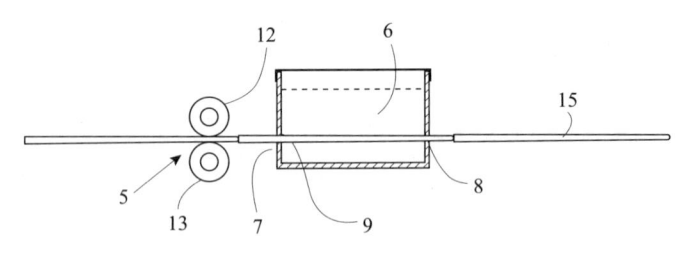

图6-10 筷子涂漆机构

工作原理：筷子拉送机构5由左至右水平输送筷子15，筷子依次进入油漆箱6，筷子拉送机构继续从左至右水平输送筷子，后面的筷子头部推动前面的筷子的尾部，从而使各个筷子依次进入油漆箱6上漆，完成上漆的筷子由出筷口离开油漆箱，筷子碰撞挡板14后落下，由传送带10输送走。

主要缺点：后面的筷子顶推前面的筷子时不容易对准，会出现筷子错位而卡住的情况。

初步解决方案：在油漆桶的进筷口和出筷口之间设置一个横截面呈半圆形的导向槽体，使导向槽体给在油漆桶中的筷子提供支撑作用，油漆桶中的筷子保持稳定，从而使前后筷子对准，不会卡住。

初步解决方案的缺陷：导向槽体的存在会阻碍油漆的流动，筷子上的油漆厚度会不均匀。

采用萃智方法，利用萃智的系统组件分析，对功能结构进行分析，然后利用萃智原理，对技术方案进行改进，得到22个改进方案，经过整理，得到部分比较典型的改进方案。

利用萃智的系统因果分析，获得方案1和方案2。

方案1：利用因果分析——添加引导桶

如图6-11所示，在油漆桶左侧添加引导桶16，引导桶左部呈喇叭形，引导桶右部中设有横向引导管，引导管的直径略大于筷子的最大直径。

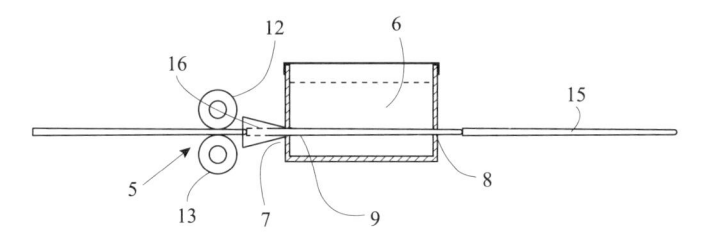

图6-11 添加引导桶的筷子涂漆装置

方案2：利用因果分析——在油漆桶内添加支撑板

如图6-12所示，在后面的筷子水平的前提下，在油漆桶内的左侧壁上设置若干根呈向下拱起的半圆形排列的水平支撑板18，各个水平支撑杆用于支撑从左边的进筷口进入油漆桶中的筷子，支撑板距离油漆桶右侧具有一定距离。

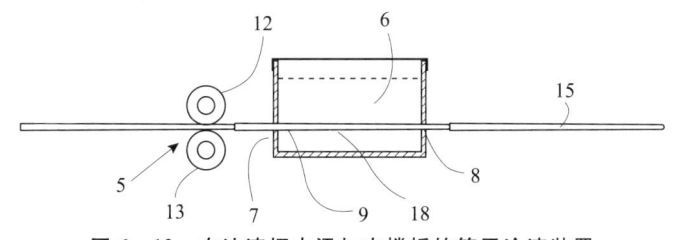

图6-12 在油漆桶内添加支撑板的筷子涂漆装置

方案3：运用多用性原理

运用多用性原理，将传送机构改为如图6-13、图6-14所示的带导轨19的传送带20，导轨被若干个挡板21分成若干段，每段导轨的长度长于筷子的长度，导轨中的筷子会向油漆桶输送，挡板会给筷子提供进入油漆桶的推力，使传送带不但具有稳定的导向输送功能，而且在保证前后筷子对准的前提下，挡板提供了将筷子推送到油漆桶中上漆及使筷子离开油漆桶的力。

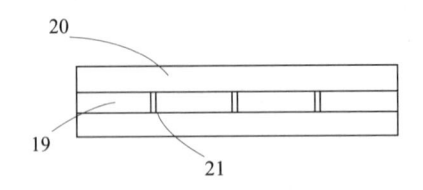

图6-13 被挡板分成若干段的导轨

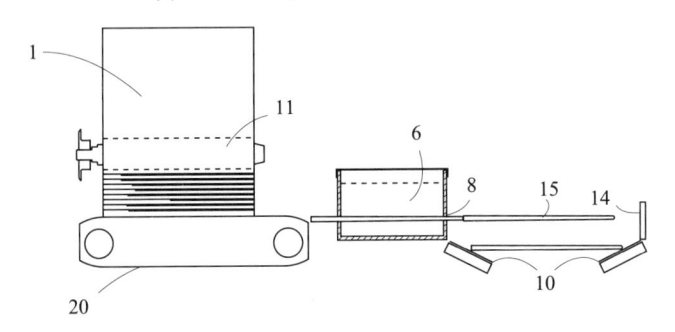

图6-14 运用多用性原理的传送机构

方案4：运用曲面原理

如图6-15所示，在油漆桶左侧添加与传送带相对应的水平挡板22和动力辊轮23，动力辊轮上设有导向槽24，传送带将筷子输送到导向槽中，动力辊轮将筷子输送到油漆桶中。

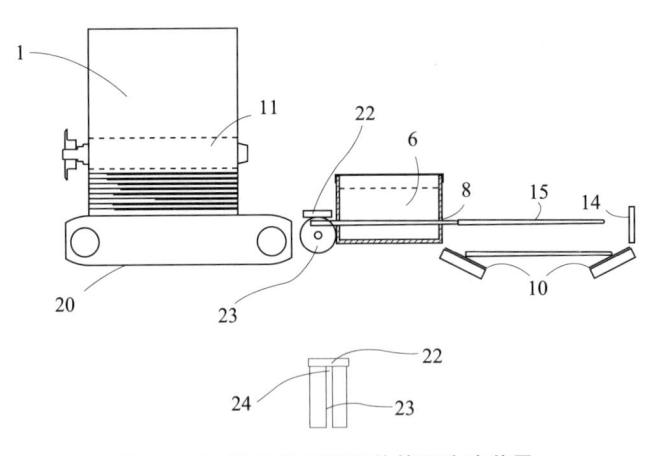

图6-15 运用曲面原理的筷子涂漆装置

方案5：运用物理或化学参数改变原理

如图6-16所示，降低油漆桶中油漆的黏度，增大筷子推送机构的筷子推送杆的推力，用连接管25代替筷子拉送机构，在连接管内增加沿连接管的轴向排列的滚珠26，从而降低筷子和连接管之间的摩擦力，使筷子推送杆的推力足够推动筷子进入油漆桶，上漆完成后离开油漆桶。

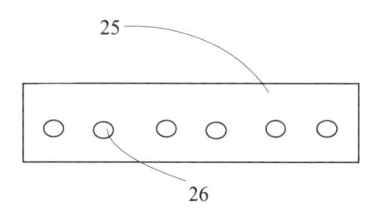

图6-16 带轴向排列滚珠的连接管

方案6：运用物理或化学参数改变原理

如图6-17所示，用连接管25代替筷子拉送机构，连接管为弹性管，弹性管采用非导磁材料制成，连接管上设有永磁环27，料斗外侧上设有电磁铁28，交替改变电磁铁的磁极，从而使弹性管在磁力作用下伸缩，将筷子夹紧并输送到油漆桶中。

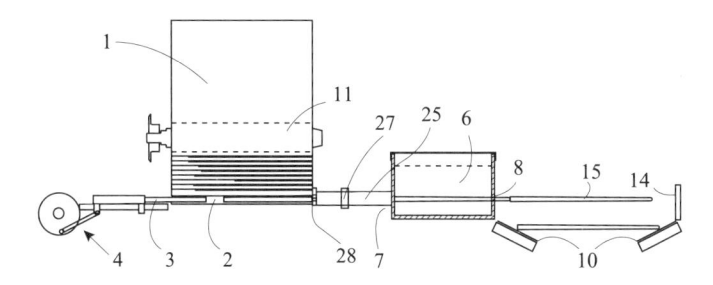

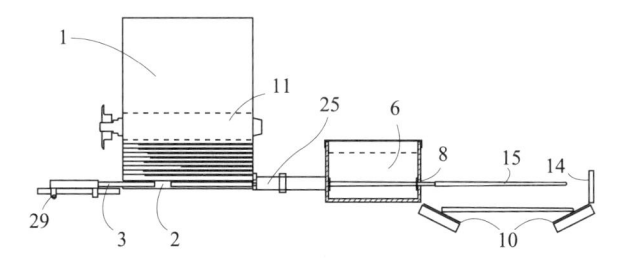

图6-17 运用物理或化学参数改变原理的筷子涂漆装置1

方案7：运用物理或化学参数改变原理

如图6-18所示，提高油漆桶中油漆的温度，从而降低油漆的黏度，使筷子推送杆改用直线电机29带动，推送杆上带有弹簧，用连接管25代替筷子拉送机构，带弹簧的推送杆使推送力具有一定的缓冲性，能够防止筷子损坏，弹簧的弹力使推送的行程更长，使筷子推送杆的推力足够推动筷子进入油漆桶，上漆完成后离开油漆桶。

图6-18 运用物理或化学参数改变原理的筷子涂漆装置2

方案8：利用相变原理

如图6-19所示，料斗右侧设有固定管30，固定管上设有电磁铁28，油漆桶左侧设有移动管31，移动管上设有永磁铁32，料斗和油漆桶之间设有导轨33，移动管可沿导轨移动，移动管内部设有弹性凸起；交替改变电磁铁的磁极的极性，使移动管31沿导轨往复运动，推送筷子进入油漆桶。

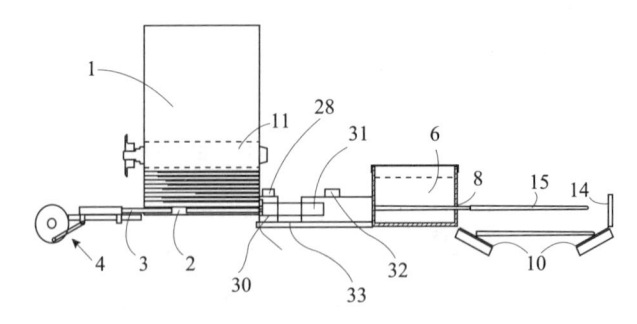

图 6-19　利用相变原理的筷子涂漆装置

方案9：利用复制原理

如图 6-20，再增加一对辊轮，两对辊轮构成新的筷子拉送机构，两对辊轮中的下辊轮上均设有环形凹槽34（见图 6-21），新的筷子拉送机构具有导向作用，从而使前后筷子准确对准。

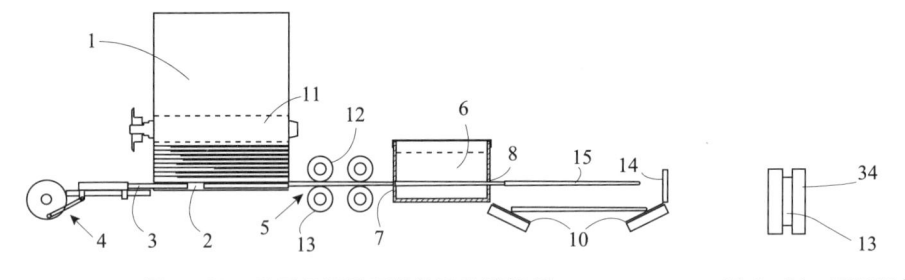

图 6-20　利用复制原理的筷子涂漆装置　　　图 6-21　环形凹槽

方案10：利用机械场分析原理，引入机械场为筷子提供导向

如图 6-22 所示，在油漆桶中增加导向管38，导向管周壁上设有若干个通孔，使油漆入导向管而不会影响上漆，也提供了导向作用，使油漆桶中的筷子始终保持水平，从而使前后筷子对准。

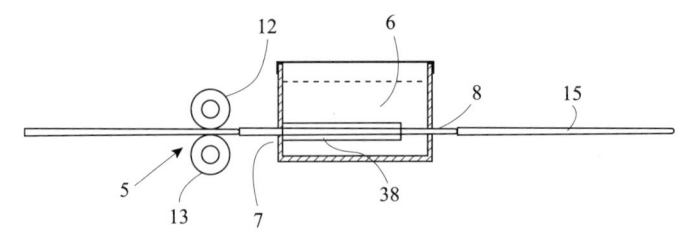

图 6-22　利用机械场分析原理的筷子涂漆装置1

方案 11：引入机械场为筷子提供导向

如图 6-23 所示，在油漆桶中设置上下两排可以转动的纵向导向杆 39，进入油漆桶中的筷子在上下两排导向杆之间穿过，导向杆提供了支撑和引导筷子水平移动的导向。

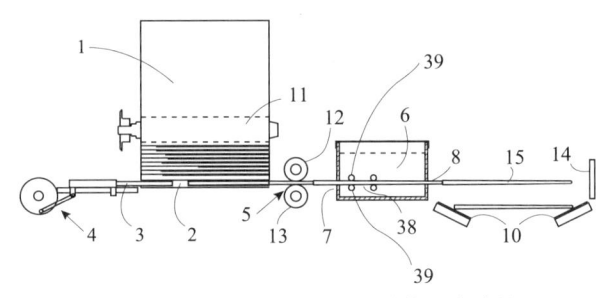

图 6-23　利用机械场分析原理的筷子涂漆装置 2

上述方案也可以改变为在油漆桶中设置若干个沿筷子移动方向排列并两端开口的喇叭形导向件，各个导向件给伸入油漆桶中的筷子提供了导向作用（见图 6-24）。

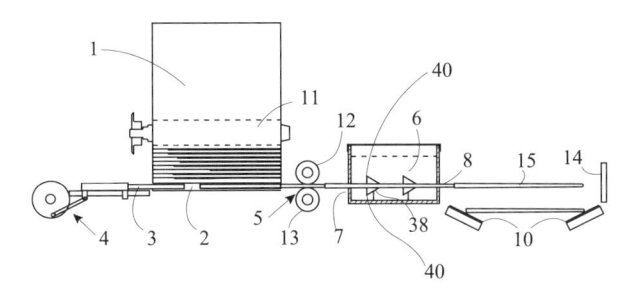

图 6-24　利用喇叭形导向件的筷子涂漆装置

方案 12：利用进化法则，移除筷子拉送机构后的筷子涂漆装置

如图 6-25 所示，料斗中存放筷子，筷子排列槽将筷子依次上下并水平排列，移除筷子拉送机构，筷子推送机构将筷子排列槽底部的筷子推送进入油漆桶上漆，离开油漆桶的筷子由传送带运走。

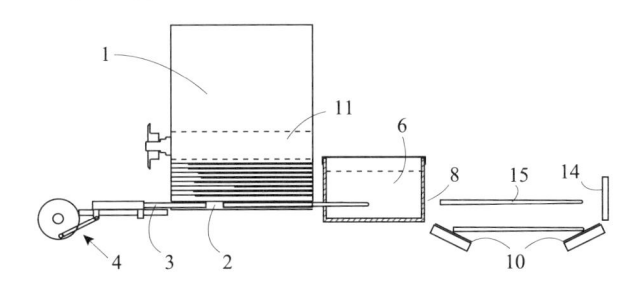

图 6-25　移除筷子拉送机构的筷子涂漆装置

上述方案可以进一步简化，料斗中存放筷子，移除辊轴和筷子拉送机构，在重力作用下，筷子排列槽将筷子依次上下并水平排列，筷子推送机构将筷子排列槽底部的筷子推送出来，筷子进入油漆桶上漆，离开油漆桶的筷子由传送带运走（见图6-26）。

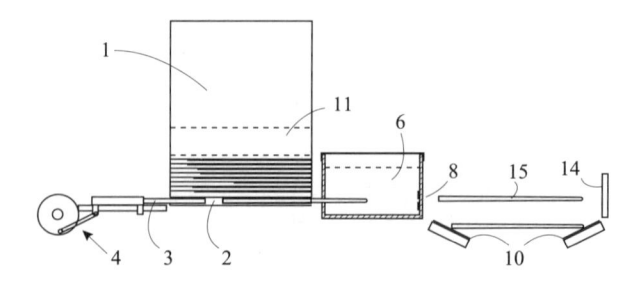

图6-26　移除辊轴和筷子拉送机构的筷子涂漆装置

方案13：最简化的筷子涂漆装置

如图6-27所示，料斗中存放筷子，移除筷子拉送机构、油漆桶和辊轴，在料斗右侧附设油漆盒41，料斗右侧设有用于隔离油漆的弹性膜片，在重力作用下，筷子排列槽将筷子依次上下并水平排列，筷子推送机构将筷子排列槽底部的筷子推送出来并进入油漆桶中，离开油漆桶的筷子由传送带运走。

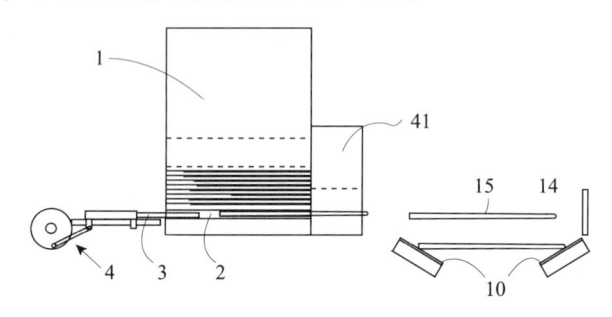

图6-27　最简化的筷子涂漆装置

从上述案例的改进过程可以看出，利用萃智工具，可以对现有技术方案提出很多改进或替换的方案，为企业提供更多的问题解决办法；同时，这些方案也可以作为现有方案的改进方案或替代方案申请专利保护。企业应根据自身发展需求制定专利战略，选择诸如专利进攻战略、专利防御战略或专利组合战略等企业专利战略进行相应的专利布局。

第八节　双方合作共同应对专利纠纷

企业申请专利的主要目的之一是进行技术保护。企业在市场竞争时难免会产生专利纠纷，企业在应对专利纠纷时，一般会选择交给自己的顾问律师来解决。而事实上，企业也许没有意识到，大多数顾问律师是不懂技术的，专利纠纷与普通的民事纠纷存在很大的区别，专利纠纷是以技术为背景的，因此大多数场合下，懂技术比懂法律更重要，尤其是对于专利权的稳定性以及创造性的理解等方面，如果不懂技术，很可能会导致全盘皆输。因此，在面对专利纠纷时，选择一个好的专利代理机构，进而选择一个既懂技术又懂法律的专利律师尤其重要，可能会达到事半功倍的目的。

一、专利代理机构参与解决专利纠纷的重要性

（一）专利纠纷具有自身的特点

通常，专利纠纷有专利侵权、专利无效、专利行政诉讼、专利确权等类别。其中最常见的是专利侵权纠纷。

专利纠纷不同于普通的纠纷，其具有自身的特点：技术难度大，复杂性高，专业性强，涉及诸多科学技术领域，以及涉案专利的权利要求保护范围的认定等。这些特点决定了专利侵权诉讼中如果没有专业的代理人参与，会给专利纠纷的解决带来不利后果。

（二）专利权是无形的

知识产权产品所体现的权利是无形的，因此，其证据也具有无形性，这就使得知识产权诉讼不同于普通的民事诉讼，而且，相应的证据不易取得或不易充分取得。在进行取证时，专利无效诉讼的取证也有其特殊性，并不是只要有侵权产品就可以作为证据使用。专利诉讼中的证据有其特殊要求，需要由专门的机构（如公证机构）来进行固定。

例如，当事人自行购买了一件侵权产品，提交到法院，认为可以作为关键证据使用，其实，这样的证据在诉讼程序中往往会因为缺乏证据的"三性"而不被采纳，进而常因失去了再次取证的机会而失去了胜诉的机会。

（三）专利代理人既懂技术又懂法律

在专利侵权诉讼中，懂技术尤其重要，判断被控侵权产品是否落入专利权利要求保护范围的基础是对技术方案的理解和合理解释。由于一般的民事诉讼律师没有技术背景，不懂技术，因此很难对专利权保护范围作出合理的解释。由于专利代理人懂技术，又对专利法律及专利实务有着深入理解，这种特殊、丰富的经历和经验是普通律师难以具备的。在专利侵权诉讼中，特别是在涉及技术问题分析时，对于专利权利要求需要字斟句酌，如果不懂技术，很可能会因一字之差而导致截然不同的后果，例如使被控侵权产品未落入专利权的保护范围或者使理应有效的专利权被宣告全部无效。由此可见，专利诉讼中专利代理人参与是必要的。

（四）专利代理人能够对专利权的稳定性进行充分论证

专利诉讼是把双刃剑，原告在提起侵权诉讼前以及被告在收到起诉书时，都需要对自己或者对对方专利权的稳定性进行充分论证、详细分析和较客观的评估，做到心

中有数；如果没有进行充分准备贸然提起诉讼或者不精心应诉，那么很容易"赔了夫人又折兵"。而这个过程中要对专利权的稳定性等诸多方面作出充分合理的评价，没有专利代理人的参与是很难想象的。

（五）专利无效诉讼是应对专利侵权诉讼的重要手段

专利权人在提起专利侵权诉讼后，面临的第一个问题就是被告在答辩期限内提起无效宣告请求，专利无效请求人为了维护自身权益而大多数提起专利无效宣告请求，法院可能会以此作出中止裁定。在专利无效以及后续的行政诉讼中，双方在专利权的成立与否以及专利保护范围的大小等诸多问题上进行辩论和对抗，会使专利权长期处于不确定状态，对专利纠纷双方当事人造成很大影响。

专利权人如果不能够在专利无效程序中维持自己的专利有效，则原告的侵权诉讼也将失去行使诉讼权利的基础。同样，作为反方而言，如果能够宣告对方专利无效或者部分无效后使己方产品的技术特征未落入确权后的专利的保护范围内，将产生不侵权的结果。因此，专利代理人参与专利无效程序至关重要。

（六）专利无效程序中的证据具有特殊性

在无效程序当中，由于专利财产权的边界不像普通物权那样确定和清晰，因此，在专利无效程序中的证据既具有普通民事诉讼的特征，同时又有其自身的特点，那就是数量多、种类繁杂、专业技术性强，在审理时通常对于双方所提交的证据需要一个特殊的质证过程，这些都是由专利技术和专利法的特殊性决定的。

在专利侵权诉讼中，证据的完备极为重要，取得证据的质量直接关系到案件的胜败。如果不懂技术，如证据链中的某个环节出现问题，就无法形成完整的证据链，不能达到证明目的。特别是在无效程序中，证明专利技术不具备创造性的时候，可以说，需要证明的每一个问题都与技术方案息息相关。例如，在发明目的、技术方案、技术效果等问题上，双方往往会围绕专利的权利要求书与另一方提供的对比技术的技术方案反复进行针锋相对的辩论，专利复审委员会以及以后专利法官据此进行逐级判定。因此，只有专业的专利法律工作者才能胜任这种辩论。

二、企业在专利诉讼中容易犯的错误

（1）没有对专利侵权诉讼予以足够的重视，超出诉讼时效，或者说错过了答辩期限等程序方面的错误，给企业带来严重后果；

（2）认为没出必要聘请有技术背景的专利律师或者专利代理人，企业的法律顾问律师就能够解决，导致技术方案不能得到合理解释或者专利权被宣告无效，造成不必要的损失；

（3）发现企业的专利被侵权，不计后果，在第一时间让顾问律师发警告函或者告知函，岂不知这样会打草惊蛇，导致后续取证困难或者不能取得有效证据，难以使专利权得到有效的保护；

（4）对于专利诉讼中的复杂性企业预判错误，导致骑虎难下，甚至在诉讼过程中出现事与愿违的结果。

三、企业与专利代理机构合作诉讼的优势

在专利侵权诉讼中，由于专利对技术和法律的专业性要求强，单凭专利权人很难准确地把握专利权要求保护的技术方案。而专利代理机构相对于企业具有如下优势：

（1）专利律师或专利代理人，既精通专利技术方案又懂法律知识。对法律程序的熟悉结合对专利保护范围的准确理解，使得在专利侵权诉讼案件中，专利代理机构的参与往往能取得最佳的诉讼效果。而专利律师具有更强的专业性，经验丰富，应变能力强，能够把全部精力投入到专利诉讼中，在代理专利诉讼业务时，可以根据法律实践、经验以及理论知识，从法律理论和诉讼实践的高度和广度为企业进行维权。

（2）专利代理机构管理规范化，专业化，长期在专利行业中进行耕耘，积累了丰富的实战经验，并且有专人对诉讼时效以及诉讼中各阶段的期限进行管控。

（3）专利代理机构的专利律师或专利代理人有丰富的经历，懂得诉讼技巧，能够更准确地使用抗辩事由。

因此，仅靠专利权人自身进行维权，存在很大的局限性，而与专业代理机构合作则可为企业专利维权提供的技术和法律上的保障。

四、企业在专利侵权诉讼中应注意的问题

目前，虽然专利案件较多，但是由于申请人及专利权人的保护意识和保护方法并不是很恰当，最终得不到保护的比例也相当大。

主要原因在于，一是我国实用新型专利和外观设计专利不进行实质审查，只要通过初步审查就能够得到授权，其专利权的状态是不稳定的，在专利维权过程中存在被宣告无效的风险；二是专利权人未通过专利代理机构而是自行撰写专利申请，导致专利保护范围限定存在较大问题，被控侵权产品未落入专利范围；三是专利权人对专利法的内容了解不够，不能进行有效维权；四是专利侵权取证的特殊性，使得二次取证存在更大困难；五是专利诉讼往往是双方企业的一种博弈，它的胜败直接影响到企业的声誉，由此直接影响到企业在行业中的地位及竞争力。

基于上述原因，专利权人在专利侵权案件中应该注意如下几个问题：

（1）要保证自己的专利质量。一方面是要掌握核心技术和核心专利。如果专利技术方案本身的技术含量低，就很难进行有效的保护，而且容易被其他技术所代替；技术领域也会对专利质量产生很大的影响，有些技术专利权人自己认为非常先进，但是在其他领域很多过时的技术，这样一件专利申请即使获得授权，也已经没有任何价值。另一方面就是撰写高质量的专利申请文件和专利审查意见答复文件。申请人的技术再先进，如果不能整理出一份科学的专利申请文件，到头来只能适得其反，很可能造成技术公开。如何从专利申请文件上保证专利质量没有更好的途径，就是应当与水平高、认真负责的专利代理机构或者专利代理人合作。

（2）确保专利的有效性。一是获得授权，未授权的专利申请是不能采取维权措施的，只有经过授权公告之后才能采取相应措施；二是专利授权后按时缴年费，维持专利有效。

（3）了解自己的专利技术是否是稳定的，尤其需要委托专利代理机构进行专利检索与分析，进行合理评估以决定是否起诉；否则，盲目提起诉讼，或者被对方申请宣告无效或部分无效，或者被对方规避后侵权不能成立。

（4）在提起专利侵权诉讼时，专利权人及（或）利害关系人应当提交充足的、法律支持的有效证据。

五、专利诉讼更趋专业化，专业律师参与势在必行

知识产权案件专业性强，知识结构跨度大，知识产权案件的审判标准和法律适用在不同案件中会存在一定差异，专利诉讼在由最高人民法院指定的中级人民法院集中审理的基础上，2014年起始在北京、上海、广州成立了三家知识产权法院。随着知识产权法院的诞生，相信专利诉讼也越来越规范化、专业化，这也使得企业自行应对专利诉讼难度越来越大。只有与专利律师或专利代理人一起应对，才能实现应诉技巧的正确运用，达到维护自身权益的目的。

总之，专利诉讼受专业性、特殊性、对抗性以及在博弈过程中多因素的复杂影响，因此，企业要与专利代理机构充分沟通和研究，切勿草率出击。

第九节　与有专利运营能力的专利代理机构合作

专利是企业的一种优质的无形资产，但申请大量的专利若不能善加运用，专利也会变成一种经济负担。在当下普遍重视专利保护的背景下，将自主专利和外来专利科学地进行配置，灵活高效地进行运营，将给企业带来更多的财富，进一步提高企业的竞争力。企业应该将那些有发展前景的核心专利技术和与之相配的外围专利根据市场竞争的需求进行有效合理的配置（例如进行合理的许可甚至技术转让等），让其积极地发挥效益，使专利等知识产权从只会"花钱"的资产变成更会"赚钱"的资产。

随着全球技术贸易额的上升，世界贸易态势正在悄悄发生改变，其中技术贸易在全球货物、资本等各种形式贸易总额中占比最大、增速明显，从20世纪70年代的0.67%，到21世纪初已近5%，年均增长率已达到15%，远远超过普通商品贸易3.3%的年增长率。近年来专利运营得到飞速发展，企业对专利运营的需求愈发凸显。国家知识产权局副局长贺化在2015年5月22日举办的中华全国专利代理人协会年会上说："2013年专利运营规模超过80亿（元）人民币，2014年超过200亿（元）人民币。可以预见，专利运营产业达千亿（元）规模将指日可待。"

专利运营属于知识产权的高端业务，国家知识产权局希望专利代理机构利用其在

知识产权中介服务中的独特能力,积极开展专利运营业务,发挥作用。贺化副局长在2015年5月指出:"我国专利代理机构仍呈现链条不够长、覆盖不够广的问题。例如中央财政扶持的20家专利运营机构中,只有1家专利代理机构。"他建议,专利代理机构需具备行业导航能力,对未来技术发展进行预判初筛,密切关注企业、高校等市场主体需求,延伸产业链,在专利运营中发力,将专利产品深入融入企业开拓创新中。因此,在专利运营中,专利代理人和专利代理机构作为服务提供者,是盘活专利的关键要素。❶

一、专利运营的含义

所谓专利运营,是指运营者将专利权、专利信息等资源作为投入要素直接参与到生产、经营活动和商业化运筹中运作,以提升专利竞争优势,最大程度地实现专利经济价值的市场行为。

专利运营的对象是专利权自身,而非含有专利权的产品;广义地讲,与专利权难以分割的专利信息、专利的保护手段及策略等也是专利运营的重要内容。专利运营的目的是获得与保持市场竞争优势,使专利价值最大化。

二、专利运营的主要形式

专利运营主要形式包括专利许可、专利转让、专利导航、专利质押融资、专利产业化等。

(一) 专利转让

目前专利权转让多发生在企业与高校之间。企业为了使自己上一个新台阶,通常会受让高校的专利,提高产品档次;而高校由于不具有生产能力,专利权不会产生更大的效益,因此,也更愿意转让自己的专利权。但是,企业与企业之间专利权转让的则很少。

专利运营者将自己不用或者不想花大力气开发利用的专利权出售给他人,从中获得相应的收益,而受让方则成为新的专利权人。

专利转让不仅使企业可以回收技术研发的投入,节省专利维护成本,同时又能给专利运营者带来大额的权利出让金,获得收益。

传统的专利转让,通常是交易双方通过协商达成一致后进行的。近年来,随着专利运营公司的兴起,专利运营中应用了固定资产的交易模式,专利拍卖和专利展会成为专利转让的两种主要交易模式。其中浙江省的专利拍卖会近年来每年都会举行,其规模及效果均走在全国的前列。

此外,在对有形资产进行转让或者处置时,该有形资产若附带专利权无法分离,通常做法是将该部分的无形资产进行评估作价,一并出售。

---

❶ 新华网. 国家知识产权局:中国专利运营产业达千亿规模"指日可待"[EB/OL]. (2015 - 05 - 22)[2015 - 05 - 25]. http://news.xinhuanet.com/2015 - 05/22/c_1115377727.htm.

【案例 6-14】联想 12.5 亿美元收购 IBM 全球 PC

2004 年 12 月 8 日，联想在北京五洲大酒店召开发布会，宣布联想集团以 12.5 亿美元收购 IBM 的个人电脑事业部。联想未来 5 年使用 IBM 品牌、所有关于 Think 的商标及专利技术。在这样的业务收购中涉及了大量的专利权转让。

（二）专利许可

专利许可是指专利运营者凭借直接或间接获得的专利权许可他人在限定的时间和地域内使用专利权，被许可人向专利运营者按照约定定期支付专利许可使用费，是最简单、最主要的专利收益运营模式。

专利许可的方式分为独占许可、非独占许可、排他许可、交叉许可、分许可及强制许可等。

企业也可以紧跟跨国公司的专利产品对自己的产品进行改良，并申请自己的专利，以取得与跨国公司实现专利交叉许可的机会。

【案例 6-15】高通公司凭借其 CDMA 手机芯片的核心专利，收取高额专利许可费

"一流企业卖专利，二流企业做产品，三流企业卖苦力。"这是在业界流传颇广的一句话。在高通公司总部，矗立着几面"专利墙"，高通公司将自己拥有的每一件专利证书都挂在墙上。拿高通公司领导者的话来说，"专利墙"上的每一件专利，都是高通的核心资产和利润来源。

在 3G 时代，作为 CDMA 技术的创始者，高通公司几乎垄断了与 CDMA 相关的所有技术专利的使用权。任何需要使用 CDMA 技术专利的公司，都要向高通交纳数量不菲的专利许可使用费。目前，美国高通公司占据着全球 CDMA 芯片市场近 90% 的份额，拥有所有 3000 多件 CDMA 及相关技术的专利，其 CDMA 核心专利就达 600 件。

（三）专利导航

专利导航是以专利信息资源利用和专利分析为基础，并依据数据库的信息资源进行合理的产业规划，为企业的发展制定专利战略，为转型升级指明道路，引导和支撑产业的科学发展。[1]

国家知识产权局自 2013 年起开始了专利导航试点工程，其主要目的是探索建立专利信息分析与产业运行决策深度融合、专利创造与产业创新能力高度匹配、专利布局对产业竞争地位保障有力、专利价值实现对产业运行效益支撑有效的工作机制，推动重点产业的专利协同运用，培育形成专利导航产业发展新模式。它是专利制度在产业运行中的综合应用，也是专利战略在产业发展中的具体实施，更是知识产权战略支撑创新驱动发展战略的具体体现。[2] 杭诚所自 2014 年起已经开始作了一些探索与努

---

[1] 臧春喜，王卫军，杨春颖. 系统工程方法在专利导航工程中的应用研究 [C] // 中国系统工程学会第十八届学术年会论文集：A12 系统科学与系统工程理论在各个领域中的应用研究. 2014.

[2] 国家知识产权局. 国家知识产权局关于实施专利导航试点工程的通知 [EB/OL]. (2015-04-08) [2015-05-25]. http://www.sipo.gov.cn/tz/gz/201304/t20130408_790505.html.

力；举行相关的业务研讨会，指派骨干参加业务培训，进行相应人才的储备，在自行研发并具有自主知识产权的"专利管理系统"基础上建立了专利检索系统，着手对有关专利技术进行收储准备工作等。例如，2014年底，建立了"中国企业知识产权运营网"（http：//www.hczl.com.cn/），对相关内容进行发布，并建立了专利检索数据库（http：//www.hczl.com.cn/jsw2/），对公众免费开放；2015年完成了中华全国专利代理人协会与浙江省知识产权局下达的浙江某能源科技有限公司"锂离子电池专用设备"的专利评议项目等。

（四）专利融资

专利融资运营就是指以专利权为资本在金融市场（包括金融机构和风险投资公司）通过金融手段获得一定的现金流。它通过将本企业的专利进行抵押、质押、担保等形式实现融资，解决中小企业资金短缺问题。充分利用无形资产担保进行金融贷款也是企业取得国家金融机构贷款的有效途径。

专利融资可分为两种，即负债式专利融资和所有者权益式专利融资。专利融资运营可以分为担保运营、质押运营、信托运营、保险运营和专利证券化运营五种类型。无论是哪种专利融资运营模式，其核心都是专利的价值评估。专利的价值决定了融资的模式及效益，而影响专利价值的主要因素有：专利或专利群的质量与数量、专利技术的先进性和所处的行业、专利产品目前的产值和今后的发展空间等。

（五）专利权入股与投资

专利权入股与投资是企业根据市场趋势充分利用自己的专利权进行投资，将专利权作为技术资本投资入股，扩大企业规模，取得更大收益。

专利入股的形式主要有两种：一是专利权转让，它是将专利权一次性转移到要入股的公司，从此原专利权人不拥有专利所有权，权利由入股公司行使，转移的专利权已经转化为股份；二是专利许可，其表现形式是专利权人与欲入股公司签订专利实施许可合同，以许可费的形式入股，入股后你享有公司部分股份，公司有权使用你的专利技术，而专利权仍然由原专利权人所拥有。

如果将专利权入股有限责任公司，根据《公司法》第 27 条的规定❶专利权的价值和许可费需要经过无形资产的评估，工商局才能给予认可登记备案；即使是高科技的核心专利，所占公司股份比例不得超过 70%。

（六）企业专利运营战略

专利也可以通过某些企业专利战略得到较佳的运营，产生良好的效益。其中，有

---

❶ 《公司法》第 27 条：股东可以用货币出资，也可以用实物、知识产权、土地使用权等可以用货币估价并可以依法转让的非货币财产作价出资；但是，法律、行政法规规定不得作为出资的财产除外。

对作为出资的非货币财产应当评估作价，核实财产，不得高估或者低估作价。法律、行政法规对评估作价有规定的，从其规定。

全体股东的货币出资金额不得低于有限责任公司注册资本的百分之三十。

两种形式已显现：

（1）专利联盟是企业之间基于共同的战略利益，以一组相关的专利技术为纽带达成的联盟，联盟内部的企业实现专利的交叉许可，或者相互优惠使用彼此的专利技术，对联盟外部共同发布联合许可声明。❶

（2）"专利池"（Patent Pool）是一种由专利权人组成的专利许可交易平台，专利权人之间在平台上进行横向许可，有时也以统一许可条件向第三方开放进行横向和纵向许可，许可费是由专利权人决定的。❷ 如果专利池内部的各个专利权人之间出现纠纷，可由各方经协商解决。在国内比较成功的联盟体有"中彩联"和"闪联"等。

【案例 6-16】积极应诉，一"仗"少付专利费近 30 亿元

2007 年 3 月，汤姆逊、LG、索尼等近 10 家企业依据美国联邦通信委员会 ATSC 标准的相关规定向中国彩电企业开出了"向美国每出口一台彩电需交纳专利费 41 美元！"的专利费清单。面对这"飞来横祸"，由 TCL、长虹等 9 家中国著名彩电集团共同投资，组建深圳市中彩联科技有限公司（以下简称"中彩联"），积极应对涉美彩电专利许可及知识产权诉讼问题。一方面广招既懂知识产权法又具备彩电技术的综合性人才，另一方面积极筹建囊括全球 7000 多项彩电专利的中国彩电专利预警信息平台，并组建了中国彩电的"专利池"。经过多方努力，中彩联通过对部分专利权人过期的、技术过时的、专利权属不清等的垃圾专利进行了无效申诉，成功将中国销往美国的彩电专利费从 41 美元/台降到 20 美元/台以下。这一"仗"，它们让中国彩电企业少支付专利费近 30 亿元！

作为全国首批知识产权服务品牌机构（杭诚所为其中之一）的中彩联，2012 年底助力中国彩电骨干企业获得境外企业补偿退款 1.72 亿元；同时，促成液晶面板保修期由 18 个月延长为 36 个月，仅此一项每年为国内彩电整机企业节约 3 亿多元维修开支。目前中彩联的业务已从最初的代理专利谈判拓展到反向工程研究、精品专利挖掘、专利运营分析等多项知识产权服务，年收入也近 1000 万元❸。

（七）专利诉讼

企业为了保护自己的产品同时阻止竞争对手的侵权，可以通过专利诉讼进行自我保护或获取专利收益。专利诉讼有多种策略形式，本书第八章对其分别进行详细叙述。

三、专利运营的特征

（一）有效专利存量和质量是前提

权属清晰的专利的存在是实现专利运营的前提。而专利的质量决定了专利参与运营的竞争力，也即专利质量决定了运营的成败和收益的多少。

---

❶ 卜曙光. 基于专利联盟的我国彩电企业后发优势研究［D］. 北京：电子科技大学，2009.
❷ 吴椒军. 应加强对标准中专利池的管理［J］. 安徽科技，2009，4（04）：29-30.
❸ 沈慧. 中彩联科技有限公司：让中国企业少付专利费近 30 亿元［N］. 经济日报，2014-09-21.

(二) 专利的市场运作规律是核心

对专利进行正确的评估，制定合理的价格是顺利进行后续商业化运作的关键。一般认为，当专利权所蕴含的技术信息占据产业链上游时，专利权能够覆盖较广的产业范围，并能参与中下游的产业活动。产业定位也是专利运营的核心。

(三) 高素质的专业人才队伍是保障

专利运营集法律、政治、文化、科技和经济等多种属性于一体，是一个复杂的系统。因此，复合型、高素质的人力资源是专利运营顺利进行的保障。

四、企业专利运营初期存在的问题

我国企业专利运营刚刚起步，国家非常重视，出台了各种政策来推动企业开展专利运营。但是，由于企业缺乏经验，因此尚存在以下问题。

(1) 专利运营意识淡薄

我国企业目前的盈利模式主要为规模盈利和产品盈利，对于通过专利运营盈利缺乏认识和行动。企业管理者为了生存，更倾向于通过价格建立竞争优势来实现短期利益。这使得市场主体无力进行风险转化和控制，无法开展具有高风险的专利运营活动。

(2) 专利运营方式有限

我国企业目前知识产权的工作重点仍集中在专利的申请和维护，即关注专利的静态归属而忽视专利权的动态运作。专利商业运营模式无论是在理论方面还是在实务方面研究和实践都相对落后。

(3) 专利运营的资本市场不完善

在《公司法》中仅采用列举方式规定了专利出资的范围，正式法律文件对此并未作出明确规定；专利资产评估主体单一，评估与市场严重脱节；为知识产权融资的平台少之又少；知识产权信托业务缺乏深度。

(4) 专利运营政策和法律制定落后于市场的发展。

五、企业专利运营趋势

随着国家知识产权战略规划的实施，企业将逐渐开展《企业知识产权管理规范》(GB/T29490—2013) 的贯彻实施。专利运营作用将被越来越多的企业所认识。专利制度对于国家经济发展方式及企业盈利模式的转变正在发挥重要的支撑作用。

目前，许多以技术研发和产品生产为主的企业在专利积累到一定的程度后，除了自己继续进行专利的产业化实施外，还将专利权作为资产加以市场化运作，以实现专利价值的最大化。

不少企业正在通过利用专利信息资源、建立专利联盟、专利诉讼等运作来进行专利布局，规避侵权与被侵权的风险，谋求将专利的竞争优势转化为企业的市场竞争力。

对规模较大的企业来说，一般的做法是成立独立的专利管理机构或在企业内部成立单独的部门进行专业的专利运营。

对于个人或中小规模创新型企业来说，一般都将专利运营的业务委托专门从事专利中介服务的机构进行。一般情况下，个人或中小企业在获得专利权时很难了解这项权利的真正市场价值，其必须制造出一项产品或将专利权许可给他人使用，而即使许可给第三方使用，其所能够获得的许可费也不可能比专利运营公司从事的许可所获得的更多。

因此，企业开展专利运营的初期，选择一家拥有资质和良好口碑的中介机构委托进行专利运营业务，是一个首选的途径。知识产权越来越受到国外的企业的高度重视，尤其是经济高速发展的国家和地区，各跨国公司和全球大型企业为占领市场和垄断先进技术，纷纷运用多样化的、成熟的知识产权战略手段，采取专利许可贸易与组合许可、技术输出等方法，来谋取更大的市场份额，从而获得最大化的利润。在专利运营中，专利代理人和专利代理机构作为专业服务提供方，是盘活专利的关键要素。目前我国专利代理机构超过1000家，专利代理人超过1万人，专利代理行业从业人员已达到6万人规模。专利权人在专利运营中可充分利用这些资源。

目前企业开展专利运营在国内尚处于探索阶段。竞争是企业经营的原动力，其中起关键作用的就是技术，具体表现为获得新技术和利用新技术方面的竞争，而专利实质上是一种权力化的技术。在企业经营活动中，依法利用专利并将其与企业经营战略结合起来，形成企业专利战略，而实施和推进专利战略则可以视为专利运营过程。

第七章 企业专利申请策略

专利申请是企业实施其专利战略和战略指导下各专利策略的重要基础。因为企业研发项目的创新点在出现时间、数量及技术关联性上具有不确定性,所以企业要把握好专利申请的时机、节奏和次序。在专利申请过程中,企业要围绕企业专利战略充分、灵活利用各种专利申请策略。专利申请文件一旦递交后,除利用优先权在同一主题内作调整外,其他内容则不能超范围修改。专利申请完成后,除放弃专利权、专利转让等调整措施外,企业专利战略的格局就已经基本定型了。

第一节 企业专利申请前的决策

企业应在了解行业或产品技术分布状况基础上,制定相应的专利申请策略,进行专利申请,使专利构成一个具有技术防御或进攻威慑作用的防御体或专利网。因此,申请前的策略制定是企业专利战略的一个重要组成部分,制定一个好的专利申请策略事关企业专利战略能否顺利、高效地运行和实施。

企业专利申请策略制定过程离不开专利调研。专利信息具有寓技术、法律和经济情报于一体,内容新颖、可靠、详细且格式规范化等特点,是企业进行专利调研的一个重要资源。其中专利信息检索和分析是企业进行专利调研的一个重要手段。

一、专利信息检索与分析的种类

根据专利文献中的法律信息分类,专利文献检索与分析包括专利有效性检索与分析、专利性检索与分析、专利侵权检索与分析,以及专利确权检索与分析等。根据专利文献的技术信息分类,专利文献检索与分析包括技术发展趋势分析、技术生命周期分析、主要竞争对手分析、专利区域分布、研发团队分析和重点专利技术分析等。

(一) 制定专利申请策略时的专利分析

企业在制定专利策略时需要知己知彼,才能做到有的放矢,使专利真正成为与企业相适配的法律与技术资源。为企业专利申请策略制定服务的专利分析主要应使企业专利决策人员知道产品或技术的现状和发展趋势、企业自身产品或技术所处的位置、竞争对手是谁、竞争对手的专利布局等。

检索时首先需确定检索的范围和对象,是将范围局限于国内,还是扩大到国外主要国家甚至全球,或者是针对某一竞争对手或对整个行业技术进行全面了解。其次要确定对检索到的数据作何种分析。在制定专利申请策略时通常所用到的专利分析有专利申请区域分布分析、技术空白点分析、专利申请技术领域变化分析以及重点专利分析等。这些分析既包括整个行业产品或技术的分析，也包括针对主要竞争对手的分析。

（二）产品或技术研发过程中的专利分析

产品或技术研发前及研发过程中，决策人员需要全面了解产品或技术的现状。因此，在该阶段的分析通常有技术生命周期分析、技术发展趋势分析、重点专利的技术功效分析、专利申请技术领域分布变化分析、技术空白点分析和专利侵权风险判定。特别强调，产品或技术研发项目在立项前须进行专利信息的检索与分析，以避免重复研发与侵权。

二、专利信息分析的过程

专利信息的检索与分析过程通常有以下四个阶段：前期准备阶段、数据采集阶段、专利分析阶段及完成报告阶段。

（一）前期准备阶段

在进行专利检索前需根据检索的技术主题确定分析目标，并将技术主题进行技术分解及选择数据库。根据技术主题进行技术分解的目的在于细化该技术的分类，如同《国际专利分类表》（IPC）所采用的大类、小类、大组、小组的划分方式，以更好地适应专利本身的特点，便于后续的专利检索和分析。技术分解应尽可能依据行业内技术分类的习惯进行，同时也要兼顾专利检索的特定需求和所确定的分析目标需求，分解后的技术重点要反映行业的发展方向，便于检索操作，并确保数据的完整、准确。一般情况下，可按技术特征、工艺流程、产品或产品用途等进行分解。技术分解的基本原则是：行业分类为主，专利分类为辅，兼顾主题需求。

根据确定的分析目标和对技术主题的分解研究，选择与技术主题相关的一个或多个数据库作为专利检索和分析的数据源。数据库的选择应当按照一定原则并结合数据库的特点进行。通常情况下，可以将分析目标、数据库收录的文献特点、数据库提供的检索字段等方面作为选择数据库的依据。

（二）数据采集阶段

检索分析人员在完成前期准备工作后，应当在所获取的背景资料以及技术分解结果的基础上进行数据采集。这一阶段的工作主要包括制定检索策略、专利检索和数据加工三个环节。（这一阶段的主要工作内容和要求详见本书第三章第六节之"专利文献信息利用"）

（三）专利信息分析

专利信息分析是利用统计工具针对分析目标进行专利数据统计分析的过程。

1. 技术生命周期分析

技术生命周期分析是最常用的专利分析方法之一，主要通过图示法来分析了解相关技术领域的现状、专利技术所处的发展阶段，推测未来技术发展方向。我国学者王加莹在研究了专利价值和时间的关系之后，发现一般专利技术要经历早期、产品开发、市场推广、成熟期、替代技术出现、剩余价值六个过程。❶ 本着便于叙述的观点，我们在其研究基础上将专利技术在理论上分为技术引入期、技术发展期、技术成熟期和技术淘汰期四个阶段。图 7-1 为专利技术生命周期示意图。

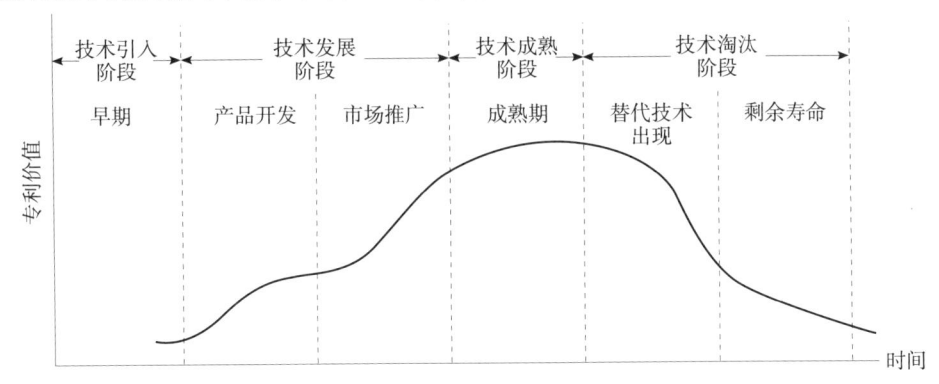

图 7-1 专利技术生命周期

图示法是通过专利申请数量或获得专利权的数量与时间序列关系、专利申请企业数与时间序列关系等问题的分析研究，绘制技术生命周期图，推算专利技术生命周期。

在实际研究中，可以用时间序列法直接展开专利权人或专利申请人数量对应的专利或专利申请数量图，表征专利技术的生命周期。

2. 重点专利信息的技术分析

在专利分析中，利用分析样本数据中的分类号或主题词相对应的专利数量的多少或占总量的比例，进行分类号或主题词频次的排序分析，判断该企业创新活动最为活跃的技术领域及其重点技术。企业也可以进一步利用分类号或主题词与时间序列的组合分析，研究技术的发展趋势、某一技术领域可能出现的新技术等。

3. 技术发展趋势分析

技术发展趋势分析是指在所采集的分析样本数据库中，利用时间序列分析方法，研究专利申请量（或授权量）或排名靠前的专利技术（专利分类号或技术主题）随时间逐年变化情况，从而分析相关领域专利技术的发展趋势或技术领域中重点技术的发展趋势。

4. 主要竞争对手分析

主要竞争对手分析是指在分析样本数据库中按专利申请人或专利权人的申请量或授权量进行统计和排序以及该技术领域的基础专利的拥有者，以此研究相关技术领域中活跃的主要竞争者。通常，在专利申请人或专利权人统计排序后，要根据分析目

---

❶ 王加莹. 专利布局和标准运营：全球化环境下企业的创新突围之道 [M]. 北京：知识产权出版社，2014：104.

标，进一步对重点竞争对手的专利活动作深入研究。

5. 专利区域分布分析

专利区域分析指的是在分析专利样本过程中，依照专利申请人、专利权人的专利优先权国家或地区对专利的申请量、授权量进行统计和分析，以此了解该国家或地区专利技术的拥有量，判断其技术实力。除了获得专利数量的信息外，还可通过进一步分析得出该国家或地区的专利技术特征。

6. 专利族分析

由于《巴黎公约》规定成员国之间互相承认原申请国专利申请的优先权，因此就产生了很多具有相同的优先权、由不同国家授权、内容相同的专利，如 ITT 公司在美国申请导线连接装置的专利号为 US4588244（A）、申请日为 1985 年 1 月 14 日的专利，在日本申请导线连接装置的专利号为 JP61198582A、申请日为 1985 年 11 月 30 日的专利，在英国申请导线连接装置的专利号为 GB2169759A、申请日为 1986 年 1 月 3 日的专利，在法国申请导线连接装置的专利号为 FR2576156A、申请日为 1986 年 1 月 13 日的专利。以上 ITT 公司的 4 件专利就构成了专利族。通过对专利族进行分析得到的结果，可以为企业开发产品占领市场、应对国内外同行的专利战略提供专利地域效力信息的依据。

7. 技术空白点分析

技术空白点分析是指对分析样本中专利数据利用专利技术功效矩阵进行分析，主要研究专利主题技术内容以及技术方案的主要技术功能、材料、效果、结构等因素之间的特征、相互关系，从而找出技术空白点。这种方法的结果常用功效矩阵图表[1]形式表示。通常，可以按材料、特性、动力、结构、时间等技术方案的要素对分析样本数据进行加工、整理和分类，构建功效矩阵表，在实际工作中也可将相关的要素进行组合，如材料和产品、材料和处理方法等，可以制成相应的矩阵图表来寻求技术重点、技术空白点。

8. 重大专项知识产权风险判定

重大专项知识产权风险判定一般是指将某重大专项中所采用的技术列为研究对象，并将研究对象与现有相关专利的权利要求进行比较，主要依据专利侵权判定过程中的全面覆盖原则和等同原则，判定是否存在侵权风险。重大专项知识产权风险判定一般包括重大专项知识产权现状分析和重大专项知识产权风险等级判定。

第二节 企业申请专利时通常需要考虑的几个方面

一、判断产品技术项目所处的生命周期

企业在决定对一项技术实施一定的保护措施之前，应对该项技术所属的整体技术

---

[1] 陈颖，张晓林. 专利技术功效矩阵构建研究进展［J］. 现代图书情报技术，2011，11（11）：1-8.

有基本的了解。一般来说，每项技术都有一定的生命周期，任何一项技术都要经过技术引入、技术发展、技术成熟、技术淘汰这样四个阶段的生命周期。

（一）技术引入阶段

技术引入阶段是一项技术的初创阶段。这时候通常只有很少的几家企业投入资金参与研发，技术上需要解决的问题较多，因此需要投入较多的人力、物力，申请专利的企业较少。该阶段的专利以前瞻性的专利或基础性的发明专利为主，专利的申请量较少。

（二）技术发展阶段

技术发展阶段是各种相关技术融入该技术中的阶段。这时技术层面的基本问题已经解决，技术应用前景已经明朗，较多的企业已经关注这一新技术可能带来的效益并尝试参与。这时是企业抢占该专利产品市场领域的最佳时机，各企业各显神通争相跑马圈地，争夺技术制高点。该阶段的一个显著特点是专利的申请量显著增加。企业根据各自的专利战略申请核心专利及其外围专利，形成发明专利、实用新型专利及外观设计专利相互交融的专利布局。

（三）技术成熟阶段

技术成熟阶段是一项技术的应用阶段。这时新技术所产生的效益与潜力被市场普遍接受，更多的企业进入这一新技术领域并开始量产，技术层面上主要是解决应用中发现的一些细节问题，很多企业通过技术改进完善技术方案或研发新的替代技术方案。该阶段专利申请的一个显著特点是工艺、方法类专利增加，以及大量的外围专利为主，其申请类型以实用新型专利为主，专利的申请量很大。

但是接近阶段后期，由于在技术上已经基本定型，生产工艺上的问题基本解决，产品也开始普遍使用，因此进入的门槛大大降低，大量的企业拥入该领域，导致竞争日趋激烈，产品的经济效益大幅度下降，此时专利形势表现为基础核心专利很少、专用生产装备等专利增加、外围的实用新型专利逐渐下降。

（四）技术淘汰阶段

技术淘汰阶段是一项技术将被更新的技术替代阶段，随着新技术的应用，旧的技术逐渐被消费者抛弃而被迫退出。

（五）各阶段与专利申请策略的关系

了解一项技术所处的技术生命周期阶段，对于一个企业决定如何对该项技术或技术群进行保护或采用何种保护措施是非常重要的。如果某项技术已经处于成熟阶段，那么从技术上说取得新的突破的可能性相对较小，有些企业自己完成的某些改进创新也容易被认为是本行业内容易想到的，或者是别人已经想到但没有被企业掌握。此时，在撰写专利权利要求时，通常建议采用注重从属权利要求的深度刻画；说明书尤其是实施例的细节描写，以防御性专利为主。反之，如果该项技术正处于成长阶段，则表明该项技术从技术层面取得突破的空间相对较大。此时，可利用的专利申请策略较丰富,例如,可关注若干个关键的技术特征,分别用作多项专利独立权利要求的支撑特征,构成一个相互支撑的网状的专利群。从专利角度说,一项技术在其生命周期过程中,专利申请数量与专利申请人数量有其对应的周期性的规律,这种周期性的规律通常比较真实地反映了一项技术的现状。企业在申请专利时应从企业专利分布的实际情况出发,根据不同技术所处不同状态合理选择合适的专利申请策略。

二、常见的几种处理方式及其优缺点

企业在某项技术上进行了一定的创新改造,一般可通过以下几种方式对该技术方案进行处理,每种处理方式都有一定的适用范围及优缺点。

(一) 申请专利

通常有新的发明创造或技术改进时,首先要考虑的是申请专利。世界上绝大多数国家在专利确权上都实行申请在先原则,因此,将发明创造或技术改进及时申请专利是十分重要的。如果让竞争对手率先申请专利,就会使自己的生产经营受到他人的约束。另外,申请的时间也与技术所处阶段有关:对于一些尚未成熟的新技术,申请专利的时间也不宜过早,否则可能因为技术本身存在的一些尚未解决的问题而影响授权;或者该问题点作为空白处易被他人占有,形成专利权利的交叉。改善的方法是当问题解决即追加申请专利。而对于一些技术相对成熟、实施相对容易且技术效益较好的发明创造或技术改进,则应尽早申请专利,甚至于一有设想就可以将设计思想申请专利。企业在专利申请过程中,要把握好公开的度,不应抖搂全部"家底"。但上述情形对于很多企业,尤其是中小企业往往难以把握,因此企业,尤其是中小企业应当及时向专业的专利代理机构寻求帮助。

此外,由于发明、实用新型和外观设计三种专利形式有不同的特点与作用,企业可以根据自己的专利战略及发明创造的特点,分别选择适当的专利申请类型。

(二) 部分申请,部分保密

对于某些相对重要、其核心技术不容易泄露的发明创造,也可以采用部分申请、部分保密的方式。例如,对核心技术中可采用保密措施的部分剥离出来,在技术文件中作保密处理,其他框架性的内容以及次要或外围的技术申请专利,使其核心的重要技术仅公开难以保密的部分。当然,若就一项核心技术的重要辅助技术申请专利,而对核心技术加以保密则更好。

部分申请、部分保密的方式要特别注意对该两部分技术进行清楚的分割,避免在申请专利中涉及保密部分的技术或者使别人通过公开部分的内容得到保密部分内容的相关技术启示,从而使原本打算保密的核心技术被别人掌握。另外,采用部分申请、部分保密的方式时应避免产生公开不充分而导致专利申请被驳回的这类情况。

(三) 采取保密措施

如果一项技术容易通过保密方式得到保护,就可以不申请专利。将技术作为机密保护的优点主要是技术信息无须公开、没有专利申请费用、保护时间可以无限延续且无国界地域的限制。一般这种技术主要是产品配方、生产工艺等。这些配方内容难以通过技术手段进行检测或复原，很难被别人通过技术手段破译，且在生产上只需少数人切块掌握，作为企业机密处理即可。通常，一些不适用于专利法保护的技术项目、采用专利保护风险很大的技术项目均可以采用保密处理。保密处理的缺点：一是保密措施要求高；二是一旦秘密泄露，由于技术秘密被社会公众知悉，权利人就无法从实质上保护这项技术，甚至会产生被竞争对手抢先申请专利后反过来受制于竞争对手的情况。另外，随着科技的迅速发展，防止技术泄密的难度和泄密的风险也显著增加。

（四）直接公开技术

对于某些不适于专利保护、也不适于技术保密的发明创造，或者企业认为取得专利权后对企业无益的技术成果，可以通过公开成果使他人无法申请专利，以阻止竞争对手获得专利权。另外，为了破坏竞争对手正在进行的技术研究，也可以将与其相关的技术公开，使竞争对手的相关技术丧失新颖性或创造性。在这种情况下，应当选择影响小的、发行量少的或偏门的出版物，让竞争对手难以察觉技术被公开的事实。

有些技术虽然是企业自己开发的核心技术，但为了在行业内推广这种技术，通常只能将基础技术部分无条件地贡献出来，编入行业的技术标准，为公众所用。这样一来可以提升企业在行业中的地位，引领行业的技术发展方向；二来也避免别的企业另辟蹊径，提出另一种可能更好的技术方案，反过来使自己的技术处于竞争劣势。将专利技术融入行业标准是优势企业走向强大的标志性企业行为。

第三节　企业专利申请策略的制定

企业专利申请策略的制定要围绕企业专利战略来进行。专利申请可以与技术秘密相结合，或者是基本专利与外围专利相结合，或者是专利申请与国际投资、贸易等相结合。由于企业专利申请的策略必须融入企业的专利申请过程中，而专利法的专利申请文件修改不得超范围等规定决定了企业一旦提交专利申请，就已经基本确定了企业专利的雏形，所以企业务必重视专利申请策略的制定。

一、明确专利申请的主要目的

企业在准备专利申请时，要考虑到该项技术申请专利的主要目的是什么。通常企业在各个发展阶段会有不同目的，进而使企业申请专利时会选择不同的专利申请策略。企业申请专利的主要目的有以下几种。

1. 生产专利技术的产品

对于实用性广的技术，为了发挥专利在其有限的技术寿命期内的最大作用，企业通过生产专利技术产品，形成市场垄断地位，或者获得该项技术方案的独占权，从中获取经济利益，提升企业产品的竞争力。

2. 技术许可

企业通过许可专利技术获取经济利益，同时企业通过大量的普通许可，加快专利技术的扩充和外延，淘汰落后技术，促进产品更新换代。对于一些适用性广的产品或技术（例如高效水泥生产方法，某设备余热回收利用技术等），应采用普通专利许可、分许可等方法快速传播专利技术，既增加了企业的收入，又利于专利技术的传播，使该专利技术在有限的技术寿命期内充分地发挥作用。

3. 技术储备

企业对一些未来可能有商业应用前景的技术进行探索性研究，取得一定成果后申请专利，作为企业的技术储备。这是企业为了增强竞争实力，有效地保护正在运用的专利技术不被规避而采用的一种常用手段。

4. 压制竞争对手

企业通过申请专利并保持拥有足够量的专利技术，可以对竞争对手起到限制作用，同时避免他人掌握相应的专利技术后使自己处于竞争劣势。

5. 干扰竞争对手

在企业从事的主要领域外申请一些专利，使竞争对手难以判断企业的研发方向，从而起到迷惑对手的作用。

6. 申报高新技术企业和专利示范企业

企业需要申请高新技术时，也需要有一定数量的专利申请，不同数量的专利申请对应一定的评价分值（目前知识产权得分占高新企业总得分的30%）。对于企业来说，通过专利申请获得相应的分值比通过其他手段（如增加产值或利润）获得分值要容易得多。

例如，浙江企业需要申请专利示范企业时，根据浙江省级专利示范企业的评审标准规定，企业近3年的专利申请量必须达到20件以上，并已建立企业知识产权管理体系。

7. 索赔

申请专利既不是为了垄断生产、使用权，也不是为了转让技术，而是为了有朝一日通过打官司索赔获取赔偿金。在这种情况下，企业应委托专业的专利代理人帮助其申请专利。因为此时需要更多地从专利诉讼的角度考虑来撰写专利申请文件，且提前考虑好发现侵权行为后如何进行专利诉讼，并最大限度地获得赔偿。

二、专利申请时应当关注的几个因素

专利的保护具有地域性和时限性，专利只有在申请地可以得到法律保护，不同类型的专利的保护年限也不相同，因此企业应当考虑选择合适的地域（国家）与专利类型，使其能够最大限度地保护核心技术。除此以外，专利申请时还应重视以下问题。

（一）注重基本专利与外围专利相结合

基本专利，是指一项新技术的主体或核心内容专利，可能具有广阔的应用前景和具有巨大的潜在经济利益。企业在技术研发活动中取得这种首创性或者具有重大创新性的发明创造，一般都应当申请基本专利。基本专利是企业专利中的核心技术，是企业在竞争中取得主动权的有效保证。另外，基本专利除申请本国专利外，还应在优先权期限内向市场前景好的外国提出专利申请。

外围专利，是指在基本专利的基础上对技术方案作出改进、细化的应用性专利，也可以是对他人的基本专利进行认真研究，发现其缺陷并对其进行改进，然后就改进技术方案获得的专利。企业在制定专利申请策略时，要将基本专利与外围专利有机结合，做到全方位保护技术创新。

（二）注重专利申请与企业生产现状相结合

专利策略的确定要根据企业本身的实际需求，与企业的发展、经营等环节相配套。专利的申请策略要紧密联系企业的生产经营。例如，如果企业准备生产一种发展前景或市场行情较好的新产品，就应当考虑先进行专利布局。即便是参考别人的技术进行改进的产品，也应及时将改进技术申请专利。这样可以利用专利技术保护自己的产品，即便在受到侵权指控时也有相应的回旋余地。

（三）注重兼顾专利申请的质与量

对于专利申请，那些保护范围较大、经济效益好的高质量专利通常是企业追求的目标，但期望每件专利都是保护范围大、经济效益好的高质量专利往往是不现实的，而且很多专利并不会具有立竿见影的效果。专利由于其特殊性，一是在申请初期很难看清将来技术的发展方向与潜力，二是即便企业申请了保护范围较大的专利，别人总有办法通过改进技术方案跳出其专利的保护范围，或者通过无效程序设法缩小专利的保护范围，因此，指望某项技术申请一件或几件核心专利就能占领市场是不现实的。企业除了申请一些高质量重点专利外，还应以这些专利为中心，在外围散布相当数量的辅助专利，这样才能有效地占领一片技术领地。另外，对于那些缺少核心技术的企业，也可以在某些技术领域通过对产品的不断改进并逐渐积蓄专利量，达到以量取胜的目的。

（四）不申请专利或专利申请被驳回时应注意的问题

一般来说，企业开发了一项新技术或完成了一项技术改进，大部分情况下应当提出专利申请，国家政策也鼓励专利申请，以积极推进专利制度和促进企业的技术进步。如果企业从实际情况考虑后决定保密而不申请专利，或者采用部分申请、部分保密的，则要承担不申请专利的相应风险，同时须做好相关工作，持续密切注意相关行业的技术动向，必要时再及时申请专利或公开相关技术，避免竞争对手就相同技术申请专利，进而使自己处于不利地位。

如果企业提出的专利申请被主管机关驳回，企业应认真分析原因，对于存在授权可能的案件，应尽量提出复审，同时也应考虑对技术进行进一步的改进，以提升技术的创造性和商用价值，为下一步的专利申请打下基础。

第四节　中小企业的专利对策

通常大企业都有自己较为完备的专利管理体制，而中小企业的专利意识、人才、资金和制度等方面均无法与大企业相比，因此中小企业需要重视专利的申请、维护和运用。与大企业相比，中小企业具有机制灵活、对市场变化反应快的优势，因此中小企业也可以根据自身特点确定合适的专利对策。

一、专利申请策略

中小企业因具有规模较小、财力有限等特点，更需要制定精准的专利申请策略。中小企业要注意培养良好的专利意识，在积极进行技术创新的同时要通过及时递交专利申请来保护自身的利益。一般中小企业总以为自己的技术力量薄弱，搞出的技术创新水平不高，因此申请专利的意愿相对不足。需要明确的是，专利申请一旦批准，在专利的有效期内，专利权人对该项技术就享有垄断性、排他性的所有权和使用权。即便企业不想垄断该技术，也应及时递交申请专利，否则有可能被别人申请而反过来成为压制自己的武器，从而使自己的生产经营受到严重影响。

当然也要注意，由于中小企业的研发力量相对有限，通常对某项技术广泛深入的研究能力不足，因此，申请专利将技术公开后容易导致别人围绕该项技术研发出更为先进的技术，反而使自己处于竞争上的劣势，尤其是许多中小企业为了节省成本，由技术人员自己撰写并递交专利申请的情况下更容易出现类似问题。如果委托专业的专利代理机构撰写并递交专利申请，则可避免类似问题的发生。

二、与专利代理机构合作策略

根据中小企业专利意识不足、专利人才匮乏的特点，中小企业成立独立的专利管理部门的可能性不大，因此中小企业应该优先考虑委托专利代理机构帮助企业管理和申请专利。专利代理机构常年从事专利代理业务，有丰富的实践经验，对技术有独到的见解，可以使企业的技术成果得到最大的保护；同时专利代理机构还能在企业的技术开发过程中基于专利的角度提出很好的建议，发生专利纠纷时也能提供专业的服务，可以使企业方面更专注于技术开发，研发更多的新技术。

三、专利人才培养策略

中小企业由于缺少资金，通常难以引进专业的专利管理人才，因此中小企业应当立足于自己培养具有创新意识的专利管理工程师。这样的专利人才可以带动企业研发人员提高创新意识，提高企业专利意识，也对企业的新产品开发具有很大的好处。中小企业专利人才的培养对象可以从技术研发人员中选定,使他们成为专利与产品开发的两用人才,同时可以将专利工作贯穿于整个产品开发过程中,并随时在企业研发人员与专利代理机构代理人间架起沟通的桥梁,有利于企业的改良技术及时得到有效的保护。

四、失效专利利用策略

失效专利是指那些授权后由于种种原因而丧失法律保护的专利技术。除了法定的专利保护期限届满外,更多的专利技术因为未及时缴纳费用、专利权人主动放弃或专利权被宣告无效而丧失专利权。在这些失去法律保护的专利技术中,有相当部分的专利技术仍有较高的实用价值。对于中小企业来说,这些失效专利的充分利用不但可以大幅减少企业技术研发的人、财、物投入,节约产品研发时间,还可以对无效专利的技术作进一步改进创新,进而申请成为新的专利。

在中小企业中,科技型中小企业通常更具有创新意识,专利是科技型中小企业获得竞争优势的核心竞争手段,是科技型中小企业提升企业知名度和竞争实力的有效途径。科技型中小企业主要从事技术密集型产业,产品的独立研发能力较强,在行业竞争中一般可以跟随行业龙头企业并利用外围专利的申请策略在行业中争得一席之地。

【案例7-1】瞄准行将失效的有价值专利,跟随获利

由于药物的研发成本较高,因此不少靠仿制为生的药企,时常觊觎着一些将要到期的全球性的专利畅销药(如依那普利和氟西汀等),将其认定为是个极好机会。据估计,2014年全球因到期失去专利保护的药物总价值达400亿美元,2015年高达560亿美元。许多药企视药品领域的大规模到期潮为一场"盛宴",迫切将还有2年将过期的专利就开始组织检索和追随式研发,以及中试工艺及生产设备等方面的准备,待发明专利20年的保护期一结束,即开始大规模地越过密织的专利篱笆,快速发展专利药的生产,企图从原专利持有药企那里分得该药物的部分市场份额。2014年以来,先声药业和美国默克、辉瑞公司和海正药业、复星医药和瑞士龙沙等公司纷纷成立相应的合资公司,专门瞄准即将到期的专利,进行药品仿制;2015年初,阿斯利康发布投资仿制药新战略,决定在江苏泰州投资约2.3亿美元打造全球最大的药物生产基地。❶

第五节 中小企业常见的专利问题

许多中小企业总以为自己的技术水平不高,对自己所作的技术改进信心不足,认为不能申请专利。实际上,即便技术含量较低的技术改进,也可以申请实用新型专利;从技术含量比较低的简单专利起步,逐步了解专利申请的相关程序,为以后申请

---

❶ 贤集网. 今后5年全球有130多个专利药物到期 [EB/OL]. (2015-01-18) [2015-05-24]. http://www.xianjichina.com/forum/details/2364.

高质量的专利提供技术和人才的储备，并逐渐向技术含量比较高的专利转变，这些正是很多企业经历过的专利工作发展历程。有专利要比没有专利好，有创新要比没有创新好，专利质量的提高也是与一个企业同步发展的渐进式的过程。在专利申请方面，中小企业或多或少地存在一些认识与实际运作上的问题。

一、产品市场前景明确后才开始申请专利

很多中小企业的高层认为这样比较可靠，可以避免申请没有实用价值的专利，但是，这时可能有很多人已经了解这一产品或技术，甚至有人可能已经在申请专利了，因此肯定会影响企业专利权的获取。即使专利获得授权，其权利也将处于不稳定状态；如果有人侵权，侵权人则可以以专利申请日之前该技术已经公开为由进行抗辩或者提出无效请求。这样专利权人很难通过诉讼来打击侵权人，使申请专利所花费的精力、时间、金钱等统统付之东流。实际上，申请专利的技术方案不一定是市场前景明确的产品，也不一定是已经试验成功的产品，只要有了切实可行的想法，就应当着手开始申请专利了。因此企业在申请专利时须及时做好准备，抓住有利时机。

二、相同的产品只申请了一件专利

有的中小企业认为相同的产品申请一件专利就能获得全面的保护。这种错误的认知一是基于对"一件专利只保护一个主题（通常为10项权利要求）"的认识不足所致；二是对仿制者规避的能力估计不足；三是对侵权诉讼时，侵权判定需"全面覆盖"的原则认识不足。

对于有可能发生专利诉讼的产品，笔者建议多申请不同类型的专利，如同发生战争或对抗时有多件兵器远比单件兵器好一样，这将明显提高己方的进攻或防御能力，并同时明显增大侵权企业的风险和压力，以提高己方的胜诉率。

三、选择专利保护的方式不合理

我国《专利法》规定的发明创造有三种，即发明、实用新型、外观设计。有些企业为了节约费用而选择申请实用新型或外观设计专利。这两种类型的专利虽然具有一定的保护作用，但它们毕竟没有经过国家知识产权局的实质审查，因此专利的稳定性相对较差。

另外，受国家知识产权局不进行实质审查及较低代理费用的共同影响，专利代理人通常对实用新型专利的检索、撰写这两方面的重视程度及其申请文件撰写质量要低于发明专利，容易出现技术问题考虑不周，保护范围划定不当等问题，有可能影响申请人的权益。而发明专利申请在实质审查答辩阶段，专利代理人可以针对审查员检索后的审查意见，修改并调整该专利的权利要求书（在实践中，几乎所有的实用新型都不会作任何修改），这对提高专利申请的授权率及专利权的稳定性极为有利。

四、选择专利申请的途径不合理

专利申请的途径可以有多种，许多中小企业为了节约成本，采用由研发的工程技术人员自己撰写专利申请文件或委托一些粗通专利的个人代为撰写专利申请文件。这样做可以节约费用，但有很大的潜在隐患，例如公开不充分、存在功能性权利要求等，这将直接导致专利申请被驳回。虽然很多专利申请也能获得授权拿到证书，但由于专利申请文件的撰写是一项技术与法律高度结合的、专业性非常强的工作，未经专业培训的工程技术人员绝大多数难以胜任撰写专利申请文件，其撰写的专利申请文件容易被宣告无效或轻易回避，无法达到很好的保护效果。因此中小企业应当选择专业的专利代理机构代为申请专利。即便如此，各专利代理机构专利申请文件的撰写质量也存在很大的差别，中小企业应当优先选择那些规模较大、声誉良好的专利代理机构。

五、对专利缺乏有效的管理

有些中小企业虽然申请了很多专利，但却不重视专利的管理工作。有些企业的专利申请直接交由研发人员负责，缺少统一管理，造成专利申请重复或相似度过高，浪费了有限的财力。大多数中小企业对自己专利的技术特征不够了解，在专利遭到侵权时不能及时提起诉讼以保护自己的合法权益。还有的则是专利申请后没有及时缴纳年费，致使专利失效，使自己的研发成果成为大家可以共享的公共资源。

【案例7-2】专利管理失误，拖延上市进程

苏州某企业因未缴专利年费，使得其专利失效，导致该企业上市首发申请被否决。这一后果不仅给企业带来不利影响，同时也使得其相关保荐机构和律师事务所遭到严厉处罚。中国证监会发行审核委员会审核认为，该企业招股说明书和申报文件中写明披露的5项专利及2项专利申请的法律状态全部与客观事实不符。截至审核结果公布之时，该企业的全部产品均仍在使用4项专利权被终止的外观设计专利，大约半数的产品仍旧使用1项专利权被终止的实用新型专利。造成如此后果的原因在于，该企业在专利管理上存在巨大疏漏，未在规定期限内完成5项专利的年费缴纳和及时成功申请另外2项专利。所以企业在专利管理上，当企业存在因自身业务繁多或难以独立完成专利申请等情况时，容易引发专利失效的风险。企业引起风险的时候，可以寻求可靠、专业的专利代理机构帮助完成专利相关事务。

六、对专利推动技术进步的作用认识不足

许多中小企业申请专利许多年了，专利申请的数量也很可观，但相关研发人员的技术创新意识还是停留在专利申请初期阶段的水平。这是因为很多企业对专利以及专利制度可以促进企业技术进步的作用认识不足，孤立地为了专利而申请专利。企业应当充分利用专利申请的契机，通过专利申请交底材料的撰写和专利的激励制度等，引导研发人员提高技术创新意识，使企业的创新能力和创新热情得到显著的提升，进而

充分利用专利制度为企业的持续发展和提高竞争力服务。

第六节　企业专利申请的策略与布局

一、专利申请策略

由于企业在研发过程中，技术创新点的出现在时间上、数量上以及技术关联性上具有一定的不确定性，因此，企业要把握专利申请的时间节奏和前后的申请次序，在企业专利战略的指导下充分地利用各种专利申请策略。这是企业在专利申请过程中的一个非常重要的环节。专利申请策略也不是教条和刻板的，企业要根据自身的实际情况，灵活地进行组合应用。笔者将几种比较常用的专利申请策略整理如下。

（一）抢先申请

《专利法》规定，两个以上的申请人分别就同样的发明创造申请专利的，专利权授予最先申请的人。根据该条法律规定，对于企业研发的新技术，通常应当在第一时间抢先申请专利，尤其是对于容易被竞争对手开发或仿制的热门产品，应尽早向国家知识产权局递交申请文件。否则，一旦被别人抢先申请，则可能使企业丧失申请专利的权利，造成难以估量的损失。

企业不必过分考虑技术的成熟性、完美性或实用性，对于新技术存在的各种问题，可以通过后续的不断改进加以解决，这些改进后的技术，可以继续申请专利予以保护。对于市场前景好、企业已经生产并很快就要投放市场的新产品，或者是他人也容易开发出的产品，要立即申请专利，切勿延误。

抢先申请的优点在于能抢先将技术方案固定成专利文件，并随后取得专利权，可以在行业竞争中取得该技术的垄断权，赢得竞争优势。抢先申请的主要缺点有两点，一是由于技术不够成熟而可能导致专利不够完备，二是由于技术未经充分验证、在实际生产上许多问题无法解决等而导致无实用性，三是有可能迫使竞争对手另辟蹊径，开发出规避本专利的产品。

（二）成批申请

对于一些并不急于推向市场的新技术，在关键的核心技术研发成功后，可以等到外围配套技术的研发基本完成后，采用同日成批申请的方式申请专利，使得企业迅速构建起彼此交叉支持、互补的专利网和专利池。

（三）择机申请

对于一些不易被竞争对手赶超的发明技术，可以根据经济效益原则选择最佳的时机提出专利申请。这里的经济效益原则主要是指利用现有技术充分获利，待到现有技术获利能力明显下降时再采用新技术；也可以在将新技术申请专利的同时，将现有的专利技术进行转让和许可。

第七章 企业专利申请策略

（四）抢占申请

有时候多个企业会在同一时间生产雷同的产品，这些产品的生产技术通常也大致相同，但是很多企业忽视专利申请，在先生产的企业不一定会申请专利。此时企业应当就生产自己的产品或正在使用的生产工艺申请专利，这样至少可以使企业自己生产的产品不会在行业竞争中受到侵权指控，从而在该行业中争得一席之地。这也是目前不少企业申请专利初始的防御性动机。

（五）隐藏申请策略

为了躲避竞争对手对于企业自身最新专利技术的密切跟踪，达到暂时隐藏该项专利技术的目的，有些企业在申请专利时选择小语种申请，或者在填写专利申请时有意选择冷僻难懂的词汇、变换申请人或者刻意隐瞒真实身份等，这样一系列行为所构成的策略，我们称之为隐藏申请策略。企业实施该策略，可以为竞争对手收集该企业专利信息设置种种搜索障碍，致使竞争对手无法及时地了解到企业发明创造的关键技术内容以及相关专利信息，从而为实施该策略的企业创造有利的发展契机。例如 IBM 公司曾经将一种可能替代晶体管的器件进行非英语专利申请（当时 IBM 专利申请主要以英语为主），这种做法使得该专利技术 2 年后才被竞争对手发现。待竞争对手回过神来，此时 IBM 已经完成了新的专利布局❶，使得 IBM 公司该器件在市场上的领先地位很难被撼动。

（六）提早申请与优先权策略

提早申请是指某一项技术仅仅完成技术构思就申请专利。针对提早申请的技术方案可能不够完善的问题，可以利用对在先申请要求优先权的程序加以解决，即将一项新技术的框架结构提早申请专利，细节结构后续提出申请，待改进的技术特征积累到一定程度，并对在先申请要求优先权，以完善技术方案。《专利法》规定，申请人自发明或者实用新型在中国第一次提出专利申请之日起 12 个月内，又向国务院专利行政部门就相同主题提出专利申请的，可以享有优先权。对于新开发的技术来说，由于技术发展方向尚不清楚，在申请前一批专利时，同时提交一份尽量涵盖全部内容、权利要求划定的保护范围较为宽泛的专利申请文件，待技术方案比较成熟、相关技术内容进一步明确后再对此份在先申请提出优先权要求，对 1 年内的相关专利申请重新进行组合或拆分申请专利，需要时还可再次进行专利布局。

另外，由于技术资料、检索水平、经费及时间等方面的限制，企业通常对自己技术项目的创造性难以把握，对专利申请能否授权没有把握，而利用优先权制度，可以先提交一个基础的发明专利申请取得专利申请日，争取获得时间上的先申请优势，然后通过技术改进提高产品的创造性，再提交一份相对完善的专利申请，并对在先申请提出优先权要求；如果在 12 个月内技术改进无法完成，达不到专利的创造性要求，

---

❶ 戚昌文，邵洋. 市场竞争与专利战略［M］. 武汉：华中理工大学出版社，1995：149.

则可以撤回在先申请而尚未公开的发明内容，从而避免技术公开，这是优先权制度的用法之一。

（七）提前公开策略

根据《专利法》的规定，发明专利申请自申请日起满 18 个月即行公布。国务院专利行政部门可以根据申请人的请求早日公布其申请。发明专利申请自申请日起 3 年内，可以根据申请人随时提出的请求，对其申请进行实质审查。

企业的技术项目大致可分为技术成熟项目与技术开发项目。对于相对成熟的技术项目，在申请专利时应尽早要求公开并进入实质审查。这样做的好处是可以尽早获得授权，并且使其他企业在相关技术上申请专利时受到该专利制约，因其无法满足新颖性要求，从而提高了授权难度。对于新开发的技术项目，由于新产品通常会存在这样或那样的问题，存在很多需要改进和完善的地方，因此，这种项目在申请专利时通常不宜请求提前公开。这样做的好处是申请人可以在专利申请公开前随时撤回，避免技术公开。另外，在先申请的专利由于没有公开，所以不会影响后续改进技术的创造性，从而可以留给企业足够的时间用于技术改进，避免竞争对手过早地获得企业的技术信息。企业也可以通过优先权将在先申请的内容与在后的技术改良进行整合，甚至可以根据最新市场竞争格局的变化重新进行专利布局。

二、专利申请布局

所谓专利申请布局，从大的方面说，是指一个企业对申请的所有专利进行数量、类型、保护范围、保护区域及保护年限等统一实施整体规划的行为。从小的方面说，企业的某一新技术项目的专利申请也可以进行数量、类型、保护范围、保护区域等整体规划，以达到最大限度地发挥有限专利申请的作用的目的。

对专利进行有效的规划布局，可以有效地引导产品设计，规避专利漏洞，建立完整的专利网，节省申请费用，使得攻防相宜，核心专利与国外专利布置相适配，最大限度地抑制竞争对手。

（一）按照产品技术的关联性进行布局

在新产品的研发过程中，各产品技术的创新点之间存在有机的关联，在专利申请过程中要善于利用这种关联性进行专利布局。这样可以使产品技术之间的各创新点相互支撑，以此提高专利的创造性、专利权的稳定性，使得各专利的保护范围所形成的架构更加有效与合理。

1. 核心放射式布局

核心放射式专利布局即我们常说的一项基本专利及以该基本专利为核心的呈多层次放射状布置的外围专利的布局。基本专利是一项新技术的核心专利。企业将核心技术申请专利，可以在该项技术领域取得主导地位，把握技术的发展方向，掌握主动权。一般来说，基本专利需要有较高的创造性，具有广阔的应用前景及重大经济效益与社会效益。外围专利则是围绕核心技术所作出的各种改进方案及各种可能的实施方案，即在核心专利周围设置多个层次的从属专利组成专利网络，以阻止他人对核心专利的攻击或者形成交叉许可而不被蚕食（外围专利策略详见本书第八章第六节）。

【案例 7-3】进行放射式专利布局阻挡竞争对手

某公司为了将现有的插座的生产由劳动力密集型转变为流水化自动生产，将电器插座的各个功能部件进行模块化设计，使这些模块保证在不同规格和布局的插座中通用。采用模块化设计的插座的关键是解决各模块之间便捷可靠的结构连接与电连接问题，该公司通过创新的导电卡接结构有效地解决了这一难题。根据这一核心创造点，再根据插座模块的结构特点，从不同的壳体、指示灯、开关、电源引入端子加上各种不同的模块，如两孔型模块、三孔型模块、五孔型模块等，结合有保护门和无保护门、内置式孔型和外露式孔型及插座壳体的单排与双排模式等，当即申请了 5 件发明专利和 15 件实用新型专利，以此进行专利布局，使竞争对手很难利用这一核心技术，从而为企业的新产品保驾护航。

2. 网格平行式布局

网格平行式专利布局是指在某一技术领域或某一产品中，针对多种不同的技术方案，均采用申请专利的办法来达到扩大保护面的目的。在这些技术方案中，有些技术方案并非优选方案，可能存在这样或那样的问题，但对于一个前景看好的项目，通常这种非优选方案也有较高的利用价值。对这些看似实用价值不高的技术方案申请专利，可以达到垄断或者防止他人利用这些技术规避己方专利的目的。

【案例 7-4】网格式专利布局对产品进行全方位保护

某企业在原有内燃机车的基础上开发电动汽车，相对应的纯电动汽车的动力总成是安装在传统结构的汽车动力机舱中，动力总成安装方式与原有内燃机车的动力系统安装方式类似。这种纯电动汽车的动力总成安装方式不仅生产效率不高，而且大部分的动力总成部件与车身之间为硬连接，动力总成部件的振动容易传递到车身上，从而影响驾乘舒适性。该企业为了解决上述问题，从纯电动汽车的实际情况出发，对纯电动汽车动力总成进行全新的布局设计，在提高产生效率的同时，保证了纯电动汽车的驾乘舒适性。为了保护这种全新的电动汽车动力总成安装方式，根据改进后的全新布局方式具有较高创新性的特点，可以通过对纯电动汽车动力总成的整体布局结构进行逐层网格状细化，对各个重要部件及其连接方式申请专利进行保护，即除电动汽车动力总成安装结构外，对型材结构、锻造结构、驱动电机控制器安装结构、油壶群安装结构、线束安装结构、传感器安装结构、压缩机安装结构、减速器安装结构、电机控制器安装结构及缓冲装置安装结构均申请相应的专利，这样就可以对该产品进行全方位的保护。

3. 条状链式布局

条状链式布局是指在某些存在上下游关联的技术项目的上下游每个环节上均申请专利。这样企业自己可以完整地控制整个生产或产品链条，避免因某一环节需要借助别人的技术来完成而在生产经营上受到制约，从而使自己的生产经营不受外人影响。

对于从事某些流水生产成套设备的企业，流水线各个环节的加工设备都应当考虑申请专利，以避免某一环节被后来竞争者申请专利反受其制约而影响整个成套设备的生产。

【案例7-5】条状式布局保护流水线工艺设备

某茶叶加工设备生产企业根据绿茶加工工艺开发了一条绿茶加工流水线。该茶叶加工流水线包含了茶叶分级、摊青、杀青、理条、做形、烘干、提香、筛分等加工设备及其连接控制工艺，企业应当将自己开发的每种加工设备及加工工艺都申请专利，从而形成一条完整的专利链。这样整条流水线上的设备及工艺都受到专利保护，避免某一设备出现侵权纠纷而影响企业的生产经营，也为整个流水线全方位保护作了布局。

4. 创新节点式布局

创新节点式布局是指对于一项有多个创新点的技术，每个创新点都应该单独申请专利，从而形成一种以创新点为节点的整体专利布局模式，不能因为某个主要创新点的创造性较高，而忽略了其他看上去相对次要的创造点。

（二）按照竞争对抗性进行布局

1. 策略型专利布局

策略型专利布局是指找出所研发技术或产品的领域中最必要、最难以回避的关键部位，布局策略型的专利，让竞争对手的研发路径无法绕开所布局的策略型专利（参见图7-2）。

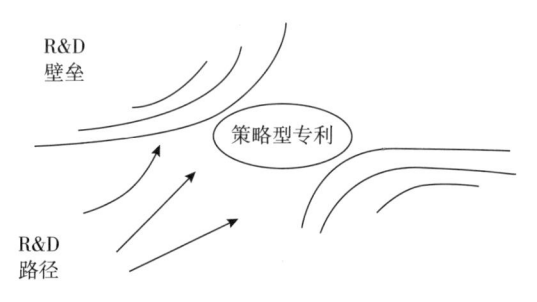

图7-2　策略性专利布局示意图

一般只有研发力量雄厚、拥有前沿技术的企业才有能力采取这种策略布局。产业链越往上游，技术越有价值，就越有可能获得策略型专利。通常，技术追随型企业的创新速度很难超越技术领先型企业，相对也就较难产生策略型专利。

2. 围篱式专利布局

围篱式专利布局是指企业针对解决同一课题所研发出所有可能的技术方案，并据此申请若干专利，形成一道无形的专利围篱，让竞争对手无法跨越（参见图7-3）。企业在研发过程中扎实地进行专利围篱式布局，则所拥有的阻挡竞争对手研发路径的专利围篱强度就会增强。

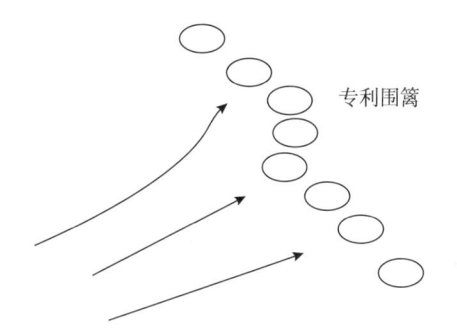

图 7-3　围篱式专利布局示意图

3. 地毯式专利布局

地毯式专利布局是指企业将自己所有可能的技术方案都申请专利，形成一定规模的专利数量以提高专利谈判的优势（参见图 7-4）。采取这种地毯式专利布局的企业，必须拥有较雄厚的技术实力和财力。这种布局策略已渐渐被既重视数量，更重视专利质量的趋势所替代。

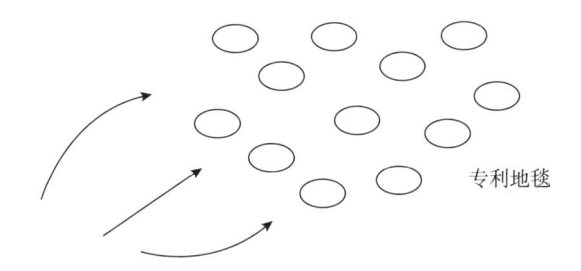

图 7-4　地毯式专利布局示意图

4. 包围式专利布局

包围式专利布局是指以竞争对手所拥有的核心专利为基础，进行大量的技术改良并布局有价值的二次发明专利（参见图 7-5）。虽然企业仍无法拥有核心专利的专利权，但竞争对手也同样无法实施核心专利的外围专利，其为了实施改良后先进的技术方案，由此双方形成专利的交叉许可。

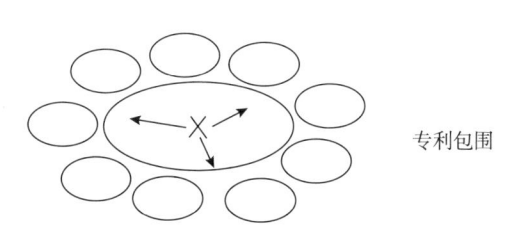

图 7-5　包围式专利布局示意图

包围式专利布局通常是技术后发型企业在模仿创新的过程中所采取的主要专利布局策略。"二战"后，日本企业在家电、汽车等行业的诸多产品上紧盯欧美国家的先进技术进行改良，并成功反超欧美。这是一个利用包围式专利布局获得成功的典范。

5. 组合式专利布局

组合式专利布局主要分为两个层次的布局，一是努力挖掘重要专利；二是在本身所拥有的重要专利的基础上再作二次发明，以此提高竞争对手规避设计的难度。

在第一层次上，采用那种让竞争对手完全无法绕开的"策略型专利"作为重要专利，以有效阻挡竞争对手的研发路径，迫使竞争对手必须通过交互许可的方式来取得必要的技术实施权利。

在第二层次上，以这些重要专利为中心，进行专利围篱的补强，以提高竞争对手规避设计的难度。并且，积极从各种角度进行精细的改良，让竞争对手几乎无法通过再发明方式从中挖洞穿越。这也是包围式专利布局。

所以，组合式专利布局就是策略型专利布局、专利围篱布局和包围式专利布局的两种或者多种混合运用（参见图7-6）。

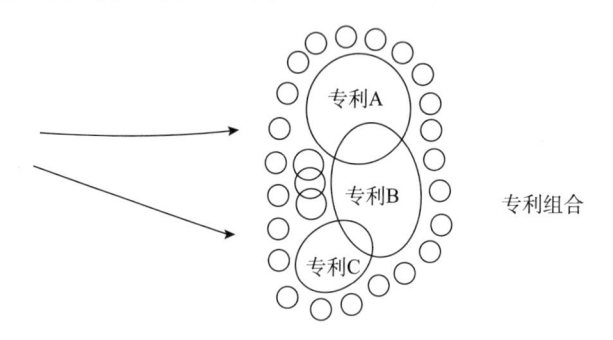

图7-6　专利组合示意图❶

（三）按照地域进行布局

专利申请布局除技术上的布局外，还要考虑到专利的地域性，也就是专利只是在相应的区域内得到保护，如在中国国家知识产权局申请专利，则在中国的范围内得到法律保护，而在国外就不受保护。因此，企业的技术项目如果要得到某一国家或地区的保护，则应在优先权期限内在相应的国家或地区提出专利申请。

【案例7-6】**产品进入某国市场前，提前在当地申请专利**

德国某生产机场物流设备的公司计划在2013年进入中国市场。该公司在进行市场前期准备阶段，即2011年就提前在中国申请了相关技术和设备的专利，一旦其产品进入中国市场，所涉及的技术和设备就可以得到保护。实际上，该公司在中国申请的专利不仅获得了保护，还成为了该公司参与项目竞标的核心优势，为该公司迅速立足中国市场并获得市场份额提供了保障。

---

❶　袁建中．企业知识产权管理理论与实务［M］．北京：知识产权出版社，201：150-159．

第八章 企业的专利战略

第一节 企业战略概述

一、企业战略的基本概念

企业战略是对企业各种战略的统称，其中既包括竞争战略，也包括营销战略、发展战略、知识产权战略、品牌战略等。企业战略虽然有多种，且各个企业会采用不同的战略组合，但有些基本属性是相同的，都是对企业整体性、长期性、基本性问题的规划和谋略。

在企业的经营与管理中，企业战略是十分重要的。实现企业战略就是提高企业对市场环境的适应性，是企业少走弯路、可持续发展的有效途径。当一个企业成功地制定并执行了能创造价值且与自身状况较吻合的战略时，就能获得企业战略的竞争力。

二、企业战略的类型

企业战略的类型可以有多种分类方法。例如，按企业竞争态势可分为扩张型战略、防御型战略和收缩型战略。

(一) 扩张型战略

扩张性战略是指主动积极的扩张方式，扩大市场占有率的战略模式，适于行业领先企业及快速增长的企业，其形式包括差异化战略、合作经营战略、集中经营战略、多元化战略、重组购并战略等。

(二) 防御型战略

防御型战略指采取稳定发展态度的战略形态，适于行业竞争激烈、市场疲软、经营不太景气的企业，其具体形式包括无增长战略和微增长战略，能有效控制企业的扩张规模、控制企业的经营成本和风险。

(三) 收缩型战略

收缩型战略指采取保守经营态度的战略形态，适于危机企业或夕阳行业的企业，其形式包括调整战略或转移战略、放弃战略和清算战略等，能有步骤、稳步地保存公司的人力、财力等资源，有效保存公司的实力。在国内外经济有下滑趋势时，企业的战略有向收缩型转变的倾向。

三、企业战略的流程

企业战略的流程包括战略分析与评议、战略策划与制定、战略实施和控制。

（一）战略分析

企业战略的主要内容就是明确自己的定位、找准发展的方向以及实现预期目标等过程中的各项有效措施。

战略分析是指企业为保证现在和将来始终处于良好状态，对一些关键性的影响因素有一个清晰的认识过程，进行外部宏观环境、产业结构分析和企业内部的微观环境、自身条件分析，并通过SWOT分析方法来分析企业的内外部状况，从而对企业所面临的机会和威胁及所具备的优势和劣势有一个明确的认识。

（二）企业战略目标的确定

企业战略目标是企业使命、宗旨和责任的具体描述，是企业制订发展规划和计划的基础标准。策划和设定战略目标，必须具体化和定量化，必须可操作、可评价。

企业战略目标必须贯彻落实到企业的各个部门。企业各部门应该根据企业战略目标制订相关的分目标以及实施规划。

（三）战略制定与选择

企业战略的主要内容就是确定自身定位、找到发展方向及事先预期目标的各种有效措施。战略制定与选择，又称战略决策过程，即基于战略分析的结果对战略进行分析、探索、制定及选择，包括企业使命与战略目标的调整或确定、战略备选方案的制订及战略方案的评价与选定。

（四）战略实施

战略实施是指根据选定的战略方案，制订详细的实施计划、配备资源和组织实施的全过程，其主要是一个自上而下的动态管理过程。企业战略目标经企业高层商议且达成一致后，传达给中下层，并在实际工作过程中得到分解和落实。

（五）战略控制

战略控制是指以战略方案及实施计划为依据来检查所进行的各项活动的进展情况、确定实施过程中各环节节点的控制标准和相关绩效，检查所进行的各项活动的进展情况，并通过事前、事后、随时控制的方式不断进行反馈和纠正偏差的全过程。

第二节　企业专利战略概述

一、企业专利战略的基本概念

专利战略的层级有三个，即国家专利战略、行业专利战略和企业专利战略。企业专利战略在我国的战略体系中处于主导的核心的地位，在企业战略金字塔中具有处于塔尖级的地位。对于一家以高新技术为支撑的或者处在成长期的企业，专利战略是实现企业战略的重要组成部分，是企业得以发展所不可或缺的重要前提条件之一。

企业专利战略在国外研究得较早，1986年蒙贝格（Momberg）和Ashton从何时（在研发过程中）、何地（选定的国家）、为什么和怎样获取专利的角度讨论专利战略。1994年拉恩（Rahn）以技术空间（technology space）和以时间演变为纬度，将专利战略归类为"专门化阻挡"（ad hoc blocking）和"周边发明战略"（inventing around）、专利检索战略与"洪水式"（blanking and flooding）等战略，以及零星专利战略和连续专利战略或重复专利战略。[1]

我国学者吴国平提出专利战略是企业利用专利制度提供的法律保护和方便条件，研究分析竞争对手状况，推进专利技术开发，控制专利技术市场，为求得长期生存和不断发展而进行的总体性谋划。[2] 其主要内容为：建立健全企业内部专利管理制度；积极激励发明创造和实施专利运行机制；大力培养创造性人才和专门的专利人才。

我国学者赵宁将SWOT分析运用到企业的专利战略制定中，以SWOT分析指导企业专利战略实践。其中SO战略以进攻型专利战略为主，ST、WT战略以防御型专利战略为主，WO战略是进攻型和防御型专利战略的结合。[3]

我国学者冯晓青认为，企业专利战略是企业为获得与保持市场竞争优势，利用专利制度和专利信息，谋求获取最佳经济效益的总体性谋划。[4]

二、企业专利战略的对象和目标

企业专利战略的对象是专利和专利技术，它包括专利法律、专利制度、专利文件、专利权、专利证书以及所涉及专利技术等。其中，专利技术包括企业正在进行开发并具有新颖性、创造性和实用性等专利特征的技术、已申请的专利但尚未获得专利权的技术。

企业专利战略的目标是企业在一定的时期内为了生存和发展，在市场竞争中取得有利地位，并在打开市场、占领市场和提高市场占有份额的过程中获得竞争优势，从而达到预期的总要求。

三、企业专利战略的性质特征

企业专利战略具有保密性、全局性、风险性、法律性、竞争性、长远性、技术性、针对性等特征，如图8-1所示。

---

[1] 周勇涛，万小丽. 企业动态专利战略形成过程研究［J］. 科技与法律，2009（1）：46.
[2] 吴国平. 中国知识产权战略中的政府角色［J］. 知识产权，2006（6）：12-18.
[3] 赵宁. 我国企业专利战略的SWOT信息分析及应对策略［J］. 现代情报，2008（4）：23-26.
[4] 冯晓青. 企业知识产权战略［M］. 北京：知识产权出版社，2008：12.

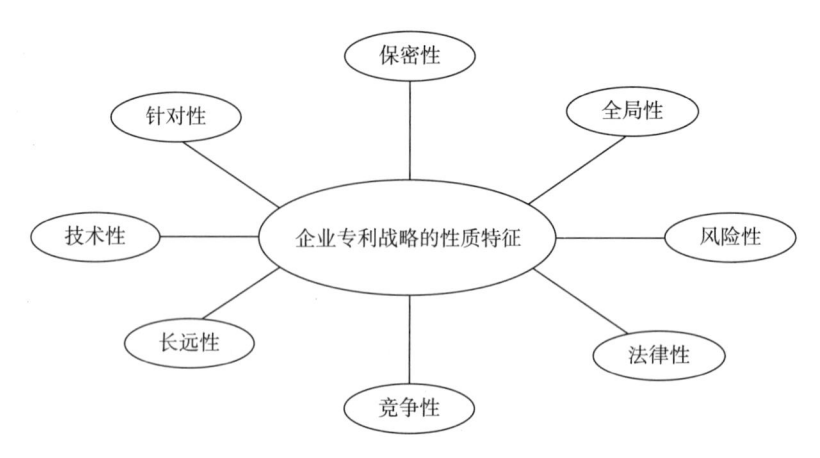

图 8-1 企业专利战略的性质特征

1. 保密性

除了专利申请文件等必须按时公开的内容外，企业应采取保密措施，建立保密制度，尤其是专利战略中的策略策划和措施等相关信息是企业的重要机密。

2. 全局性

专利战略作为企业战略的重要组成部分，是企业对专利的获取、维护、运用、保护等事关企业全局的总体性谋划。

3. 风险性

在市场竞争中，企业专利战略一经确立就很难短时间内更改，但是企业的内外环境，尤其是外部环境通常是变化的，具有很大的不确定性和偶然性。所以当企业专利战略不利于解决专利运营管理等环节出现的复杂性难题和突发状况时，企业很难在专利战略和现实之间作出抉择。如果选择继续执行企业专利战略，则可能使问题恶化，给企业带来的巨大损失。

4. 法律性

专利法等法规是专利保护的法律保障。它同时为企业利用专利技术进行竞争提供了可靠的法律保护，也是制定专利战略的策略和具体措施的准则。因此，专利战略具有鲜明的法律性。

5. 竞争性

专利战略是企业在市场竞争的战略武器，通过实施专利战略，能够有效地制约竞争对手，提高企业的核心竞争力。

6. 长远性

专利战略是根据企业长远的战略目标、着眼未来进行策划的。企业的成长和发展是专利战略的主要目的之一。

7. 技术性

专利本身来源于技术发明创造，各项技术特征及相互间的关系等技术方案是专利的主要内容。专利战略的制定与实施和技术密切相关。

8. 针对性

企业专利战略应在企业战略层面上作总体性考虑。在企业战略范畴内，企业专利战略主要针对企业专利权的获取、维护、运用及保护等方面进行制定。

四、企业建立专利战略的目的和作用

（一）建立专利战略的目的

建立企业专利战略的目的就是提升企业的核心竞争力，使企业更适应于专利法律下的环境中竞争、生存与发展。

企业专利战略的目标是指企业在某一时期内在专利方面预期达到的要求。当然，提升企业核心竞争力是企业实施专利战略的最终目的。首先，专利是具有独占权特性的公开技术，通过专利来独占市场或扩大市场份额以谋求经济利益最大化是企业申请专利的最初的想法；其次，专利战略又是一种提高竞争力的谋略，而竞争力在市场经济中体现出来的就是市场占有率，因此，专利战略又总是与市场竞争和市场占有率息息相关。

（二）建立专利战略的作用

专利战略是企业为了自身的长远发展，充分利用国家专利制度提供的法律保护，在市场竞争中获取最佳经济利益和扩大市场份额，并保持自身技术领先、立足市场的整体性战略规划。因此，专利战略的根本作用是以技术的独占权为根本，有效地将技术创新的产权激励、市场激励、政府激励与企业激励相结合，形成全方位的管理模式，有利于企业在激烈的市场竞争环境中求生存、求发展。

专利战略的作用有三点：（1）有利于企业技术创新，激励企业的创新积极性，保护企业技术创新的成果不会流失，防止竞争对手的侵占；（2）有利于改善技术创新的外部环境，推动政府制定和落实各项鼓励企业增加科技投入、开发新产品、引进高新技术的税收、金融、人才等优惠措施；（3）有利于建立综合性全方位的服务机构，通过现代化的信息通道为企业提供重要的市场信息、技术信息等。

五、企业专利战略管理的主要内容

企业专利战略管理的主要内容由五部分组成：（1）专利的申请、管理、实施；（2）专利战略监测分析；（3）专利战略决策；（4）专利战略部署和实施；（5）专利战略评估等。[1] 具体的分类如图 8-2 所示。

---

[1] 刘志强，朱东华，靳霞. 企业专利战略与技术监测理论研究［J］. 情报杂志. 2006（7）：65-67.

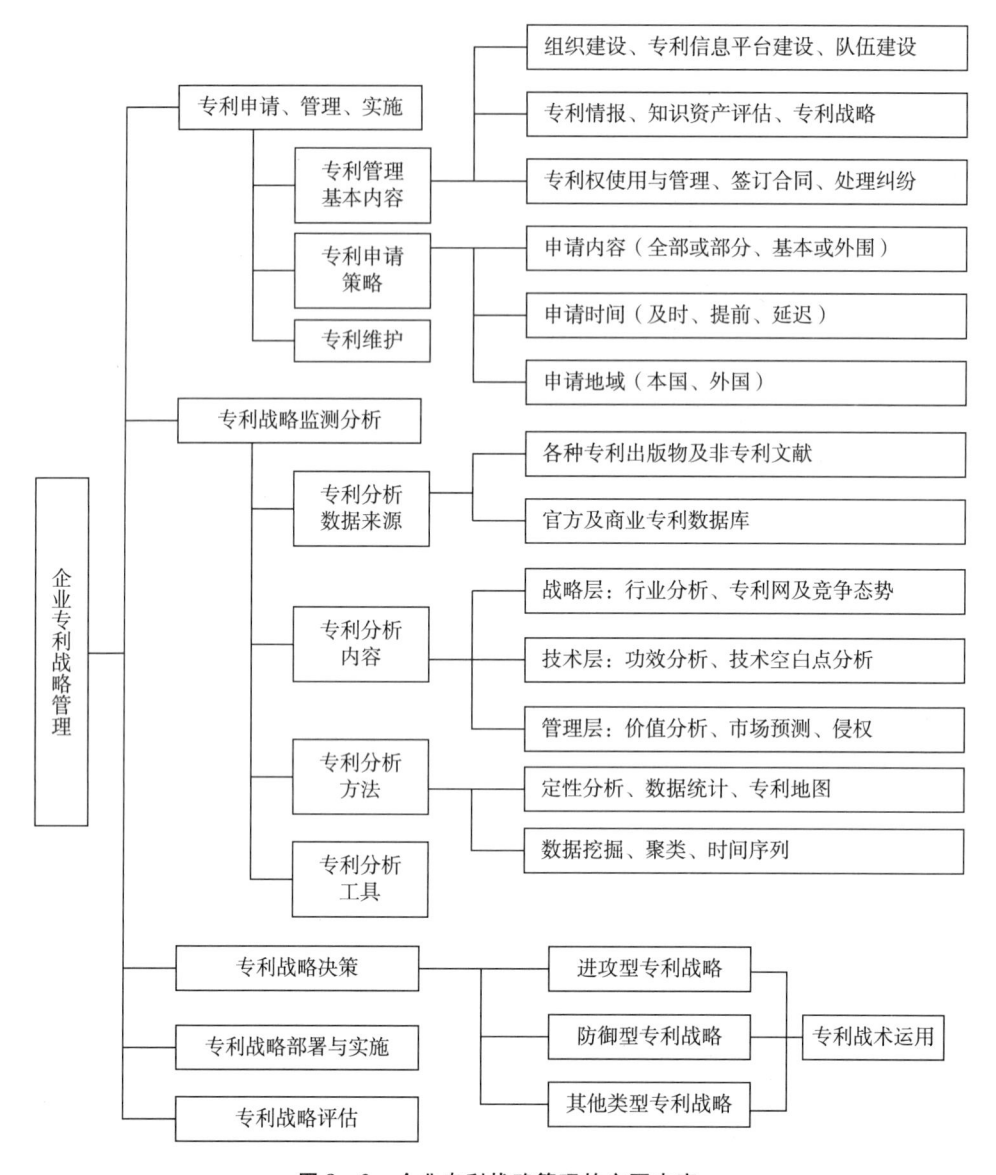

图 8－2　企业专利战略管理的主要内容

企业专利战略管理
- 专利申请、管理、实施
  - 专利管理基本内容
    - 组织建设、专利信息平台建设、队伍建设
    - 专利情报、知识资产评估、专利战略
    - 专利权使用与管理、签订合同、处理纠纷
  - 专利申请策略
    - 申请内容（全部或部分、基本或外围）
    - 申请时间（及时、提前、延迟）
    - 申请地域（本国、外国）
  - 专利维护
- 专利战略监测分析
  - 专利分析数据来源
    - 各种专利出版物及非专利文献
    - 官方及商业专利数据库
  - 专利分析内容
    - 战略层：行业分析、专利网及竞争态势
    - 技术层：功效分析、技术空白点分析
    - 管理层：价值分析、市场预测、侵权
  - 专利分析方法
    - 定性分析、数据统计、专利地图
    - 数据挖掘、聚类、时间序列
  - 专利分析工具
- 专利战略决策
  - 进攻型专利战略
  - 防御型专利战略 — 专利战术运用
  - 其他类型专利战略
- 专利战略部署与实施
- 专利战略评估

六、中国企业专利战略意识的形成过程

绝大多数企业对专利的认识有一个逐渐形成的过程，大体可分为下述五种类型。

（1）企业对于专利没有意识，其中一个显著的标志是尚无专利申请，即通常所说的"零专利"企业，即使是已经将企业设在美国的中资企业（通常这类企业竞争意识明显强于仅立足于国内的企业），2014 年还有超八成为"零专利"企业。

（2）一些企业虽然对于专利没有什么清晰的认识，但基于各级地方政府的积极推动，并考虑到政府申请专利有资助，或者碍于"情面"，就申请了一些专利。其中有些企业还出于从申请专利有钱赚的考虑，大量地申请，多数属于"泡沫专利"。

（3）企业在广交会之类的展销会上因遭投诉被迫撤下展位，或者因侵入而被迫应诉，受到"磨难"，或者在政府的引导下申请专利后，尝到了甜头，进而引起企业高层对专利工作的重视。企业家自己直接或指派专人分管专利工作。

（4）随着企业领导对专利工作的重视，各项工作渐入佳境，随之企业获得了荣誉和经济等方面的利益，如被评为省市专利示范企业获得奖励，被评定为高新技术企业获得税收减免优惠，或者在招投标中因有专利而胜出等进而推动企业专利工作深入展开。

（5）个别有超前意识的企业，在上述专利认识的基础上，真正将专利工作上升到企业的战略层面，并根据整体的企业战略，积极地制定出与企业实际情况与发展目标相适应的企业专利（或者知识产权）战略。目前这样的企业还少之又少。随着企业专利意识的不断增强，今后将会有越来越多的企业从战略的层面来制订和实施专利工作的整体规划，积极利用专利制度这个现代企业游戏规则，为企业获取更大的效益。

【案例 8-1】德国电子展会事件

Sisvel 公司是一家总部位于意大利的专利许可授权公司，该公司本身并不生产产品，它代表 MP3 标准中的主要权利人开展 MP3 专利许可业务，在美国、日本和中国香港有分支机构。从公司官方网站的检索得知，该公司是一家专利管理公司，拥有 25 年专利许可经验。Sisvel 公司正在管理的专利池包括 ISO/IEC Ⅲ 72-3 和 ISO/IEC3818-3 两项标准。Sisvel 公司对其中的全部非美国专利拥有独占许可经营权，而对全部美国专利的独占许可则由其子公司 Audio MPEG 经营。

2007 年 3 月，Sisvel 公司在德国海关对中国纽曼、花旗爱国者和深圳迈乐等国际知名厂商在内的多家参加电子展会的企业进行了举报，展会方对企业进行了搜查，并扣押了涉及侵犯 MPEG-2 音频专利技术的 MP3、DVD、汽车导航仪等数码产品。2008 年 3 月 6 日一天内中国就有 24 家大陆企业、12 家台资企业以及 3 家港商再一次在德国 CeBIT 展会被查抄，占当日被查抄企业的八成，涉及发明专利、外观设计专利和商标侵权等方面，产品涵盖 MP3 播放器、导航仪、音箱、手机等电子消费品。同年 9 月 1 日，德国柏林国际消费电子展（IFA）上，德国海关再次以"可能侵犯专利权"为由突袭了包括海信、海尔、创维、东元、现代等 69 家企业展位，并没收了大量电视、MP3 和手机等展品。因此，企业在参加国际展销会前，需做好充分准备，谨防外国企业在展会上突然出手，导致无法展示自己的产品，还面临被诉的风险。❶

---

❶ 黄颖. 企业专利诉讼战略研究 [M]. 北京：中国财政经济出版社，2014：754.

七、企业专利战略与专利策略的区别

企业专利策略是为实现企业专利战略所采取的措施和方法，企业在实施各个策略时，需依据实施效果来作一些相应的调整等；而专利战略具有全局性和长远性以及发展的方向性，在相当一段时间内不太会变化，在地位上专利策略服从专利战略。例如，专利提前公开策略、交叉许可策略等就是实施防御型专利战略的企业所采取的策略。

第三节 企业专利战略的构成要素

企业专利战略的要素包括专利战略观念、专利战略目标、专利战略实施方案（专利策略）、企业专利战略的调节机制、专利战略主体、专利战略客体、专利战略内容等。

一、企业专利战略观念

企业专利战略观念是企业自主创新所具有的全局性、综合性和整体性的一种理念。专利意识是企业专利战略观念的形成的基础。我国有很多企业，尤其是中小企业的专利意识比较淡薄，没有充分利用国家的专利制度来实现企业发展战略，没有制订专利开发计划，存在重研发与技术引进而轻技术保护的现象，其结果是企业在市场竞争中往往处于劣势，或处处受到专利壁垒的制约。因此，强化专利意识，构建企业专利战略观念已成为事关企业发展成败的关键之一。

二、企业专利战略目标

企业专利战略目标是指企业实施专利战略所预期达到的总体要求。企业专利战略的目标主要包括以下两个方面：（1）充分利用专利的独占权特点，独占市场并谋求经济利益最大化是企业申请专利的重要目的之一。（2）专利战略具有竞争性特点。因此，通过实施提高产品和技术的市场占有率是企业专利战略的主要目标。

三、企业专利战略方案

企业专利战略方案是企业实现专利战略目标的具体安排。其中涉及获得专利权的策略和运用专利独占权获得市场竞争优势地位的策略。具体包括专利技术的研发策略、专利技术引进策略等，而后者包括进攻型专利战略、防御型专利战略和收缩型专利战略等。

专利战略具体内容将在第八章第七节详细说明。

四、企业专利战略的调节机制

企业专利战略是可调节的，其各个组成部分在一定的时期内具有稳定性，但是随着企业竞争环境的变化、社会政治发展、宏观经济形势的变化以及技术的进步，都需要对企业专利战略作出相应调节。这样才能使企业专利战略适应各种变化。

五、企业专利战略的主体

进行发明创造并获取专利权是企业在人力资源、资金、信息等多个方面进行投入，通过一系列相应的规划、组织、协调和控制等管理活动而实现的。企业最高管理层是企业专利战略制定和推动的主体，而企业的全体员工则是实施和控制的主体。

六、企业专利战略的客体

专利战略的客体是战略实施的对象。狭义的客体仅针对专利技术的设计、运营和对专利管理的规划；而广义的客体则包括专利技术、专利储备、专有技术、专利技术相关的商标与著作权，以及发明者、设计者或专利技术持有者等。

七、企业专利战略的内容

企业专利战略的内容包括专利战略所采用的各种专利策略的策划、制定和实施等，在企业内部涉及研发、销售及制造等各主要部门及全体员工，在企业外部涉及技术及市场的各个领域。

第四节 企业专利战略的制定

一、制定企业专利战略的原则

企业在制定专利战略时应当遵循下列原则。

（一）从企业自身实际出发

不同企业在科技实力、类型和规模、产品优势、经营风格和实力等方面都有各自的特点，只有紧密结合自身特点，从企业自身实际出发，才能制定完善的专利战略，并使制定的专利战略落到实处。

（二）遵循战略制定的基本原则

作为企业战略中的一个子战略，企业专利战略在战略课题选择、前期准备、战略目标的选择和战略方案的拟订等方面也必须遵循战略制定的基本原则。

（三）服从企业战略

企业专利战略作为企业战略的子战略，必须服从企业整体发展战略的安排。制定专利战略时需要将其合理纳入企业发展的整体战略中，并且与企业中长期科技发展战略紧密结合。企业专利战略目标的确定要与企业战略的目标保持方向一致，在一定程度上受到企业战略目标的约束和指引，确保企业专利战略目标符合企业战略的发展方向。在此基础上，企业专利战略的制定还应与企业科技发展战略相匹配，为企业中长期科技发展战略提供基础和保障。

（四）突出重点

专利战略的制定应当突出重点，针对企业当前最重要或最紧迫的任务，以企业技术和经济方面的实力以及经营目标为依据，确定企业专利战略的内容。企业专利战略既可以是与宏观层次上的长远的企业整体战略相契合，也可以是针对短期内某个特定产品或特定客户需求而制定。

（五）保持时效性

时效性是企业专利战略制定时所必须考虑的因素之一。企业应当针对不同阶段的市场竞争形势来制定相应的专利战略，并随着市场和时间的变化合理调整。

（六）合理运用法律法规

专利法等法律法规是专利战略的法律基础，企业只有重视专利制度的特点并灵活地加以运用，才能制定出合理的、可持续的专利战略。

（七）保持全面性

专利是集技术、经济、法律于一体的具有独占权的一种形态，因此，技术、经济和法律是制定企业专利战略时需要考量的三个方面。同时，企业还应当与自身进行有机结合。企业必须注重通过收集专利文献情报，了解同类产品的专利状况和技术水平；根据专利文献情报的分析结果，分析行业技术发展的现状，预测未来的发展趋势，从而判断未来的技术发展方向。

技术情报分析应当作为确定专利技术投资决策的依据。企业应当通过专利文献等公开资料的研究来了解竞争对手市场占有情况，专利技术市场的覆盖面，相应领域专利交易的价格、频率以及其他企业在产品、技术和市场上的战略意图。同时，企业在制定专利战略时应当充分了解当前法律、专利审查制度及竞争领域法规的变化，对于法律允许的领域要及时介入，对于法律禁止的领域合理规避。

二、企业专利战略制定的步骤

（一）立项

企业专利战略作为课题确立，即确定它是针对宏观层次上的长远的企业专利整体战略，还是针对短期目标或某一类特定产品或某个特定客户群体的微观层次上的专项专利战略。立项时应明确实施目的、实施周期等课题的主要内容。

（二）前期准备

作为制定企业专利战略的基础性工作，前期准备工作的成效会直接影响企业专利战略制定的质量。前期准备工作主要包括以下三点内容。

（1）建立明确的制定机构。首先要明确企业的最高管理层人员直接领导，在确定制定企业专利战略组织机构的成员时，应当全方位考虑。无论是企业管理人员、专利工作人员、技术人员，还是企业主管领导，局限于某一方面必然会有各自的缺陷。因此，好的做法是由上述各部门人员进行组合，这样才能使最终制定的专利战略在技术、经济、法律等方面都具备合理性和可操作性。

（2）准备充足的资金。在委托研究、情报收集、文献检索、市场调查等方面都需要有资金的投入，因此企业专利战略的制定要有一定的资金作为物质基础。

（3）收集相关资料。专利检索分析和市场调查分析是收集资料最常用的两种手段。通过专利分析和市场分析可以了解相关领域的现状和发展动态。在企业专利战略的课题立项以后，应该从专利状况、竞争对手及市场竞争态势等方面展开调查，广泛收集与专利战略相关的情报信息，并对结果进行分析和评判，为后续正式确定企业专利战略的目标奠定基础。

（三）确定专利战略目标

在前期准备工作中，战略目标确定是非常关键的一个环节。如果战略目标确定错误，很可能会导致满盘皆输的惨痛后果。战略目标要在前期广泛调查和分析的基础上，围绕企业整体发展战略和经营目标来确定。

战略目标的实现基础是对对手和自身的充分了解。首先，企业专利战略的制定者应当对自身和对手的经济实力、科技实力、在本行业所处的地位都有清楚的了解；其次，还应该对市场格局、所处技术领域的发展趋势、政府政策的导向等方面有深入的认知。为此，企业专利战略的制定者应该对本企业整体发展战略、经营目标、经济实力以及科研能力、技术转化能力、可调配资源情况、市场现状、市场前景、行业发展状况、技术走向、产业政策、原料储量等方面的情况有比较清晰的理解和掌握。

专利情报的获取、分析和整理是企业专利战略制定过程中的重要环节。专利情报主要是指专利文献，具有来源可靠、信息量大、内容广泛、权威性、法律性等特点。在制定企业经营决策、新项目的立项和开发研究、对研发成果的保护等方面都需要专利情报的支持。上述的一系列活动也构成了企业专利情报战略。企业专利情报战略作为企业专利战略的一个子战略，会贯穿于企业发展经营的全部过程。通过对专利情报的分析，可以获取极有价值的信息，从而为企业专利战略的制定和实施提供基础。

专利情报分析具有以下三点作用：（1）专利申请通常会早于产品上市，通过分析本领域的专利申请情况，可以推知未来的产品和技术的发展趋势。（2）通过对竞争对手的专利公布情况进行统计分析，结合其实际产品和市场状况，可以判断对手的专利战略指向；根据竞争对手同族专利的分析统计，可以了解其产品的重心和研发走向，为本企业的后续决策提供帮助。（3）通过统计和分析专利情报，了解和掌握同行中拥有核心专利数量前几位的企业，作为重点关注对象，保持紧密的跟踪。

对相关专业的国内外技术现状和水平有充分的了解，对技术和产品的发展趋势有清楚的认识，就可以正确判断新产品和技术的市场前景是否契合客户群体的需求，避免无效投入和盲目开发带来的浪费。

（四）选择专利战略方案

企业专利战略方案将体现出企业专利战略的核心内容。在明确企业专利战略目标以后，企业可以根据其专利战略目标，结合专利情报分析，制订完善的专利战略方案。此阶段一般可以分为专利战略方案的拟订、专利技术开发策略的确立、专利战略方案的最终确定三个部分，具体内容的执行可以和中介公司合作共同进行。

第五节　实施企业专利战略的几个主要环节

企业在实施专利战略过程中，应确保产品研发、专利申请、产业化、专利保护、运营管理五个环节顺利进行。企业通过对五个环节的合理把握和实施，可以提高企业专利战略的执行效能。

一、产品研发环节

（一）对市场的分析

企业首先应对研发项目进行市场分析，调查产品进入市场的可行性。市场分析的功能在于企业能从专利战略角度出发，了解自身的技术优势与劣势以及所属产品领域的各种技术发展的机会和威胁。市场分析的一般步骤分为五步：（1）制订市场调研分析方案；（2）利用各种信息资源收集信息和数据；（3）对信息和数据进行加工处理；（4）进行市场分析和研究；（5）撰写市场分析报告。其中SWOT分析法是常用的市场分析方法之一，通过分析对企业内部的优势和劣势以及外部机会和威胁作出判断，其分析结果为企业制定战略和阶段性的策略提供依据。

（二）对专利技术生命周期的分析

技术生命周期分析是用来分析某项专利技术（或某一技术领域内的整体技术）所处何种发展阶段的方法，以推测该专利技术（或某一技术领域整体技术）未来的发展方向。研究表明，某项（类）技术在获得授权的专利数量与时间的序列关系上呈现出技术引入期、技术发展期、技术成熟期和技术淘汰期四个阶段的周期性变化规律。

比较常用的计算专利技术生命周期方法有专利数量测算法、图示法和技术生命周期（Technology Cycle Time，TCT）计算方法。TCT计算方法主要用来计算单件专利的技术生命周期，而研究相关技术领域的技术生命周期通常采用专利数量测算法和图示法。

一般而言，如果企业专利的专利技术周期的起始时间越早、跨越各阶段所需时间越短，则说明该企业技术更新快、技术革新积极性高；如果企业的专利申请数量越多且生命周期越短，则表示该企业正处在其领域内的技术前沿。（技术生命周期分析的详细内容可参见本书第七章第二节）

（三）对竞争对手的分析

正如《孙子兵法》所言，知己知彼，百战不殆。企业应首先明确自己的直接竞争对手、潜在竞争对手。直接竞争对手，通常是指拥有生产相同或相似的产品、技术，或者出售相同或相似的服务，表现为在市场上相互竞争的企业；潜在竞争对手，指的是目前暂时对企业不构成威胁，但是未来有可能产生威胁的其他企业。企业尤其要善于识别潜在竞争对手，避免潜在竞争对手突然变为直接竞争对手，给本企业带来巨大的打击。

明确竞争对手后，企业需要对每一个竞争对手作出尽可能深入、详细的分析，揭示出每个竞争对手的长远目标、基本假设、现行战略和资质能力，并判断其行动的基本轮廓等。其中，企业应当特别关注竞争对手在行业内的影响力及手中的"王牌"。

（四）产品研发项目立项阶段建议

企业在立项阶段应该全面分析项目相关的专利信息，包括专利权人信息、关键技术涉及的专利数量和地域分布等信息，以此来确定项目的可行性、研发方向，达到规避或超越相关专利技术的效果。企业如果对研发项目进行了专利风险评估，并将风险评估结果及防范预案列作项目立项的依据，则更有利于立项的进展。

（五）对研发项目中的创新点进行收集整理

研发中的创新点包括产品技术、产品生产工艺技术、产品生产工艺装备的创新点等。其中产品生产工艺的创新点，可以在产品中试及试生产过程中进行比较和收集，同时确定较佳的工艺路线，从而完成关键工艺装备方案设计、比较和定型。确定工艺路线和关键工艺装备，通常需要比较和分析多种方案，必要时需进行条件的试验摸索和参数确认。因此，诸多创新点往往在这个过程中容易涌出。（产品技术创新点的收集方法参见本书第三章第三节）

二、企业专利申请环节

在专利申请环节中，企业应结合企业专利战略意图等主观因素及领域内技术发展状况等客观因素综合考虑，确定是否申请专利或以何种方式申请专利。企业专利申请策略的制定和实施，是整个企业专利战略实施中的基础性环节。（具体内容参见本书第七章第三节）

三、专利产品的产业化阶段

企业通过初步方案、初试、中试，不断摸索专利产品工业化生产的工艺参数及条件，选择和确定专利产品工业化生产的关键工艺装备。中试阶段的产品通过向市场推广应用，收集市场对产品需求的变化，以便企业进一步对产品的性能和功能进行技术改良，使产品更切合客户的需求，从而增强市场竞争力。

在产品中试和市场推广应用的基础上，企业的技术委员会组织对产品方案及产品生产方案进行最终审定。其中考核的关键性指标有四项：主要技术性能参数、产品的生产批量（规模）、根据生产规模确定的生产自动化程度、关键工艺装备的参数。

在专利产品产业化阶段，企业应不断利用最新技术及时对产品技术进行改良升级，并利用专利国内优先权制度，在优先权期限内进行专利申请策略的调整和二次布局，也可以根据产品和技术的市场地域延伸的可能性，利用国外优先权进行 PCT 专利申请等。（具体内容详见本书第四章第一节）

四、企业专利的保护环节

通过解读《企业知识产权管理规范》（GB/T 29490—2013），我们将企业专利保护策略概括为三个方面，一是专利风险管控，二是专利纷争处理，三是涉外贸易中专利的保护。

（一）风险管控

定期监控可以避免或降低侵犯他人专利权或被他人侵犯专利权的风险。有条件的企业应建立知识产权管理体系，积极识别和评测专利权风险，及时进行风险管控。实际中，企业要及时跟踪国内外技术的进展、国内外专利申请状态，尤其要跟踪竞争对手研发动态和专利申请的状况，对产品的专利情况进行全面审查与评判，并与最新公开的相关专利技术进行比较，以预防侵权和被侵权的风险。一旦发现技术上可能存在侵权风险，要预先进行绕道设计或者技术升级来规避。

如果产品技术开发周期过长，则该产品技术有可能被竞争对手超越。此时，企业可以采用本国优先权进行调整和布局，并将局部或全部技术方案提前公开。此外，为了降低因人员流动带来的专利风险，企业应对新入职员工进行知识产权背景情况的调查，并在劳动合同中签署相关技术及商业秘密的保密条款；对离职的涉及核心技术的员工，应签署保密协议及竞业禁止协议。

（二）专利纷争的处理

当企业的专利权被侵犯、收到侵权警告或遇到诉讼麻烦时，企业应该运用行政和司法手段积极应对。在处理专利纷争前，企业应当评估涉案的核心专利与基础专利的稳定性、产品的技术方案是否落入涉案专利权的保护范围；比较仲裁、诉讼、调解等途径给企业带来的利弊多寡，并从中挑选最优的方式解决纠纷。企业为了在专利纷争中胜出或者降低损失，对于处理专利纷争前的评估工作应选择具有资质和良好口碑的专利代理机构共同合作进行。（相关具体内容参见本书第六章第八节）

（三）涉外贸易中专利的保护

企业在向国外市场销售产品前，应调查销售地的知识产权法律、政策及其执行情况，了解行业相关诉讼，分析可能涉及的专利风险。同时，企业也可适时在销售地进行专利申请（包括 PCT 专利申请），完成地域上的专利布局。面向国外市场销售且涉及专利权的产品要预先委托专利代理机构做好知识产权海关备案等工作。万一发生专利侵权行为，企业可以通过海关采取当即扣押货物等强制措施，及时有效地制止侵权行为。（企业涉外专利保护的具体内容参见本书第六章第五节）

【案例8-2】申请国外专利，有效阻止出口产品侵权

21世纪初，杭州某工具企业，生产大量的五金工具出口美国，在国内申请了不少专利，遭到很多企业仿制。因此该工具企业在国内开展了对部分侵权企业的诉讼，但是由于国内专利申请策略制定以及国内专利保护环境等方面存在诸多问题，收效甚微。幸好该工具企业对该产品同时申请了美国专利，美国代理商委托律师起诉国内将有关产品销往美国的企业。由于美国的代理律师的费用大、赔偿额度高，这些企业收到传票后纷纷停止了侵权行为，收到了事半功倍的效果。

五、企业专利的运营管理环节

（一）整合专利资源

为了更好地执行企业专利战略，企业应对自身所拥有的专利和外来的专利进行整合。由于这项工作具有涉及面广、实操程序复杂、企业难以独自掌控等难点，所以企业在处置前应及时与专利代理机构洽谈合作、咨询交流。因为专利权作为企业的财产和资源进行有效运营和利用，需要被正确地评估以赋予合理价格。这也是专利权进入后续商业化运作的关键点。

（二）培养专利运营人才

专利运营集法律、政治、文化、科技和经济等多种属性于一体，是一个复杂的系统。因此，企业应该培养复合型、高素质的人才，保障专利运营顺利进行。企业开展专利运营的初期，应选择并委托一家值得信赖的中介机构帮助运营和管理专利业务。委托代理，对于企业来说是首选途径。因为企业进行探索性尝试需要承担人力、经济、机会等成本风险，一定意义上得不偿失。

（三）确定企业专利运营模式

专利运营的主要模式有专利转让、专利许可、专利质押融资、专利导航、专利产业化等。企业应根据专利资源的情况和企业专利战略的实施要求，合理选择相匹配的专利运营模式。企业依赖原有技术仅能享受短暂的辉煌，追求价格战和广告战只会使企业走向"囚徒困境"。企业只有不断通过专利运营迈向新的技术高峰，才能实现跨越式发展。因此，企业应牢固树立专利工作可持续发展、专利工作可改变企业命运的专利技术运营意识，让专利运营为企业发展保驾护航、冲锋陷阵。（企业专利运营模式的内容参见本书第六章第八节）

第六节 企业专利战略及其策略运用

创新发展是企业战略的核心，专利战略已成为企业战略的重要组成部分，企业拥有专利的多少和质量以及专利战略运用的好坏直接影响企业的竞争力。一些知名的跨国公司利用知识产权获取垄断地位的成功案例比比皆是。例如，2011年8月，谷歌公司宣布以约125亿美元的天价收购摩托罗拉。在该收购案中，谷歌将作为老牌通信企业的摩托罗拉拥有的超过1.7万件专利和7500件专利申请一并收入囊中，迅速提高了谷歌在该通信领域内的核心竞争力。❶

企业专利战略通常是由一个或若干个专利策略组成。企业在制定了专利战略之后，专利战略的落地需要选择若干个与企业实际情况相适应的专利策略，进行组合搭配。专利策略和专利战略之间的关系是错综复杂的，在实际运用过程中名称、内容以及关系容易混淆（有关专利策略和专利战略区别，参见本章第二节）。除了包含与被包含、长远与暂时等关系外，当某个企业的需求特别契合其中某个专利策略时，该专利策略就上升到企业专利战略的层面，成为企业专利战略的主要表达形式，此时专利策略就等同于专利战略。

一、企业专利战略的类型

企业专利战略涉及一个较为复杂的系统，所涉及的考量因素繁多，所以至今学术界还未有统一的分类。

例如，何敏将企业专利战略分为应对竞争态势型、适应市场变化型、谋求企业发展型三大类。❷ 其中，应对竞争而采取的战略有：基本专利战略、外围专利战略、引进专利战略、文献公开战略；按照适应市场需求变化而采取的战略有：专利收购战略、交叉许可战略、专利商标相结合战略、专利投资与产品开发战略；从谋求企业自身发展而采取的战略有：专利协作战略、共同开发战略、专利回输战略、基本专利终了战略。

张贰群出于对企业专利战略的阶段性考虑，认为专利战略可分为专利防御阶段的专利战略、专利相持阶段的专利战略、专利进攻阶段的专利战略三大类。❸

冯晓青❹将专利战略分为进攻性专利战略与防御性专利战略两方面，其中部分专利战略兼具进攻和防御双重性质，称为"混合型专利战略"，有的具有中性的性质。如企业专利引进战略、技术储备战略、基于企业未来分散技术开发风险而与其他主体实施的专利共同开发战略、专利协作战略等也具有中性的性质。

根据企业其不同的战略目标和战略重点，我们将企业专利战略的类型分为进攻型战略、进攻兼防御型战略、防御兼进攻型战略以及防御型战略四种类型。企业应从自己的实际情况出发，谨慎选择、制定相应的企业专利战略。随着企业的发展和环境的改变，企业需通过调整专利的策略来更好地与之相适应，并加以灵活运用。

---

❶ 唐珺．企业知识产权战略管理［M］．北京：知识产权出版社，2012：60.
❷ 何敏．企业知识产权管理战略［M］．北京：法律出版社，2006：199.
❸ 张贰群．专利战法八十一计［M］．北京：知识产权出版社，2005：148-149.
❹ 冯晓青．企业知识产权战略［M］．北京：知识产权出版社，2015.

关于企业制定和实施专利战略的注意点，本书强调以下两点内容。

（1）企业在依据其自身的特点与追求的目标制定战略的过程中，对于本企业究竟是选用积极的进攻型为主的战略，还是稳妥的防御型为主的战略，应该如何在专利战略方向上作出决择，我们认为，无论选择哪种专利战略，都必须是明确的，这是由企业战略决定的。即使是选择混合型战略的企业，也必须对在战略的方向上究竟是向进攻型方向发展，还是向防御型方向发展作出一个明确的选择。在专利战略方向性的问题上，倘若企业始终采取含糊不清的中性混合战略、攻防动摇不定的专利战略，这对于企业的发展很可能产生弊大于利的结果。

（2）企业采用的无论是进攻型战略，还是防御型战略，其所采取的具体策略不可能都是"清一色"的，各种策略的进攻性与防御性的属性是相互交叉或者互补的，只是在某个企业专利战略中，两者的具体组成与占比有所不同而已。例如，企业依据其自身规模、在所处行业中的地位、技术和人才优势等特点，在进攻型战略中依据所担当的角色与作用，或多或少地会选用一些相适配的防御性策略和战术，使企业专利战略更符合企业战略的需要。由此可知，专利策略的运用是动态的，需随环境及自身情况的变化而作一些适应性的调整。

二、进攻型专利战略及其主要策略应用

处于行业内领先地位的企业，如跨国公司或国际行业垄断企业等，为维护自身的利益，利用各种与专利相关的法律以及经济、技术手段挤压竞争对手，建立和维护其市场垄断地位，在竞争中往往采用先发制人的进攻型战略。在进攻型专利战略中，企业常用的策略有专利独占、专利掠夺诉讼、专利投资诉讼等。

（一）专利独占策略

对任何国内外企业都不授予可实施权，企业只追求独家利益。企业一般在产品技术的成长期采用这种专利策略，企业以独占专利的策略来获取市场竞争的绝对优势。一般对产品市场前景非常看好的企业会采用专利独占策略，例如，在该产品面世前充分地做好较为系统全面的专利布局工作，从核心专利申请到从属专利的申请，需要步步为营，层层设防，力争利用企业创新研发所获得的某个技术领域的领先优势，并保持一定的时间，以免被追随型企业分享甚至超越。当然，在涉及产品的各个可能的技术方案、相关生产环节的工艺等方面，企业通常选用这种策略来大量申请各类专利。

（二）基本专利策略

企业可以通过积极地推进自主开发、合作开发等途径，对所拥有的核心技术或基础性的科研成果进行专利申请并获得专利权，形成企业的基本专利，并利用这些基本专利进行专利布局，从而达到制约竞争对手和最大限度占有市场份额的目的。基本专利技术一般属于上游技术且受保护范围较广，竞争对手很难规避或逾越，并且在实施过程中，拥有基本专利的企业可以抢先大量开发该专利的外围专利，如工艺、材料等，积极布置专利进攻或防御体系。基本专利策略是高新企业、国内龙头企业、竞争

力较强的国际化企业等企业的主要专利策略。这类型企业一般在技术上居于行业领先地位。为了保持这种竞争优势，企业通常以积极的进攻型专利战略为主，并辅以一些防御型专利，而基本专利策略是其专利战略的主旋律。

（三）专利网策略

外围专利策略与专利网策略在一些书籍中常常作为相同概念进行表述。但是在实际专利策略应用中，外围专利和专利网有时存在相互对抗的关系，为此我们认为有区分的必要。专利网指的是企业围绕自身的核心专利申请大量呈辐射状或网状布置的专利群，或者无核的网状结构的专利群，用以提高本企业该技术领域的专利攻击力或防御性。而外围专利指的是企业在竞争对手的核心专利外围布置网状专利包围圈，用以抵抗或攻击竞争对手核心专利而形成的专利群。专利网的实施，能够很大程度降低同行企业控制技术而申请外围专利的风险，持续保持该核心专利技术领域的领先地位。

（四）专利掠夺诉讼策略（专利联盟）

专利掠夺诉讼策略，也称专利联盟，属于专利诉讼策略。而诉讼行为具有进攻和防御的双重特性。据此，黄颖在《企业专利诉讼战略研究》一书中将专利诉讼策略分为专利掠夺诉讼策略（专利联盟）、专利投资诉讼策略（专利钓饵）、专利交易诉讼策略、专利诉讼防御策略（诉讼防御者）四种，该四种策略在攻击力和竞争强度上的比较关系如图 8-3 所示。（专利交易诉讼策略、专利诉讼防御策略在本书后面章节有详细叙述）

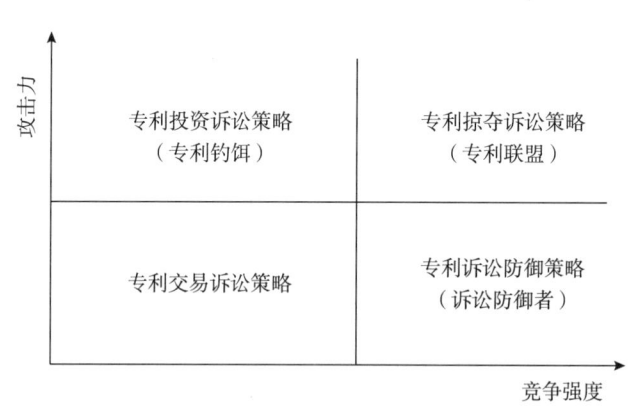

图 8-3　专利诉讼战略的策略[1]

专利掠夺诉讼策略，是指企业通过组建专利联盟来延伸技术壁垒和保护范围等手段，并采用排他权、过度采购、长期契约与歧视等形式，使被诉企业面临难以进行规避设计、推出新产品时必须支付额外许可费等困境，从而体现专利诉讼的掠夺效应。其中专利联盟包括单个企业专利联盟（MBA 公司的专利联盟）与企业间通过契

---

[1] 黄颖. 企业专利诉讼战略研究 [M]. 北京：中国财政经济出版社，2014：5.

约形成的专利联盟。专利捆绑标准常用在对于技术标准依赖度较高的产业（电子、通信等）。典型的例子是，6C 和 3C 技术联盟利用 DVD 行业的专利池制定标准，对中国 DVD 行业形成灾难性的打击。通常情况下，专利掠夺诉讼策略（专利联盟）适用于行业地位名列前茅的企业联合其他规模较大的企业来进攻其他业内企业的情形。

（五）专利投资诉讼策略（专利钓饵）

专利投资诉讼策略，也称专利钓饵、专利敲诈者（Blackmailer），通常指企业本身拥有或者购买获得市场热门技术领域内的一项或多项专利，当市场上发现其他企业产品落入其专利保护范围时，即主动发起专利诉讼，以获取利益。一般这种企业本身不生产或销售专利产品，并且大多数将产业内大型制造商或品牌商作为诉讼目标。在策略实践过程中，专利钓饵策略可以通过基于禁令、损害赔偿、转换成本三种方式进行。

专利钓饵在美国某些州的专利诉讼中占有一半以上的比例，并以平均每年 22%的增幅上升。2010 年前，此类诉讼主要发生在高科技行业，如今其他行业案例多达1 万多起，成了各行业的噩梦。

（六）专利收买策略

企业为了在某个技术领域中达到独占市场的目的，可以采用将竞争对手的专利全部买下，也可以采用兼并企业的方式，使得对手企业与自己的专利技术合二为一，使其在核心技术领域内占有明显优势。这种策略通常出现在跨国公司或者企业规模和市场占有率或者财力等方面处于明显优势的企业对于刚刚兴起的新兴企业所采取的专利策略。

但是在专利收买过程中，针对国外的专利，企业要对"技术性歧视"问题予以足够的关注。例如华为早在 2010 年收购了美国三叶系统公司的特定资产，其中包含涉及云计算领域的核心专利技术，但是美国在 2011 年以国防安全为由，强行剥离了华为从三叶系统公司获得的全部专利，给华为造成了一定的损失。

【案例 8-3】收买替代诉讼，双方实现共赢

浙江湖州某环境工程公司 2004 年前后申请了 59 件有关水处理的专利。陶氏化工曾设法采用专利诉讼解决与该环境工程公司之间的争议，但是考虑到该公司拥有一些质量不错、有价值的专利，2006 年，陶氏化工改为采用专利收买策略的方式将该企业连同 59 件专利一并收购。❶

【案例 8-4】专利与企业一同并购，使联想 PC 产业迅速扩张

截至 2013 年，联想已经收购了 1529 件专利，华为收购了 786 件专利，联想专利收购数量是华为专利收购数量的近 2 倍。联想 85%的专利收购来自收购 IBM PC 业务，联想的收购 IBM PC 业务被认为是一个成功的企业并购案例，这项并购使得联想成为全球位居前列的 PC 制造企业，并购后当年的收入比上一年增长了 456%，联想

---

❶ 涂闽. 满足中国及全球实现可持续水处理的激增需求：陶氏完成收购浙江欧美环境工程有限公司［J］. 上海化工，2006（8）：22-22.

的 PC 业务收入从全球第八跃升到了第三的位置，专利收购策略的实施给联想的发展提供了强大的动力。❶

（七）专利组合策略

由于某些专利很难单独实施或者单独使用带来的企业效益相当有限，因此需要与其相互联系又相互区别的其他专利形成的专利集合体一起使用才能发挥极大的效能，这种策略就叫专利组合策略。专利组合是指一个企业或者若干个企业为了发挥单件专利不能或很难发挥的效应，将相互联系又存在显著区别的多件专利进行有效组合而形成的一个专利集合体。将专利组合纳入企业实施专利战略之中，是企业值得高度关注的内容，其关键是在聚合有效专利的前提下，加强对专利的有效保护和实际控制力，建立基于竞争对手的差异化优势。组合专利具有基础性、竞争性的相互作用机制，因此企业应基于实现特定战略目标的需要，通过有计划、有步骤地部署专利形成专利群，打造专利组合，同时聚合在技术、市场运营等方面具有巨大互补性的专利群，以达到对抗他人专利进攻的目的。

（八）专利平行进口策略

专利平行进口策略是指企业经专利权人授权在国外生产的并合法地使用专利技术的产品，未经专利权人允许而进口到本国市场，与权利人或者独占被许可方的本国相同产品形成竞争的进口行为。在独占许可情形下，被许可方通过独占许可协议已经得到权利人授予的独占许可权，平行进口行为将使被许可方的利益受到很大的影响。❷

在日本，2001 年，一家日本企业从独占被许可人手中合法购买了一种治疗疱疹病毒感染的专利药品（该专利授权不在日本本国），并把它重新配制成另一种药品，作为治疗疱疹病毒感染的药品进行销售。专利权人和独占被许可人起诉被告侵犯其专利，宣称分离活性成分的行为构成药品改造，因而超出了（合法获得专利产品的）购买人的权利范围。但是，法院在案件审理中认为专利平行进口的专利权在日本已经耗尽，宣告案件被告行为不构成侵权，只是正常使用行为。❸

目前平行进口在国际上还存在较大争议，虽然如日本等部分发达国家已经具有判断其合法性的法律依据，但是我国对平行进口的合法性还未作出明文规定。在国内的平行进口案件中，判决依据主要还是参考专利权利人所在国的本国专利法。所以在实施该策略前，企业应寻求专利代理机构合作，充分了解专利所在国的法律，并且要全面检索其专利族信息，避免因保护范围的交叉而触发侵权行为。

---

❶ 中国国家知识产权局. 韩国 WIPS《华为和联想专利战略分析》报告解读 [EB/OL]. (2015 - 06 - 02) [2015 - 06 - 20]. http：//www.sipo.gov.cn/zlssbgs/zlyj/2015/201506/t20150602_ 1126006.html.

❷ 徐红菊. 专利权战略学 [M]. 北京：法律出版社，2008：182.

❸ 经管之家论坛. 矛盾的选择：日本专利权耗尽与产品平行进口立法及判例解析 [EB/OL]. (2011 - 01 - 17) [2015 - 05 - 25]. http：//bbs.pinggu.org/thread - 1022102 - 1 - 1.html

三、进攻兼防御型专利战略及其主要策略应用

处于垄断地位的企业毕竟是少数，行业内具有竞争实力或者在国际上具有一定地位的企业，如国内行业龙头企业等，特别是有一定的经济实力、技术上正在积极发展又想获得垄断地位的企业，如处于新技术领域的拥有核心专利的前沿企业，在专利战略实施过程中，较多地采用带进攻性的防御战略。一来有效保护原来的市场份额，二来积极开拓蓝海市场。在积极扩张市场的同时，又要适度地防御，以免在竞争对手强烈进攻时遭受重创。该战略所含主要策略有专利族布局、专利投资、专利出售、专利交叉许可、专利回输等。

（一）专利族布局策略

企业如有产品或技术涉外贸易，对于同一项发明创造需要在不同国家或地区申请专利，基于专利具有地域性特征的思考，这种专利的集合被命名为专利家族（Patent Family），简称专利族。在同一专利族中的每一件专利互为同族专利。在其他书籍中，也称之为国际专利申请策略。

有关报道显示，华为每件专利平均拥有5.3个同族专利，覆盖4.5个国家；联想每件专利平均拥有2.4个同族专利，覆盖2.1个国家。华为专利族申请的国家或地区主要有美国、中国、欧盟、日本，联想储备的专利族主要在日本、德国、英国。专利族和覆盖国家是体现企业全球市场专利进攻、防御布局强弱的重要指标。通过对比可知，华为较联想在全球市场专利进攻、防御布局上更胜一筹。

因为跨国专利的申请与维护需要缴纳极高的费用，所以一般都是对于核心或较重要的专利，企业才会花费巨额费用进行跨国乃至全球布局。其中有一些研发型的企业，由于自身难以实施生产技术，只能将工作重点落在样机研制和中试等环节。此类企业应做好完整的专利申请布局，然后通过投资入股或专利出售的形式实现价值，完成开发、出售、再开发的良性循环。此外在布局中，企业应选择在市场较大且工业科技水平较高的国家或地区进行重点申请。

（二）专利投资策略

企业采用自行研发或者收购的方式，取得大量基础专利的专利权，然后将专利作为股权进行投资，或与其他企业或者资本结合组建合资或合营公司。即企业运用其拥有的专利权和专利技术参与，甚至掌控更大规模的公司。在美国等发达国家中，运用专利投资策略进行营利的专业公司已经出现，且数量不断增长。例如，美国高智投资有限公司（以下简称"高智投资"）以专利投资策略为主，辅以专利诉讼策略，构成公司的专利战略，获得了令人瞩目的高速发展，迅速成为全球最大的专业性专利投资公司。目前该公司已募集到了约150亿美元的投资基金，拥有包括专利在内的3万多件知识产权资产，占据了不少技术领域的制高点。

（三）专利出售策略

专利出售策略，又称专利转让策略，是指企业将开发的专利权转让给其他企业。

当企业主要通过销售专利作为主要收入来源的时候，专利出售策略就上升为该企业的企业专利战略。

专利出售的情形主要有四种：第一，当企业的专利闲置、贬值时，可将专利权作为一般的商品出售，达到盘活资产的目的；第二，在企业的专利技术还未走下坡路或者企业需要改变生产经营方向时，做好技术的替代工作，并高价抛售；第三，企业还不具备生产的能力和资金实力，或者该专利不适合自己生产；第四，不少研发型企业或高校、科研院所等单位，其经营的主要策略是依靠专利出售策略偶尔辅以诉讼等其他策略组合，达到出售专利、获取利益的目的。企业在实施专利出售策略时应当注意专利出售的步骤，尤其是要将核心的技术牢牢地控制在自己的手中，以防双方日后使用中断，专利合作项目流产。

专利拍卖作为专利出售策略的一种独特形式，越来越受到中小型企业和职业发明人的欢迎。在浙江省委、省政府、省科技厅和知识产权局等部门的领导下，浙江正在由知识产权大省向知识产权强省迈进。2012年11月5日，浙江成为全国第一个实施专利拍卖的省份。其中仅在2014年，经由浙江网上技术市场进行拍卖的专利数多达177项，成交总额约2.79亿元，处于全国领先地位。

对企业而言，专利出售与专利许可相比，发生了专利权的转移，因此专利权人更需慎重考虑而后行。在专利出售过程中，企业最好由专利管理部门或专利代理机构、研发部门、市场部门共同拟订方案，再由高层决定。对于出售方，应确定专利的转让出售是否符合企业专利战略，是否对企业发展产生积极影响；选择合适的接收方，避免树立竞争对手；对于与专利关联的技术秘密，要注意签订保密条款，防止技术秘密公开。对于接收方，应该准确评估专利价值，确定其对企业发展的作用；重视合同审查，以及登记手续的履行，避免不必要的纠纷；重视对该技术的消化吸收，在此技术的基础上进行持续开发。❶

（四）交叉许可策略

交叉许可策略指的是当企业之间的专利技术比较接近、专利权属错综复杂或存在相互依赖的情况下，为了防止侵权、形成技术联合而采取的相互许可实施对方专利的策略。交换许可的对方专利技术可以是同类技术交换，也可以是自身薄弱的不同类技术。交叉许可策略的应用减少了企业许可转让、研究开发等获取专利的成本，通过取长补短的方式快速推动了企业的技术创新进程，实现了企业间的互利共赢。

另一种常见的情形是，企业在竞争对手已经获得授权的基本专利的基础上，积极地针对某个技术特征或子技术方案进行攻关，进一步研究和开发出替代的甚至是更先进的改进方案，在专利的保护范围上形成相互交叉，迫使竞争对手采用交叉许可等方式解决纷争。

---

❶ 李鹏，王庆红，张弛，等．大型企业专利管理：理论与实务［M］．北京：知识产权出版社，2013：136．

（五）专利回输策略

企业引进他人或他国专利并经过消化吸收后，凭借企业自身的研发能力对其深入研究、推陈出新，获得创新技术。最后，企业将该创新后的技术以专利的形式转让或许可给原专利输出企业或国家，通过专利的主动权，完成从受制于人到自由实施甚至控制他人的华丽转身。企业自主掌握企业命运而不受他人控制，在行业内享有一定的话语权，这对于企业提高技术水平和竞争力具有十分重要的意义。日本的企业在技术引进、消化吸收、改进创新等方面做得比较出色。例如，日本第二次世界大战后曾经花费大约100亿美元从欧美发达国家引进约3.6万件专利技术，并分别配置给相关日本企业。其中，很多优秀的日本企业（如松下电器、索尼相机等）在完全吸收新技术的基础上，进而改良和创新大量的以外围专利为主的专利产品，并成功回输至欧美国家，创造了3000亿美元的经济效益。

（六）专利诉讼防御策略

因为专利权具有很强的排他性，所以专利诉讼不仅是企业保护专利权的有力武器，而且是进行有效市场竞争的必要工具。从不同的企业专利战略出发，企业实施专利诉讼防御策略的目的也不同，但是不外乎两种：保证企业避免侵权风险；充分获得较自由的研发生产环境。企业通过投入自身资产或吸引大量投资，申请或者购置大量专利来建立防御体系。一方面，由于竞争对手会顾忌企业专利数量较多、质量尚可、与其专利保护范围存在交叉以及双方专利权利难以明确，贸然提起诉讼需要承担巨大风险；另一方面，企业可以率先提起诉讼，干扰竞争对手正常的营运或生产，然后在适当的时候再与对方进行调解，做到先攻后守，化被动为主动。（具体案例参见案例2-1）

（七）专利与商标相结合的策略

专利和商标都属于知识产权，它们被认为是知识产权中最主要的两部分内容。实际中，二者经常以不同的结合形式出现。

1. 商标的外观形状可以申请外观设计专利

企业如果暂时不考虑申请商标注册，或在注册时获得商标权前，可考虑先将其图案等外形申请外观设计专利，用以保护企业未注册的商标。但在这种情况下，该专利的外观设计图案必须附置于外观设计产品上，单独的图案不受专利保护。

2. 专利带动商标

技术创造能力较强的新兴企业主要运用这种专利带动商标的形式。由于专利创新设计具有先进性和新颖性，因此专利产品更加容易获得消费者的青睐，从而使得消费者对于产品商标具有深刻的记忆，提高了在商标市场同类产品中的辨识度。此时，企业应积极地进行相应的商标注册，不断提升企业商标的市场知名度，在专利保护期限内迅速占领市场，以获取最大利益。

3. 相互许可

相互许可指的是拥有专利的企业A将专利权许可给可注册商标的企业B，同时企业 B 将其拥有的注册商标也许可给企业 A 使用，A、B 两家企业以各自的专利权和商标权为纽带，作为彼此的信任与合作的基础。这里需要明确说明，相互许可与交叉许可具有明显区别，交叉许可的对象是若干个企业的若干个专利，而相互许可的对象是一个企业的专利和另一个企业的商标。

4. 捆绑许可

捆绑许可，在这里特指商标和专利相互捆绑进行许可的情况。专利的实施得到某种技术或者产品，而商标就是该技术或产品的形象或名称。企业可以将商标与专利捆绑进行许可和转让，迫使被许可方在制造其专利产品上必须使用专利权人的商标。企业可以通过将强制使用商标作为使用专利权的交换条件的方式，极大地减少在商标广告上的花费和投资，扩大商标的传播范围何影响力，从销售市场或应用领域获取更大的收益。

四、防御兼进攻型战略及其主要策略应用

在国内市场上成长较快并具有一定规模，而在国际市场上初露头角、在行业内具有一定的地位的企业，容易受到跨国公司或国际行业垄断企业的觊觎。所以，这类企业必须采用以防御为中心，并对于国内的跟随企业予以一定进攻性的专利策略进行组合，来实施企业的上述专利战略。

如果在企业专利战略中，企业一味使用攻击力较强的专利策略，即使是经济实力较强、技术领先型的企业也很可能因不具有专利防守能力，而轻易被竞争对手打垮。商战如战场，企业在专利战略中也应做到攻守兼备，充分运用防御型的策略，最大可能地不给竞争对手以可乘之机。

从一般意义上讲，国内大多数发展较好的企业多属于这类企业。各企业在实际运用中，要针对各自的特点和在行业中的地位，有选择性地灵活运用先用权、专利异议、专利许可、专利分享、专利交易诉讼、绕过障碍专利、外围专利等策略，并根据实际实施情况、市场的变化及技术的进步进行适度调整，以使企业在激烈的市场竞争中抵御各类竞争对手的进攻，从而获得稳步的发展。

（一）先用权策略

若本企业的产品在对方专利的权利保护范围内，企业可提出自己的先用权进行抗辩。按照《专利法》（第 69 条第 2 项规定）相关规定，企业先用权具体是指企业在他人专利申请日前已经制造相同产品、使用相同方法或者已经作好了制造、使用的必要准备，享有继续在原有范围内制造、使用的权利。先用权之设立是基于保护没有取得专利权的另一发明创造人的最低利益。当企业对自己的产品或方法享有先用权时，那么在竞争对手取得专利权后，只要是在原有范围内继续制造或使用的，就不视为专利侵权。[1]

---

[1] 冯晓青. 试析"先用权"及其在专利侵权诉讼中的适用 [J]. 发明与创新，1997（6）.

（二）专利异议策略

跟踪竞争企业的专利，当发现对方已有于己方不利的专利时，企业可以采取经常性的妨碍活动，如提出异议、请求专利复审委员会宣告该专利权无效、进行平行检索等。当怀疑该专利有在先使用或者在先公开的文件等迹象时，企业应立即组织由专利代理机构参与的工作组进行评估，判断该专利是否存在异议成功的机会。并且在实质审查过程中，企业可以主动向专利审查员提出异议，干扰该专利的审查进程与结果。但由于在发明专利实质审查过程中，专利申请人可以将整个说明书、说明书附图等申请文件作为权利要求书的修改基础，这对于专利申请人极为有利。若遇到一篇严谨且埋有伏笔的专利申请文件，企业很可能遭遇难以使其无效的尴尬境遇，例如选用实施例中的某个定语作为限定独立权利要求中的独特限定词，会显著提高该发明专利的创造性。因此企业选择实施该策略时，务必慎之又慎。

（三）专利许可策略

在企业无实力实施专利产品或者自身生产能力远远不能满足市场需求的情况下，可许可其他企业实施本企业的专利，收取一定的费用以盘活企业无形资产。由于专利许可没有转移专利权，所以有独占许可、独家许可、普通许可、分许可等多种形式，双方需要根据专利技术的选用范围、技术市场的大小、复制推广的难度及经济利益的大小等具体情况来商定。当一项专利技术应用表现为量大面广而技术寿命较短，例如一种改性水泥的生产方法等，专利权人可以采用普通许可或者是分许可的策略，迅速地进行技术的推广与传播，使该专利成果得到不断复制，专利权人也从中获得巨大收益。

我国学者岳贤平将专利许可策略分为四种模式：（1）进攻型模式，即企业积极主动实施专利许可，以获取资金回报和市场竞争优势；（2）防御型模式，即交叉许可；（3）公开许可模式，即企业以合理的专利使用费标准，将专利不排斥地许可给其他有需求的企业；（4）专利标准化模式，即企业将专利技术上升为行业标准，广泛地获取专利使用费，或阻碍竞争对手进入市场。❶

通过专利许可，可以给企业带来收入。以爱立信为例，2012年初，爱立信重组自己的专利许可及开发部门，并将知识产权资产货币化；2012年全年，爱立信在研发上的投入高达50亿美元，专利收入约为10亿美元，主要来自专利许可。❷

（四）专利协作策略

若干家生产某一产品的企业为了避免专利纠纷，明确企业专利使用权限、使用范围、使用目的及其他相关各方利益的事项，通过签署合作协议之类的方式进行专利产品或者专利技术的合作研发或者将各自拥有的相关联的专利权拿出来进行合作。这样

---

❶ 岳贤平，顾海英. 国外企业专利许可行为及其机理研究［J］. 中国软科学，2005（5）：89-94.
❷ 李鹏，王庆红，张弛，等. 大型企业专利管理：理论与实务［M］. 北京：知识产权出版社，2013：136.

的策略，我们称之为专利协作策略。其常见的形式有高校、科研院所以及所属的科技人员与企业的合作开发，产品上下游各企业的协作开发。专利协作策略能使企业充分发挥所拥有的长处，承担较为擅长的某技术领域内的开发任务，紧跟市场、科技步伐。并且随后在相互协作的框架范围内，企业能凭借较小的精力和财力，获得更多生产专利产品的权益。

上下游的企业或者相关联的企业，通过专利合作协议的形式联系起来，不但加强了企业间的密切联系以及合作力度，也提高了协作企业抵御行风险的能力，降低了被行业内其他竞争对手诉讼的可能性。

（五）专利分享策略

专利分享从基本面讲，与专利协作、专利许可存在许多关联性，但同时也存在一些区别。专利分享策略指的是企业将某些专利权利无条件、免费地分享给其他企业使用。虽然实施该策略的企业通过专利分享可以提升企业在行业内的地位和名望，但是企业这样做的根本目的在于利用其他企业的资源与渠道推动所涉及专利的技术和产品迅速扩张。天下没有免费的午餐，该种策略的本质在于充分利用其他企业的资源形成合力，达到"先播种后收割"的目的。待其他企业按照该专利的技术路线完成装备后，对该技术产生依赖时，采取该策略的企业就将早已研制成功的改进型的专利或者其外围专利以高额价格出售、转让或者许可给这些依赖型企业，一次性收回该系列专利前后期研发所耗费的成本，并获取高额利润。

企业即使没有后期的收益采用纯分享的策略时，也能通过将专利分享给上游企业及配套企业达到迅速传播该项专利产品、技术的目的。采用专利分享策略的企业，需要对自己的专利技术产品做足前期功课和后续准备，了解市场上该项分享专利的相关领域内其他专利技术的情况，以确保企业在积极推广相关专利进程中避免与竞争对手产生不必要的摩擦。

（六）专利交易诉讼策略

专利交易诉讼策略，是指企业通过诉讼行为促成专利权的转移交易或达成专利授权协议。对于一些研发实力较强而不具有生产、实施能力的企事业单位或个人（尤其如高校、科研院所等），由于专利难以交易，该种企业则采取诉讼手段，迫使诉讼对象与其达成交易或签订授权协议。在这种情况下，诉讼只是一种手段，而完成专利交易、回收成本才是运用该策略的目的。

（七）绕过障碍专利策略

如果竞争对手所掌握的专利权极其强势并且难以动摇，严重制约了本企业的发展，此时，正面对抗必然损失较大，所以企业应该考虑采用迂回策略，通过采用绕过权利要求、使用替代技术、开发不抵触的技术及在不受专利地域保护范围内利用他人专利等措施来维持企业正常的生产和使用。

仔细研究对方专利的权利要求，尤其是独立权利要求的各技术特征，寻找具体的避开策略，绕开对方专利权利要求的保护范围，开发出技术要素的集合不落入该专利的技术，主要的方法有：（1）寻找独立权利要求中是否存在非必要特征，若存在，则在产品中去除该技术特征；（2）研究对该专利的必要技术特征组成的技术方案进行改良，是否找到可替代该专利独立权利要求中其中的一个技术特征来替代；（3）采用萃智理论，研究独立权利要求中相关联的两个或两个以上的技术特征是否可以省略或合并成一个新的技术特征。只要做到其中之一，即可绕过该专利障碍，从而实现不构成侵权的目的。

（八）权利要求落空策略

企业遇到其他企业所拥有的专利阻碍企业的发展时，先考虑的方案是采用绕开权利要求策略，以绕开对手专利的权利保护范围，开发出不相抵触的技术。当无法绕过对方专利权利要求时，应认真研究对方的权利要求书，判断本企业的产品是否在其权利保护范围之内，若本企业产品的技术特征未落入其权利保护范围之内，为了防止专利权人出现只发警告函（尤其是向销售商发律师函）干扰企业的生产和销售的行为，企业可以主动向法院提出确认不构成专利侵权的诉讼请求，经法院审理作出不构成侵权的技术认定。

（九）外围专利策略

在外围专利实际应用过程中，企业深入研究竞争对手的核心专利，并围绕它进行相关联的机构、装置结构和工艺或者材料等多层面的改良与研制，并将改进的成果申请多种类型的专利。其中企业掌握的一些具有实际商业价值的专利技术，可以迫使基本专利的拥有企业采取交叉许可，或者与其形成技术联合体，从而很大程度地避免了企业被诉讼的可能性。例如，日本企业通常将美国企业作为国际市场的竞争对手，它们将所有在产品技术领域内的美国核心专利视为目标，进行深入研究并在其外围申请大量的外围专利，这样做使得日本企业所拥有的外围专利与美国企业的基本专利相抗衡，打开了日本电器等行业进入国际市场的大门。

（十）取消对方专利权策略

请求宣告对方专利权无效，是指对方被授予的专利权不符合专利法的有关规定，企业可请求专利复审委员会宣告该专利全部无效或者部分无效。其中不符合专利法的有关规定主要是不符合专利的"三性"要求，尤其是不符合专利法对创造性的要求；其余的还有专利公开不充分、修改超范围等。❶

企业也可以就某一项专利中的某一个权利要求的某一部分提出异议，以达到请求宣告专利权部分无效的效果。

---

❶ 周维锋. 我国专利权无效宣告制度研究［D］. 重庆：西南政法大学，2010.

五、防御型专利战略及其主要策略应用

企业在研发阶段，为了降低侵权以及被侵权所带来的巨大损失，企业通常可以采用防御性专利战略对企业进行专利部署。制定该专利战略的企业一般包含三类：第一，对市场具有比较清晰的认识，一旦发现市面上有前景的新技术会积极介入并跟随的企业；第二，在行业中处于中等地位的企业；第三，中小微企业。中小微企业数量占了中国企业的大多数。由于这类企业实力不强、市场地位不甚稳固，一旦行业稍有风吹草动，尤其是当发生纠纷时，其利益和发展容易受到伤害。因此，需谨慎地做好防御工作，最大限度地避免与其他企业产生摩擦，积极地参与行业活动，与同行抱团合作，等待时机寻求发展机遇，尽可能减少在市场竞争中受到的损失。防御型专利战略中的策略有专利收缩、文献公开、在先使用、专利地图、利用失效专利、期满使用等策略。

（一）专利收缩策略

经济实力较弱、技术上不具备竞争优势的行业和企业，为了改变在竞争中的被动局面，充分利用专利制度下的规则，动用较小的力量，防止在国内行业优势企业和国际跨国公司强大的专利侵权诉讼的攻击下败诉，尽可能保护自身的市场范围不被人夺走而采取的专利策略称为专利收缩策略。例如改良产品的结构或者外形，尽可能避免与竞争对手发生正面冲突。如果条件允许的话，企业可以对自己的产品申请一件或者数件防御性专利，以求产品的逐步收缩和自保。

（二）文献公开策略

企业当对自己的自有技术没有必要取得独占权，尤其是企业对于该技术的研发已经基本结束，不太可能有较大的改进时，若生怕该技术有可能被其他企业抢先申请专利，可以立即申请发明专利，并同时提出公开专利的请求，以免他人就相关联的技术方案再提出改良型的专利申请。因为公开技术方案后，对于此后的专利申请就有创造性的排斥性要求。企业也可抢先将企业的技术在一些影响力不大的杂志上公开，因信息传播的范围不大，所以不太会引起竞争对手的关注；或者将不在专利保护范围内的相关技术，在专利文件中一并公开。例如，日本的企业就喜欢在公开技报（非专利文献）上公开技术方案，使之丧失新颖性，这样即使自己没有申请专利，也能阻止其他企业取得专利权。

需要注意的是，企业无论采用何种形式的公开，其内容都将同时成为本企业后续改进技术申请专利的直接障碍，因此要慎用。

（三）在先使用策略

如果在他人专利申请前，企业就已经使用、生产或者作好相应准备工作将要实施该项专利技术产品，对方获得专利后，企业仍具有继续合法使用、生产该技术产品的"先用权"。先用权的产生必须要满足"先用人独立研究开发或是通过其他合法途径

获得"的条件。对于先用权能否成立,其关键在于该技术在申请专利前,先用人需要对自己在先使用的事实和使用范围保留足够证据。如果一家企业发明了一项技术,但因各种因素不方便申请相关专利,则应事先保留先用的证据等材料,一旦发明同样技术并申请专利的其他企业向本企业提起侵权诉讼,那么本企业可以利用先用权的法律规定积极应对。

企业防御型专利战略是为保护自身的利益或将损失减少到最低限度,防止受他人专利制约的一种战略,或对他人专利实施战略性防卫的手段。其基本功能在于以有效的方式阻止竞争对手的专利进攻,摆脱自己所处的不利境况和地位,为自己的发展扫除障碍,因而可以说是为应对竞争对手的挑战而采取的战略。❶

(四) 专利地图策略

该策略是一种充分利用专利的信息资源,对相关技术领域内的竞争对手进行分析的手段。在企业选定技术创新目标时,充分利用公开的专利文献,采用专利地图等工具,进行周密的分析,从而掌握竞争对手相关的技术发展动态,以及各技术领域的竞争态势,寻找相关技术竞争的薄弱点进行较为精准有效的布局,使本企业研发的产品和技术避开他人的专利保护范围,避免侵权或被侵权行为的发生。通过对竞争对手的深入剖析,企业可以提出对自己更有优势的专利策略。

(五) 利用失效专利❷策略

不少个人发明人或小微企业虽然对于产品或技术有深入的研究,但缺乏将其产业化的资金实力,或者因为其他种种原因未将其拥有的专利技术转让、许可,而使得专利在其正常保护期限内因未缴年费而失效。企业使用这些不再受法律保护的失效专利,可以极大程度地降低研发成本,缩短研发周期。

例如,荷兰是最早生产盒式录音带的国家,拥有当时世界上与盒式录音带相关的大量专利技术。但是后来,荷兰人因未缴纳专利维持费导致这些专利成为失效专利,从而为世界各国无偿使用提供了机会。其中日本企业利用这些技术,成功研制了收录两用机并将其销售到世界各地,为企业带来了巨大利润。❸

值得注意的是,企业若认为对他人的失效专利直接进行大胆改进并使用,一定不会构成侵权行为,这种观点是错误的。因为该失效专利的技术有可能落入了其他有效专利的保护范围内。因此在利用失效专利策略前,尤其是需要大量投入设备、材料、人工等的时候,企业必须对该技术进行全面的专利检索和分析,以免侵权。

(六) 期满使用策略

期满后的专利(以下简称"期满专利")也是一种失效专利,但它与专利失效策

---

❶ 冯晓青. 企业防御性专利战略研究 [J]. 河南大学学报, 2007, 47 (5): 33-39.

❷ 专利因期满或其他原因失去保护效力后,从严格意义上讲其已不再是"专利"。为了叙述方便,本书仍称之为"专利"。

❸ 徐棣枫, 沈晖. 企业知识产权战略 [M]. 北京: 知识产权出版社, 2010: 7.

略中的失效专利不同。期满专利是指因保护期限届满而失效的专利。

由于在世界各国,专利权人维持专利有效需要缴纳的年费额度逐年上涨,所以无经济效益的普通专利很难维持到期满。以国内发明专利为例,第 1~3 年的年费为 900 元,第 4~6 年的年费为 1200 元,第 7~9 年的年费为 2000 元,而到第 10~12 年则增加到了每年 4000 元,第 13~15 年每年高达 6000 元,第 16 年后已经是每年 8000 元。❶ 面对如此高额的年费,据国家知识产权局与欧美各国专利局统计,通常只有 3%~5% 的专利能维持到期满。因此,期满专利中含有较多的基本专利或者其他优良专利,还有很高的应用价值。企业利用这些期满专利的原有影响力,可获取市场丰厚的效益。

企业应对领域内相关联的基本专利进行追踪监控,提前从即将期满失效的专利中有针对性地选择一些技术进行研发和中试,将改良的技术方案、生产工艺与方法通过专利代理机构申请专利。待目标专利期满时,企业就可迅速投入产品的生产。尤其是诸如材料类、药物类等研发型企业,因为存在投入大、研发周期长、大规格入市晚等缺陷,应在所关注的专利还有 2 年将期满时,积极对其进行实时跟踪及其工艺和装备等方面的研究,待该专利期满失效后,即可快速进行该产品的生产制造,从而提高企业自身产品技术在医药行业内的水平,缩小与大型企业的差距。(具体案例参见案例 7-1)

六、小　　结

随着专利意识在企业中日益增强,专利策略的形式和内容会变得更加多样化。但是无论专利策略的发展和实践如何深入,其提高企业的核心竞争力、扩大市场占有率或者使企业稳定发展的作用会越来越大。值得注意的是,上述各节中所述的专利策略的分类,只是为了方便叙述和避免重复而作的形式上的划分。在实际专利策略运用中,不少专利策略可跨界或交叉使用,例如专利地图策略,无论在进攻型还是防御型等多种类型的专利战略中,企业都可以根据实际需要选择性加以应用。所以在专利工作实践中,企业应根据企业战略、行业内的地位、竞争态势等实际情况多加考虑,并且对专利策略进行灵活的组合应用,如选择哪些专利策略为主、哪些专利策略为辅、哪些先用、哪些后用等。企业在运用专利战略的各个阶段,在专利策略的选择上不宜一成不变,应选择适宜的策略组合,并在实际运用中根据市场的变化和产品技术的发展作相应的调整。

第七节　中小型企业专利战略实施案例

一、蚍蜉也能撼动大树——浙江冀发 PK 牧田

浙江冀发电器有限公司(以下简称"浙江冀发")是一家集电动工具设计、制造

---

❶ 刘仁志. 突破零专利:技术创新中的专利策略 [M]. 北京:化学工业出版社,2015:45.

和销售为一体的外向型企业,注重新技术开发和产品品质,经过几年打拼,其生产的产品在行业内及国际市场享有了较高的声誉。

2003年底,浙江冀发与日本牧田公司在欧美市场发生摩擦。为了避免相关专利纠纷,第二年1月浙江冀发与杭诚所合作。即时,杭诚所派遣资深专利代理人尉伟敏及其团队积极参与浙江冀发的企业专利布局工作,在与浙江冀发总经理王骥一起全面深入地研究企业自身研发实力、行业内竞争对手的专利授权等情况的基础上,该专利代理人向浙江冀发提出了有效的专利申请和布局方案并被采纳。在该项合作中,杭诚所先后代理其申请了各类专利130多件,从而给浙江冀发日后成功地战胜强大的竞争对手提供了有力的武器。

2004年,浙江冀发发明了一种可以切割不同宽度金属材料的新型金属斜割机,并于2006年获取实用新型专利,专利号为200720114290.4。该产品因为技术先进,所以迅速获得了国际市场的青睐,占有世界同类产品中23%的市场份额。但在2008年初,浙江冀发在国内外市场上发现,一款日本牧田公司生产销售的斜割机涉嫌侵权使用该项专利技术,保守估计给浙江冀发造成每年1000万美元的损失。

而牧田公司是一家纳斯达克上市的世界一流老牌电动工具制造企业,在全球各地拥有多个制造基地,注册资金超过240亿日元。1993年,牧田公司通过在江苏设立独资企业进军中国市场,频繁利用知识产权问题干扰中国企业。其中,牧田公司就浙江冀发拥有的多项实用新型专利权分别提出了宣告专利无效请求,试图打开中国市场合法生产销售其涉嫌侵权的斜割机的大门。面对如此强大的对手,对其明目张胆的侵权进攻行为,浙江冀发选择了与杭诚所合作,利用法律武器积极应战。在此期间,杭诚所承担了包括专利无效程序、在北京市第一中级人民法院的专利行政诉讼以及北京市高级人民法院的行政诉讼二审在内的各类开庭审理达十多次,为这次与牧田公司的对决做了大量有效的工作。

2008年,浙江冀发反守为攻,控告牧田公司及其销售公司涉嫌侵犯其实用新型专利,金华市中级人民法院受理了该案件。在答辩期间,牧田公司向金华市中级人民法院提出管辖权异议。2008年2月28日,金华市中级人民法院裁定驳回牧田公司对该案提出的管辖权异议。牧田公司不服,继续向浙江省高级人民法院提出上诉,要求撤销裁定,并将该案移送到上诉人所在地江苏省苏州市中级人民法院审理。经审理,浙江省高级人民法院认为:"该案系侵犯实用新型专利权纠纷,在性质上属于因侵权行为提起的诉讼。《民事诉讼法》第29条规定,这类案件由侵权行为地或者被告住所地人民法院管辖。此案中,浙江冀发将被控侵权产品的制造者牧田公司和销售者力丰公司作为共同被告,向产品销售地的金华中院提起诉讼,符合法律和司法解释的规定。"

在这一年时间里,经历十余次开审判庭。最终,北京市高级人民法院作出终审判决:驳回牧田公司的上诉请求,维持原判。这场专利权之争终于落幕,"大树"被撼动了。

外向型的企业与外国公司之间较易产生知识产权纠纷，一些国际知名大公司会以侵犯专利权为由，对国内的企业或客户进行交涉或诉讼。大部分企业由于没有预先做好专利的申请和布局工作，信心不足，维权意识不够，害怕失去客户，往往直接支付赔偿金进行妥协，常在知识产权领域吃哑巴亏。很少有企业会积极地寻找专利事务所通过运用专利无效策略，或专利先用权策略等手段或技巧来为自己维权，这对于企业发展是非常不利的。

这个以弱胜强的知识产权维权案例，给我们带来了重要的启示。首先，企业一定要拥有自主研发的技术并及时申请专利，按照企业的战略做好专利布局工作，以获取与竞争者对抗的武器；其次，一旦与外国企业发生专利纠纷时，千万不要因为实力不如人家而退缩，委曲求全；最后，寻求专业机构的支援，不轻言放弃，务必坚持到底，机会总是留给有准备的人的。

浙江冀发从2004年起在杭诚所的指导下就有条不紊开展专利技术的挖掘和专利的布局等企业知识产权工作，采用专利跟随策略紧跟国际市场上先进的技术进行创新和改良，不断缩小与竞争对手的差异，并在自锁装置、转盘锁紧结构、连杆拉动装置等多个技术领域进行技术创新，构建该领域的专利网，获得局部优势，以冀发集团或王骥的名义先后申请发明专利7项，实用新型专利82项和外观设计专利89项，为日后该公司成功地战胜强大的竞争对手，获得欧美市场上的稳健发展打下了坚实的基础。

二、中介机构全方位服务，专利战略助推企业发展

浙江某著名豆制品企业，由于产品充分竞争，同行博弈日趋激烈，企业发展遇到了瓶颈。该企业的高层认识到，只有创新才能提升产品的品质，在竞争中脱颖而出，抢占市场制高点。2012年初，经过多方的考察和调研，该企业选择杭诚所为其提供包括协助制定并实施知识产权战略在内的全方位的知识产权综合服务。

根据双方约定，由杭诚所指派专业服务团队进驻该企业。首先开展了企业的调研和诊断，并对所处行业进行了相关的专利情报检索分析；紧接着，根据企业战略目标和行业竞争态势，策划和制定了该企业专利战略，包括专利战略目标和专利战略方案，并针对所有新产品的开发进行技术检索、结合新产品开发计划进行专利布局，为企业的创新奠定坚实的基础。

该企业拥有多种独特的产品配方，拥有先进的生产流水线，针对如何充分发挥竞争优势，使企业突破发展瓶颈，杭诚所分别组织了企业的管理层、专利管理人员、研发人员进行专利申请、专利维护和专利管理，开展专利检索分析、专利运用和专利布局以及专利风险规避等方面的培训，提高管理层和相关人员的知识产权意识和管理能力。根据该企业的产品和市场特点，在检索分析的基础上结合新产品研发、竞争对手情况及市场竞争态势进行了专利的申请与布局。

2012年当年，在分析对比和反复研究的基础上，确定了专利布局的方案，以优

势产品的配方申请发明专利，以产品生产工艺关键机械设备及装置申请实用新型专利作为延伸保护，以辅助产品销售的外包装作为外观设计申请专利，共同组成多层次、多角度的专利保护网，并对竞争对手起到限制和阻隔的作用。

2013年，继续扩大配方类产品的发明专利申请，并对部分工艺类产品进行方法类的发明专利申请，对流水线上的新技术设备及装置再次进行专利布局，同时对该企业的子公司也进行相应的专利布局，并且提升企业知名度，扩大市场占有率。对已获得的专利进行监控，充分利用专利制度的法律保障，跟踪和搜集竞争对手的专利侵权证据，及时提出侵权警告或司法诉讼，防止其他企业侵权，巩固企业的市场地位。

2014年，继续对新技术、新产品开发人员的培训。提高技术人员的专利挖掘能力，继续做好发明专利申请，细化关键部位实用新型专利的申请布局。

众所周知，传统产业的豆制品企业申请专利面窄，创新点的挖掘难度较大。杭诚所的专利工程师们与该企业密切配合，经过多方位的专利宣讲、技术的挖掘等工作，该企业自2012年起先后提出了18件发明专利申请和32件实用新型专利申请及近20件外观设计专利申请。专利分布在产品配方、关键技术设备和产品包装及外观设计等各个方面，构成了较为周密的多层次的专利保护网。至2015年2月底，18件发明专利申请中已有8件获得专利权，6件进入实质审查阶段，初步审查合格4件；而在32件实用新型专利申请中已经授权的有28件，初步审查合格4件；外观设计专利申请6件，已全部领取专利证书。所有各类专利申请至今无一驳回。

通过与杭诚所的深入合作，制定并实施专利战略，并根据人们饮食结构的优化和改变，创新产品配方、创新产品工艺、创新经营模式，该企业初步建立了覆盖全系列产品的完善的专利保护网，创新能力不断得到增强，增强了企业在市场竞争中的地位，使企业获得了可持续的健康发展。2014年底该企业在浙江市场份额由2012年的22%提升到了35%。

三、利用专利布局避免诉讼，企业成功转型并上市

露笑科技股份有限公司（以下简称"露笑科技"）原先是一家生产漆包线为主的公司。但普通漆包线竞争充分，利润空间很小，企业的发展遇到了瓶颈。如何通过转型升级让企业走出困境是公司面临的首要问题。

该公司通过市场调查获知，涡轮增压器是汽车、船舶动力装置上的重要技术部件，也是军工产品领域的重要技术。国内相关技术和产品尚处在起步阶段，跨国企业ABB公司垄断了涡轮增压技术。如果能够通过自主研发来突破这一技术壁垒，对国防工业将是一个重要的贡献，也将给企业的发展注入新的动力，于是露笑科技将涡轮增压器列为重点发展项目。

在前期的调查中得知，重庆一家摩托车企业的技术人员因涉嫌侵犯ABB公司涡轮增压发动机的知识产权而被判刑。公司为了避免侵权诉讼，突破国外的技术封锁，于2005年起，认定要走自主研发的道路，拥有自主知识产权。公司请来国内顶级的

涡轮增压技术专家，组建研发团队，开始研制涡轮增压器产品，并于 2006 年初即引进杭诚所，参与研制团队的创新头脑风暴会，积极挖掘创新点，在对国外专利的检索、分析和针对性的自主改良的基础上，采取规避设计等策略，做好专利申请和布局工作，仅涡轮增压机部分，先后申请各类专利 20 多件，并有步骤地推出各种新产品，逐步投放市场，扩大市场份额。

由于企业有计划按照既定的企业专利战略做好了专利布局等工作，成功绕开了国外专利，使得露笑科技或者露通机电免遭被诉，使企业未受到跨国公司的封锁，顺利地跨界转型成功，并得到迅速发展，现已成为浙江省最具成长力的中小板上市企业之一。

四、微创新规避已有设计——飞亚 PK 某跨国公司

飞亚集团有限公司（以下简称"飞亚集团"）是一家集电脑绣花机研究开发、制造、销售、售后服务于一体的高新技术企业，创建于 1998 年（其前身是成立于 1988 年的台州市飞亚电器机械厂）。

飞亚电脑绣花机先后荣获"浙江省名牌产品""国家质量免检产品"等称号，飞亚商标被认定为"浙江省著名商标"。产品畅销国内并远销欧美、东南亚、中东等 60 多个国家和地区，已在 70 多个国家注册了"FEIYA"商标。

回顾公司创建初期研发和生产电脑绣花机的艰难历程，与具有百年历史、以缝纫机产品著称的日本某工业株式会社（以下简称"A 集团"）在专利权上较量不仅没有阻碍前进的步伐，反而促进了该公司在电脑绣花技术上的进步和市场份额的快速增长。

2003 年，日本 A 集团通过上海某律师事务所给飞亚集团发来了警告函，要求飞亚集团停止在电脑绣花机上的专利侵权行为。为此，飞亚集团慕名找到了杭诚所，要求进行战略合作，合力应对这场专利侵权纷争。

针对 A 集团的众多专利，杭诚所首先通过检索分析和分析排查，从中筛选出 4 件电脑绣花机技术的核心专利。技术上要绕过该 4 件核心专利，存在很大的难度。飞亚集团所面临的问题是，如何进行专利规避设计，在技术上实现微创新，既能规避现有专利，又能实现产品更新换代和技术的进步。

杭诚所与该公司的研发人员进行探讨，经过反复论证和创新研制，逐个绕过了该 4 件核心专利技术。例如，电脑绣花机头的体积越来越小，而绣花针的数量根据绣花图案的颜色种类需越来越多，而每根线都配置一个挑杆，相邻挑杆之间有一个爪，辅助梭子收线。由于结构紧凑，相邻的线紧紧挨着，容易彼此发生缠绕。A 集团为了避免绣花机各针间可能存在的缠绕，在这个两根线相邻的位置设置了一块隔板，并将此技术申请了中国专利予以保护。面对这件貌似不可规避的专利，飞亚集团的技术人员与杭诚所的专利工程师们在反复研讨的基础上，采用在隔板上横向设有一个大通孔，即将若干块隔板均改成环状的挡体。这样，不仅达到了规避专利侵权的目的，同时在

紧凑的结构中又具有节省材料、减轻重量、便于维修等优点。飞亚集团对上述规避技术方案及时申请了中国专利，并取得了专利权，从而形成具有自主知识产权的受市场欢迎的产品，使得日本的 A 集团迟迟不敢下手，为企业在欧美市场的发展创造了机会。

直到 2008 年，A 集团在国内外市场份额逐渐受到飞亚集团挤压的形势下，不得不设下圈套：由 A 集团出资，江苏常州某家企业出面购买飞亚集团的电脑绣花机作为物证，向江苏某市中级人民法院起诉，状告飞亚集团侵权。在法庭辩论中飞亚集团用自己申请的专利进行解释和说明。同时，飞亚集团利用自己申请的专利，反过来在杭州市中级人民法院起诉控告位于萧山的一家与日本 A 集团的关联企业侵权。飞亚集团在专利权纷争中变被动为主动，有效地遏制了 A 集团的进攻态势，使本企业在持续的专利无效及专利侵权诉讼中立于不败之地，最终迫使 A 集团与其达成庭外和解，企业得到了稳步的发展。

从上述案例可以看出，飞亚集团在初创期采取跟随战略，毫不畏惧地切入国外大企业所占居的技术领域，紧紧依靠有一定竞争经验的专利事务所，针对性地进行企业专利战略的制定，选择合适的专利策略并加以灵活运用，使得企业在采用规避专利策略的同时，从原设计中找出没有被专利覆盖的空隙，见缝插针进行微创新和技术改良，并在打环驱动机构、勾线装置、打环座、绣线保护装置等技术领域采用专利网策略，进行专利申请和布局，构建局部的专利网，先后申请发明专利 17 件，实用新型专利 97 件和外观设计专利 4 件，使企业在激烈的市场竞争中站稳脚跟，不断扩大市场占有率，提高企业竞争力，并在与竞争对手的对抗中不断获得发展壮大。

第八节 大企业专利战略经典案例

一、海尔的专利战略

海尔自 1984 年从德国引进冰箱生产技术开始，经过 30 年的发展，取得了举世瞩目的成就。据有关数据统计，海尔 2014 年全球营业额已经达到 2007 多亿元人民币，利润总额约占 7.5%，占全球零售量份额为 10.2%，且仍处于高速增长的阶段。全球领先的品牌咨询机构 Interbrand 发布了"2015 最佳中国品牌价值排行榜"，其中，海尔集团品牌价值达到 78.69 亿元，较 2014 年增长 8%，连续 4 年蝉联中国家电行业品牌第一。

海尔的成功经验表明，技术创新能力是衡量一个企业是否具有市场竞争力的重要标准之一，而拥有大量的自主知识产权就是企业技术创新能力的体现。海尔的决策者们深刻认识到，创新是一个企业兴旺发达的不竭动力，是民族工业的灵魂。

海尔的企业专利战略管理，对加强知识产权的保护，保证市场的巨大收益，使企业历经 30 年的发展而始终立于市场竞争的不败之地起到了基础保障作用。

（1）建立符合企业特点的知识产权管理平台

1987年，中美就关于保护知识产权的问题进行了谈判。此时，海尔突然意识到中国企业要发展成为世界领先企业，必须拥有自主知识产权，否则只能妥协于跨国公司的市场垄断，受制于人。

1987年，海尔企业申请了第一项自主研制开发的产品专利。之后5年中，海尔不断吸收、整合专利开发、管理工作的资源和经验，并于1992年成立了国内第一家企业知识产权办公室。该部门的成立为企业中长期决策、各子公司产品投资建设和技术升级换代等发挥了不可缺少的指导作用，使海尔的知识产权保护工作逐步走上规范化的发展道路。

（2）健全的专利情报网络是创新的前提

面对国际家电技术的日新月异的发展，海尔建立专利信息网络，以满足自身日益增多的专利信息需求。1992年，海尔通过中国国家专利局信息中心的合作开发，创建了中国家电专利文献数据库，实现了文献信息的自动化管理。海尔检索分析了3万多件家电专利文献，促进了技术开发的效率，推出了大量的科技成果和新产品。1995年，海尔又和青岛市科委专利服务中心合作，开发出了中国家用电器行业专利信息库，用于实时监控专利公报的最新动态。

1997年开始，海尔通过跟踪、监控国外拥有最先进技术的大公司（企业），了解它们的专利技术及其发展动态，从而为进一步成果借鉴、技术引进、产品开发及海外拓展等相关工作提供参考数据，稳步提高集团竞争力。

（3）建立三级专利管理体系

海尔的专利管理体系由高到低分为集团、本部、事业部三个级别，其中知识产权中心是集团级的管理部门，具备综合管理职能。海尔在集团本部设有知识产权专管员职位，各其他事业部设有相应专利管理员，这样的人员配比能有效保持较高的专利工作效率。根据本年度新产品、新技术的开发项目规划要求，知识产权中心和科技委员会共同负责制订本年度具体的专利申请规划，并将其落实到各下属单位，再由各单位自行给研发人员分配年度科技开发任务和专利指标。在专利工作实施过程中，各单位还要定时评估研发人员所承包的项目，并将评估结果作为是否申请专利的依据，掌控企业合理的专利申请量。此外，海尔还通过对专利文献的检索和对比分析，确定各创新点，根据技术关联性进行有机的组合，按照企业的发展计划和专利申请策略，有效地进行专利布局，形成了海尔具有自身产品技术特点的专利保护机制。

（4）在企业专利战略引导下围绕市场展开技术研发

海尔的产品开发有一个的基本出发点，即通过实施专利战略紧紧围绕市场和用户需求来指导企业技术创新。

根据不同阶段的用户需求开发相应产品，并及时对产品技术进行专利保护。2001年，原有全自动波轮洗衣机的洗涤效果已不能满足用户的要求，在洗净度指标上需要有新的突破。海尔立即全面检索分析市场上相同类型的技术及其相关技术实现方式等。最后，海尔通过分析比较各个技术方案，确定采用通过提高水流搅动的力度来提高洗净度指标的双动力的技术方案来解决这个需求问题，同时解决了衣物在搅动中缠绕的问题，可谓一石二鸟。

在技术攻关的同时，海尔的研发人员与专利代理人、专利管理人员共同研究，确定技术公开及保护的范围以及国内外专利申请的策略，及时申请专利。海尔就该型号的洗衣机已获得授权的发明专利有3项；授权的实用新型专利有6项；授权的外观设计专利2项。值得一提的是，在第95届法国列宾国际发明展上，海尔双动力洗衣机一举夺得"国际发明金奖"，这一殊荣对中国的家电业具有里程碑的意义。

研发成功双动力洗衣机之后，海尔相继开发出了一系列双动力洗衣机产品，满足可洗毛毯、可洗羊绒、不用洗衣粉等十余项功能性需求，以及从5公斤到15公斤不等的洗衣容量需求。在这一系列的开发过程中，知识产权管理人员全程参与，在最终技术方案确定的同时，制定较完善的专利申请策略，将新开发的技术及时申请专利，构成了一个完整的专利保护网，确保了其在行业中该技术领域的领先地位。

海尔的另一个经验是，在知识产权保护的基础上，积极寻求跨行业发展、产品市场细化的技术契机。一方面，利用"有效专利技术的改造"和"使用公开公知技术"，获得相应产品技术方案的专利保护，避免侵权。另一方面，检索市场上较成熟的技术产品，通过深入分析寻找其创新点，并将可行方案转化为企业的市场竞争力。

海尔通过实施企业专利战略，在较短的时间内凭借自主知识产权的技术优势和市场认可度，占据了国内该行业的领先地位。为了保持这种专利上的优势，海尔通过制定奖励、报酬管理办法等制度，鼓励其他员工也参与发明创造。并且，海尔还把相应奖励、报酬分为申请、授权、运用三个阶段来分别兑现，极大地激发了全体员工的创新热情，促进了专利质量水平的提高，从而实现企业专利工作的良性循环。

（5）国际化的专利战略保障企业全球化经营战略的实施

海尔产品成功进入欧美市场，并且在当地建立了相应的厂区，名副其实地成为首个具备自主知识产权、强核心竞争力的中国跨国企业。其中，由海尔制定并实施的国际化专利战略功不可没。通过其专利申请和布局，进行本土化的技术研发和申请本土化的专利保护，海尔远销国外的产品不但能够适应国外的文化和消费习惯，而且符合当地及国际上关于专利保护的要求。

海尔在国外拥有多家设计中心，在海尔自身技术实力的基础上，依托当地科技和人才优势进行技术研发。在发达国家中，跨国性的企业（公司）一般非常重视在所在国专利申请工作，其专利战略与市场竞争紧密配合，积极利用专利技术抵制竞争对手，如对仿制的企业进行侵权诉讼，索要巨额赔偿或令其退出市场。知识产权已成为市场的一种准入条件，若企业不重视这一点，就难以在当地获得法律上的同等地位，只能遭受他人排挤或打压。

知识产权是企业产品进行本土化生产和销售的法律保障。海尔为了能够顺利实施国际化发展战略，十分重视申请国外专利，对其主要产品技术都在当地申请了相关专利。海尔根据市场的需要,也有委托加工生产,委托其他公司开发产品,在相关的合同中对专利、商标、著作权以及商业秘密的权属、保密等事项作出明确的约定,难免遭遇专利诉讼或因被侵权而追诉对方,要求赔偿。正是由于海尔实施专利战略,对各种风险采取了充分的预防措施,已发生的各类诉讼案件结案率、胜诉率较高。

在经济全球化的时代,创新是企业发展的动力,知识产权是企业发展的基石。海尔的发展历程充分证明,制定和实施专利战略是一个跨国公司持续快速成长的基本保障。

二、华为的专利战略

华为乘坐中国改革开放这趟高速列车,凭借其在 ICT 行业的核心技术,以及客户至上的经营理念,创新产品带动企业快速发展,从最早的一家初始资本只有 21000 元人民币的小小民营公司,逐步成为年销售约 3000 亿元人民币的世界 500 强企业。

华为作为全球领先的信息与通信解决方案供应商之一,申请专利数量位居国内前茅,拥有的 PCT 专利数居世界前列,是企业运用知识产权获得商业利益的成功典范。华为在 20 多年的发展历程中,运用专利战略成功积累了 ICT 行业技术领域内的大量专利资源,并利用专利权与技术标准捆绑等专利策略,挤入了该行业世界一流企业的行列,保障了企业稳健的发展态势。

华为的专利战略主要体现在以下三个方面。

(1) 以核心技术为依托,进行专利布局

华为坚持聚焦企业专利战略,对云数据、电信基础和智能终端等技术领域持续进行研究,针对核心技术不断调整专利布局。

华为在经历了 2003 年与思科的知识产权诉讼案以后,深刻认识到知识产权在其全球经营战略中的重要性,按照公司的知识产权战略开始着手策划系统而严密的知识产权计划。其中最重要的改变是,调整了研发过程中对专利的应用策略,大大增加了专利申请的数量,提高了申请专利的质量;同时,根据竞争对手和市场的竞争态势提前进行专利布局。

2004 年起,华为每年新增专利申请量保持在 2000 件左右,2006 年华为提交 PCT 国际专利申请 575 件(2003 年仅为 249 件),是思科的 2.4 倍;同时,占到中国 PCT 国际专利申请量的 14.7%,并在全球申请人中排名从第 37 位上升到第 13 位,在纯通信企业中仅位于诺基亚和高通之后。2008 年,华为 PCT 专利数居全球第一;2009 年,华为 PCT 专利数居全球第二。根据世界知识产权组织统计数据显示,华为在专利积累上开始不断缩小与跨国竞争对手的差距。2014 年,华为研发投入395 亿~405 亿元人民币,同比增长 28%,其 15 万名员工中有近半数从事研发工作,掌握着高达 4.9 万件专利,成为全球范围内前五大专利申请者之一。❶

---

❶ CGGT 走出去智库. 案例 | 知识产权突围:华为海外布局的防守中反击 [EB/OL]. (2015 - 02 - 09) [2015 - 05 - 25]. http://www.cggthinktank.com/2015 - 02 - 09/100073638.html.

(2) 将专利权与技术标准有机结合

业界流传着一句话:"一流企业做标准,二流企业做技术,三流企业做产品。"所以企业若能制定产品的技术标准,就能掌握该产品领域内的话语权。技术标准的实质就是知识产权垄断,技术标准的背后是专利,专利的背后是巨大的经济利益。由于专利权具有地域性、排他性和时效性,一旦带有专利权的标准得到普及,就会自然形成一定形式的技术垄断,特别是在市场准入方面,它会排斥不符合该标准的产品,从而达到垄断市场的目的。❶

作为一家跨国企业,如果掌握标准的制定权,并在此基础上将专利权与技术标准相结合,便能攫取市场最大利益。与包括高通、爱立信、诺基亚、西门子等公司的交叉许可谈判使华为认识到,只有不断通过积极参与制定国际标准,才能提高国际行业中的影响力,并在实际谈判中获得真正的话语权。同时,华为积极鼓励工程技术人员参与国际电信联盟等组织的相关工作,为其新技术制定新的行业标准。为此,华为组织标准化团队积极参加国内外标准化组织的活动,参与国际标准的制定,形成自己的标准体系。华为在170多个标准组织或开源组织中担任主要的或核心的职位。

华为2001年向这类组织只提交了17份技术建议,2004年提交了200多份,以后逐年递增。华为至今已在下一代无线通信标准LTE领域拥有的基本专利份额达到15%以上,居于业界领先地位。

(3) 将专利战略作为全球经营战略的重要组成部分,应对各种严峻挑战

华为在德国、瑞典、美国、印度、俄罗斯、日本、加拿大、土耳其、中国等国家或地区设立了16个研究所,支撑了华为海外市场的发展。其重点在欧美等发达国家和地区进行专利布局,构筑密集的专利网络,形成了市场在哪里,研究机构就设在哪里,自主创新人才就跟到哪里,专利就部署在哪里的循环发展格局。

根据世界知识产权组织统计数据显示,华为在专利积累上开始不断缩小与跨国竞争对手的差距。在竞争的同时,华为已经与高通、爱立信、诺基亚、西门子、摩托罗拉、3COM、Emerson、Arm等公司建立了良好的沟通协商机制和交叉许可机制,尽量避免不必要的摩擦。

但是纠纷在所难免。2003年华为与思科的知识产权诉讼案,成为中国通信业发展史上的重大事件。思科是占据世界数据通信市场七成份额的超级垄断企业,其在基础专利领域的积累更是独占鳌头;华为推出了接入服务器,其后华为的数据产品线开始延伸到了思科的心脏地带——路由器、交换机市场。华为不仅在国内市场的份额直逼思科,并开始瞄向美国市场。这令思科寝食难安,决定在知识产权问题上向华为"发难"。

2003年2月4日,思科在向法庭递交的文件中称,华为在设法消除美国市场上的证据,阻止美国法庭就思科的指控作出判决。

---

❶ 黄吉瑾,张心全.知识经济下技术标准[J].核标准计量与质量,2004:2-7.

对于这一场突如其来、有预谋的国际诉讼,华为一方面发表声明,强调华为及其子公司一贯尊重他人知识产权,并注重保护自己的知识产权,已经停止在美国市场出售和经销这些产品;另一方面,华为以显示自身具有的技术实力来进行反驳。

2003年3月,华为与3COM成立合资企业——华为-3COM公司。华为全部以知识产权入股新公司,并拥有控股权。诉讼案第二次开庭,3COM公司CEO克拉夫林为华为出庭作证,肯定华为的技术实力,称华为没有侵权行为。

华为-3COM公司的成立使华为获得了另外的通路,2003年7月22日,3COM公司宣布已获得必要的美国和英国政府颁发的出口许可批准。由此,华为可以与3COM公司分享与合资公司有关的3COM公司在美国和英国研发的技术。

2003年10月,思科与华为签署协议,中止在美国得州地区法院的未决诉讼。作为该协议的一部分,两家公司就一系列行动达成了一致,并预期在全部实施该等行动以及独立专家完成审核程序之后,该诉讼将得以终止。

(4)华为积极应诉"337调查"案,初战告捷

随着华为的企业影响力在世界上越来越大,越来越多的企业,尤其是竞争对手关注华为并不时与之产生纠纷。而且,华为在国内外法庭上与其他跨国公司的专利纠纷案件则显得格外令人瞩目。2011年7月,美国IDC公司向美国国际贸易委员会(ITC)提交诉状,对华为等公司启动"337调查"。众所周知,如果华为不积极应诉,一旦最终被美方认定违反"337"条款,其产品将被禁止出口到美国,并彻底丧失在美国市场销售的资格。

美国IDC公司对于华为的知识产权纷争进行了精密的布局,它一方面申请启动"337调查"程序,另一方面还在美特拉华州法院提起了民事诉讼,指控华为3G产品侵犯了其7项专利。而这些行为均发生在双方专利授权谈判过程中,意在获得更好的谈判筹码或优势。

华为对此采取了积极应对的态度,一方面,敢于运用知识产权的法律武器来保护自己,在"337调查"中,终于获得有利的初裁结果;另一方面,华为大胆运用反垄断规则,打破对方的技术壁垒,在国内就美国IDC公司的垄断行为进行起诉。

2011年12月6日,华为向深圳市中级人民法院提起对于美国IDC公司的反垄断诉讼。华为起诉称,IDC公司通过参与各类国际标准制定,将其专利纳入其中,构成标准必要专利,阻碍了行业内其他企业的正常发展。为此,华为请求法院判令其停止垄断行为,并索赔2000万元人民币。

深圳市中级人民法院的一审判决判定IDC公司因实施了垄断行为,判其赔偿华为损失2000万元人民币,但法院同时驳回了华为在法庭上提出的认定IDC公司对必要专利一揽子许可构成捆绑搭售行为的诉求。

一审判决后,双方均提起上诉。广东省高级人民法院最终判定维持了深圳市中级人民法院的一审判决。

2013年6月,美国国际贸易委会对无线3G设备"337调查"案作出初裁,裁定

美国 IDC 公司所诉的 7 项专利中 1 项无效；对于另外 6 项专利，裁定被告中兴和华为不侵权。至此，华为在这一案件上初战告捷。

华为在国际市场的竞争环境中始终能够掌握主动权，是源于华为依托核心技术，根据市场竞争对手和市场的竞争态势提前进行专利布局，将专利权与技术标准有机结合，实施全球化的企业专利战略，积极应诉"337 调查"案以及来自各竞争对手的严峻挑战，在日益恶化的国际市场竞争环境中，越战越勇，不断成熟壮大，成为企业运用知识产权（尤其是专利）战略的成功典范。

参考文献

[1] 冯晓青. 企业知识产权战略 [M]. 北京：知识产权出版社，2002.
[2] 冯晓青. 企业知识产权管理 [M]. 北京：中国政法大学出版社，2012.
[3] 冯晓青. 技术创新与企业知识产权战略 [M]. 北京：知识产权出版社，2015.
[4] 郑成思. 知识产权案例评析 [M]. 北京：法律出版社，1994.
[5] 杨铁军. 产业专利分析报告（第3册）[M]. 北京：知识产权出版社，2012.
[6] 毛金生，冯小兵，陈燕. 专利分析和预警操作实务 [M]. 北京：清华大学出版社，2009.
[7] 吴汉东. 知识产权法 [M]. 北京：北京大学出版社，2013.
[8] 胡佐超. 专利基础知识 [M]. 北京：知识产权出版社，2004.
[9] 国家知识产权局条法司. 新专利法详解 [M]. 北京：知识产权出版社，2001.
[10] 刘仁志. 突破零专利：技术创新中的专利策略 [M]. 北京：化学工业出版社，2015.
[11] 刘晓海，单晓光. 中小企业知识产权经营手册 [M]. 北京：知识产权出版社，2008.
[12] 袁建中. 企业知识产权管理理论与实务 [M]. 北京：知识产权出版社，2011.
[13] 于海东. 企业知识产权实务操作 [M]. 北京：知识产权出版社，2014.
[14] 王明，欧阳启明，石瑗. 企业知识产权流程管理 [M]. 北京：中国法制出版社，2011.
[15] 洪小鹏. 中小企业知识产权管理 [M]. 北京：知识产权出版社，2010.
[16] 徐晓琳. 专利实务教程 [M]. 重庆：重庆大学出版社，2007.
[17] 马越，郭灿辉. 知识产权管理实务大全 [M]. 北京：企业管理出版社，2011.
[18] 孟潭，赵欣，胡梦莹，等. 企业知识产权管理规范实操手册 [M]. 天津：天津人民出版社，2014.
[19] 范晓波. 中国知识产权管理报告 [M]. 北京：中国时代经济出版社，2009.
[20] 王黎萤，王宏伟，包海波. 知识产权制度与区域产业创新驱动：以促进长三角制造业提升为视角 [M]. 北京：经济科学出版社，2014.
[21] 张晓煜. 企业知识产权管理操作实务与图解 [M]. 北京：法律出版社，2015.
[22] 华鹰. 企业技术创新与知识产权战略 [M]. 北京：科学出版社，2013.
[23] 徐家力. 高新技术企业知识产权战略 [M]. 上海：上海交通大学出版社，2012.
[24] 陈伟，于艳丽. 企业国际化经营知识产权战略管理系统 [M]. 哈尔滨：哈尔滨工业大学出版社，2014.
[25] 周勇涛. 企业专利战略变化及实证研究 [M]. 北京：中国社会科学出版社，2014.
[26] 唐珺. 企业知识产权战略管理 [M]. 北京：知识产权出版社，2013.
[27] 胡佐超，余平. 企业专利管理 [M]. 北京：北京理工大学出版社，2008.
[28] 朱雪忠. 企业知识产权管理 [M]. 北京：知识产权出版社，2008.
[29] 赵敏，史晓凌，段海波. TRIZ入门及实践 [M]. 北京：科学出版社，2009.
[30] 李勇. 专利代理事务及流程 [M]. 北京：知识产权出版社，2013.
[31] 张正华. 创新思维、方法和管理 [M]. 北京：冶金工业出版社，2013.

［32］李勇．专利侵权与诉讼［M］．北京：知识产权出版社，2013．
［33］谢顺星．专利咨询服务［M］．北京：知识产权出版社，2013．
［34］高山行．知识产权理论与实务［M］．西安：西安交通大学出版社，2008．
［35］高山行，江旭，范陈泽．企业专利竞赛理论及策略［M］．北京：科学出版社，2005．
［36］黄淑和，张德霖，王晓齐．企业知识产权战略与工作实务［M］．北京：经济科学出版社，2007．
［37］汪长江．企业战略内涵与体系研究［M］．杭州：浙江大学出版社，2014．
［38］李德升，等．企业专利战略中的竞争情报机制与运用［M］．北京：人民邮电出版社，2014．
［39］王喻，丁坚，滕云鹏．企业知识产权战略实务［M］．北京：知识产权出版社，2009．
［40］栾春娟．专利计量与专利战略［M］．大连：大连理工大学出版社，2012．
［41］北京路浩知识产权代理有限公司，北京御路知识产权发展中心．企业专利工作实务［M］．北京：知识产权出版社，2009．
［42］何敏．企业知识产权保护与管理实务［M］．北京：法律出版社，2002．
［43］于雪霞．现代企业专利管理模式的要素与结构分析［J］．现代管理科学，2010（5）．
［44］洪晓鹏．中小企业知识产权管理［M］．北京：知识产权出版社，2010．
［45］王喻，王晓丰．公司知识产权管理［M］．北京：法律出版社，2007．
［46］李鹏，王庆红，张弛．大型企业专利管理：理论与实务［M］．北京：知识产权出版社，2013．
［47］袁真富．专利经营管理［M］．北京：知识产权出版社，2011．
［48］谢顺星，窦夏睿，胡小永．专利挖掘的方法［J］．中国发明与专利，2008．
［49］冯晓青．企业知识产权战略的运用探讨［J］．东南大学学报：社会科学版，2007．
［50］汪琦鹰，杨岩．企业知识产权管理实务［M］．北京：中国法制出版社，2009．
［51］徐怡．论企业专利管理［D］．北京：中国政法大学，2011．
［52］杨德林．创意开发方法［M］．北京：清华大学出版社，2006．
［53］李建蓉．专利文献与信息［M］．北京：知识产权出版社，2002．
［54］戚昌文，邵阳．市场竞争与专利战略［M］．武汉：华中理工大学出版社，1995．
［55］徐红菊．专利权战略学［M］．北京：法律出版社，2009．
［56］马一德．中国企业知识产权战略［M］．北京：商务印书馆，2006．
［57］王玉民，马维野．专利商用化的策略与运用［M］．北京：科学出版社，2007．
［58］尹新天．中国专利法详解［M］．北京：知识产权出版社，2011．
［59］中华人民共和国国家知识产权局．专利审查指南2010［M］．北京：知识产权出版社，2010．
［60］［EB/OL］．http：//www.sipo.gov.cn/2009．
［61］［EB/OL］．（2010-10-22）．http：//www.9ask.cn/．
［62］杭州市专利专项资金管理办法（2010年10月18日）．
［63］舟山市专利专项资金管理办法（2011年12月23日）．
［64］宁波市专利资助管理办法（2011年5月10日）．
［65］浙江省专利专项资金管理办法（2009年2月24日）．
［66］浙江省知识产权保护与管理专项资金管理办法（2015年2月3日）．
［67］中华人民共和国专利法（2008年修正）．
［68］中华人民共和国专利法实施细则（2010年修订）．
［69］国家知识产权局关于修改《专利审查指南》的决定（第67号）．
［70］国家知识产权局关于修改《专利审查指南》的决定（第68号）．

附件

与专利有关的期限

阶段	有关期限的详细内容	延误期限的直接后果	延误期限的间接后果	能否恢复权利	相关法律条款
申请阶段	缴纳申请费、公布印刷费和必要的申请附加费：自申请起2个月内或者在收到受理通知书之日起15日内	申请视为撤回		能	《专利法实施细则》第95条
	优先权：发明和实用新型自第一次申请起12个月内；外观设计6个月内	不能要求优先权		不能	《专利法》第29条
	提出优先权要求的时间：申请的同时在请求书中声明	视为未要求优先权	不能享受优先权	不能	《专利法》第30条
	优先权要求费：自申请之日起2个月内与申请费同时缴纳	视为未要求优先权	不能享受优先权	能	《专利法实施细则》第95条
	要求优先权提交第一次申请文件副本：自申请日起3个月内	视为未要求优先权	不能享受优先权	能	《专利法》第30条
	优先权转让证明：应当在申请提出时同时提交，或自申请日起3个月内补交	视为未要求优先权	不能享受优先权	能	《专利审查指南2010》第一部分第1章6.2.2.4
	不丧失新颖性的宽限期：申请日（优先权日）前6个月内	不能享受宽限期		不能	《专利法》第24条
	提出宽限期要求的时间：提交申请文件的同时，在请求书中书面声明	视为未要求	不能享受宽限期	不能	《专利法实施细则》第30条
	要求不丧失新颖性的宽限期：提交证明材料，自申请日起2个月内	视为未要求不丧失新颖性	不能享受宽限期	能	《专利法实施细则》第30条
	著录项目变更手续费：提出请求之日1个月内缴纳	视为未提出要求		能	《专利法实施细则》第99.3条
	提交分案申请：母案授权之前，母案在收到授权通知书后办理登记的期限内（2个月）	不能分案		不能	《专利法实施细则》第42条

续表

阶段	有关期限的详细内容	延误期限的直接后果	延误期限的间接后果	能否恢复权利	相关法律条款
申请阶段	分案申请的各种法定期限已届满的，可以自分案申请递交日起 2 个月内或者自收到受理通知书之日起 15 日内补办	分案申请视为撤回		能	《专利审查指南 2010》第一部分第 1 章 5.1.2
	微生物保藏的保藏日：申请日（优先权日）之前，最迟至申请日	视为未提交保藏		不能	《专利法实施细则》第 24 条
	提供保藏（和存活）证明：在申请时最迟自申请日起 4 个月内	视为未提交保藏		不能	《专利法实施细则》第 24 条
	微生物在保藏过程中死亡的，能提交证明的，可以在 4 个月内重新保藏	视为未提交保藏		能	《专利审查指南 2010》第一部分第 1 章 5.2.1
	未在请求书和说明书写明生物材料分类命名等事项，或者不一致的，应当自申请日起 4 个月内补正	视为未提交保藏		能	《专利审查指南 2010》第一部分第 1 章 5.2.1
	发明申请的公布：自申请日（优先权日）起满 18 个月即行公布				《专利法》第 34 条
	提出实质审查请求：自申请日（优先权日）起 3 年内	申请视为撤回		能	《专利法》第 35 条
	发明专利申请主动修改的期限：提出实质审查请求时，或者发出实审通知书之日起 3 个月内	不能进行主动修改		不能	《专利法实施细则》第 51 条
	实用新型和外观设计主动修改的期限：自申请起 2 个月内	不能进行主动修改		不能	《专利法实施细则》第 51 条
	实质审查费缴纳期限：自申请日（优先权日）起 3 年内缴纳	视为未提出实质审查	申请视为撤回	能	《专利法实施细则》第 96 条
	答复审查意见：指定期限内"一通"通常为 4 个月，"二通"通常为 2 个月	申请视为撤回		能	《专利审查指南 2010》第二部分第八章 4.10.3；4.11.3.2
授权	专利授权登记：自收到授权通知书起 2 个月内	视为放弃专利权		能	《专利法实施细则》第 54 条

续表

阶段	有关期限的详细内容	延误期限的直接后果	延误期限的间接后果	能否恢复权利	相关法律条款
权利存续阶段	发明专利20年，实用新型和外观设计10年			不能	《专利法》第42条
	年费：前一年度期限届满前1个月内预缴；期满后在6个月内补缴，并按月递增5%缴纳滞纳金（不含第1个月）	专利权终止		能	《专利法实施细则》第98条
	专利实施许可合同备案：自合同生效之日起3个月内	非强制性，不影响合同生效			《专利法实施细则》第14条
	请求对专利实行强制许可的期限：专利权人自专利权被授予之日起满3年，且自提出专利申请之日起满4年，无正当理由未实施或未充分实施其专利的				《专利法》第48条
复审无效阶段	专利权人对强制许可或其费用决定不服，可以自收到决定之日起3个月内向法院起诉				《专利法》第58条
	对侵权处理决定不服，向法院起诉，自收到处理通知之日起15日内	处理决定生效		不能	《专利法》第60条
	侵害专利权的诉讼时效，自专利权人或利害关系人得知或应当得知之日起2年内；要求支付临时保护期内专利使用费，在授权之日前得知的，自授权之日起计算	不能起诉	不能要求赔偿或支付使用费	不能	《专利法》第68条
	申请人请求复审，自收到驳回申请通知书起3个月内	不能提出复审请求	驳回通知书生效	能	《专利法》第41条
	申请人对复审决定不服，自收到通知之日起3个月内向法院起诉	不能起诉	决定生效		《专利法》第41条
	无效宣告请求：自专利授权公告之日起提出				《专利法》第45条
	无效宣告请求费：自提出无效宣告请求之日起1个月内	视为未提出请求			《专利法实施细则》第99条
	无效宣告请求人增加理由或补充证据：在提出无效宣告请求之日起1个月内	专利复审委员会可以不考虑			《专利法实施细则》第67条
	专利权人对无效宣告请求进行答复的期限：自收到通知书起1个月	视为得知相应的理由、事实和证据			《专利审查指南2010》第四部分第3章3.7

续表

阶段	有关期限的详细内容	延误期限的直接后果	延误期限的间接后果	能否恢复权利	相关法律条款
复审无效阶段	对宣告专利权无效或维持专利权决定不服，自收到通知之日起 3 个月内向法院起诉	不能起诉	决定生效		《专利法》第 46 条
其他	邮寄文件，自文件发出之日起满 15 日，推定为当事人收到日；直接交付，以交付日为送达日；以公告方式送达，自公告之日起满 1 个月，视为已送达				《专利法实施细则》第 4 条
	请求恢复权利，以不可抗拒事由延误，自障碍消除之日起 2 个月内，最迟自期限届满之日起 2 年内；因正当理由延误，自收到通知之日起 2 个月内	不能请求恢复权利		不能	《专利法实施细则》第 6 条
	对行政决定不服，自收到决定书之日起 15 日内，可向法院起诉	不能起诉	决定生效	不能	《行政诉讼法》第 38 条
	行政复议机关认为复议申请不符合法定条件的，应于收到申请书之日起 5 日内决定不予受理				《行政复议法》第 17 条